煤炭高等教育“十四五”规划教材

电路与电子实验教程

主　编　闫孝姮
副主编　马玉芳　杨飞霞　刘文桐

中国矿业大学出版社
· 徐州 ·

内容提要

本书主要介绍了电路、模拟电子技术、数字电子技术等课程的配套实验内容。全书分为电路基础知识、电路实验、模拟电子技术实验、数字电子技术实验和多信号发生器设计实验五部分。第一部分包含电路实验基础知识，以及直流稳压电源、信号发生器和电子示波器的主要性能指标和使用方法等内容；第二部分是典型的电路实验项目；第三部分是典型的模拟电子技术实验项目；第四部分是典型的数字电子技术实验项目；第五部分创新性地结合全国大学生电子设计竞赛综合测评赛题，从设计要求、设计方案、设计内容和制作与测试四个方面展示了多信号发生器设计实验。本书内容翔实、新颖，密切联系教学实际，精选必备内容，提供了大量与电子技术课程配套的实验教学案例。

本书可作为电气电子类专业电路、模拟电子技术、数字电子技术等专业基础课程的实验课教材，也可作为相关教师和专业技术人员的参考用书。

图书在版编目(CIP)数据

电路与电子实验教程 / 闫孝姮主编. — 徐州：中国矿业大学出版社，2024.5

ISBN 978-7-5646-5874-8

Ⅰ. ①电… Ⅱ. ①闫… Ⅲ. ①电子电路—实验—高等学校—教材 Ⅳ. ①TN710-33

中国国家版本馆 CIP 数据核字(2023)第 109599 号

书　　名　电路与电子实验教程
主　　编　闫孝姮
责任编辑　何　戈
出版发行　中国矿业大学出版社有限责任公司
（江苏省徐州市解放南路　邮编 221008）
营销热线　(0516)83885370　83884103
出版服务　(0516)83995789　83884920
网　　址　http://www.cumtp.com　**E-mail**：cumtpvip@cumtp.com
印　　刷　江苏淮阴新华印务有限公司
开　　本　787 mm×1092 mm　1/16　**印张** 16.5　**字数** 422 千字
版次印次　2024 年 5 月第 1 版　2024 年 5 月第 1 次印刷
定　　价　42.00 元
（图书出现印装质量问题，本社负责调换）

前　言

辽宁工程技术大学电气工程及其自动化、测控技术与仪器等专业是国家级一流本科专业建设点。其中，电气工程及其自动化、测控技术与仪器、自动化3个本科专业已通过工程教育专业认证。该校的电工电子实验教学中心是辽宁省教学实验示范中心，中心教师在开展教学教研工作的过程中，结合实验教学中心长期的课堂教学和学生竞赛指导经验，注重课程体系和工程教育相结合，并在电路、模拟电子技术、数字电子技术等课程传统实验内容的基础上进行规范化。

本书共分为五部分，分别介绍了电路基础知识、电路实验、模拟电子技术实验、数字电子技术实验和多信号发生器设计实验。第一部分中电路实验基础知识由马玉芳编写，常用电工仪器仪表的使用由闫孝姮编写；第二部分实验一至十二由刘文桐编写，实验十三至十六由杨飞霞编写；第三部分模拟电子技术实验由杨飞霞编写；第四部分数字电子技术实验由马玉芳编写；第五部分多信号发生器设计实验由闫孝姮编写。全书由闫孝姮负责统稿及协调工作。

感谢以下教研课题的支持：2022年煤炭行业高等教育研究课题《工程教育认证背景下电类一流专业人才双创能力培养研究与实践》（编号：2021MXJG078）；教育部高等教育司2021年第二批产学合作协同育人项目“工程认证教育背景下，以设计为主线的创新实践能力培养模式改革”（编号：202102531003）；教育部高等教育司2021年第二批产学合作协同育人项目“新工科视域下测控专业实践教学模式改革的研究”（编号：202102241006）；辽宁工程技术大学项目“工程教育认证驱动下，多层次递进式电气类人才创新实践能力培养研究与实践”。

感谢已故张国军教授提出最初的实验指导书思想，感谢宋绍楼教授级高工为本书在煤炭高等教育“十四五”规划教材立项过程中付出的大量心血；感谢王雨虹、白艳红、朴忠学、王智宇老师在本书成稿过程中做出的贡献；感谢博士研究生侯潇涵以及硕士研究生丁一凡、马士博、王兵、王超、王宇飞、刘岳鹏、杜朋真、张雪、杨苗苗、赵亮、曹鹤译、颜志鹏在内容修订过程中付出的努力。

本书在编写过程中，得到了是德科技（中国）有限公司和其他实验设备供应商的大力支持和帮助，也参考了诸多教材，谨在此一并表示感谢。

由于编者水平所限及时间仓促，书中难免存在不足之处，敬请同行专家和读者批评指正。

闫孝姮

2023年10月

目　录

第一部分　电路基础知识

第二部分　电路实验

第三部分　模拟电子技术实验

第四部分　数字电子技术实验

第五部分　多信号发生器设计实验

第一部分

电路基础知识

第一章　电路实验基础知识

第一节　安 全 用 电

一、安全用电常识

(一) 安全电流

人体触电伤害程度与通过人体的电流大小及触电时间长短有关。我们把人体触电后最大的摆脱电流称为安全电流，我国规定的安全电流为 30 mA(触电时间不超过 1 s)。研究证明，在触电时间不超过 1 s 时，流经人体电流不超过 30 mA，对人身无危险，不会引起心室纤维性颤动和器质性损伤；流经人体电流达到 50 mA，对人体有致命危险；流经人体电流达到 100 mA，一般会致人死亡。

(二) 安全电压

加在人体上一定时间内不使人直接致命或致残的电压称为安全电压。通常人体电阻随干、湿情况不同在数万欧到 800 Ω 之间不等，如果人体电阻以 800 Ω 计算，通过 50 mA 的电流，则人体上所加电压为 0.05×800＝40 V，因此规定安全电压为 36 V 以下。一般情况下，人体触电时，如果接触电压在 36 V 以下，通过人体的电流不会超过 30 mA；但在潮湿闷热的环境中，安全电压则规定为 24 V 或 12 V。

二、实验室供电系统

(一) 实验室供电系统

实验室有各种电工仪表和电子仪器设备，它们都是在动力电(或称“市电”)下工作的。实验室通常使用的动力电是频率 50 Hz、线电压 380 V、相电压 220 V 的三相交流电。由于在实验室很难做到三相负载平衡工作，所以常采用 Y-Y 连接。

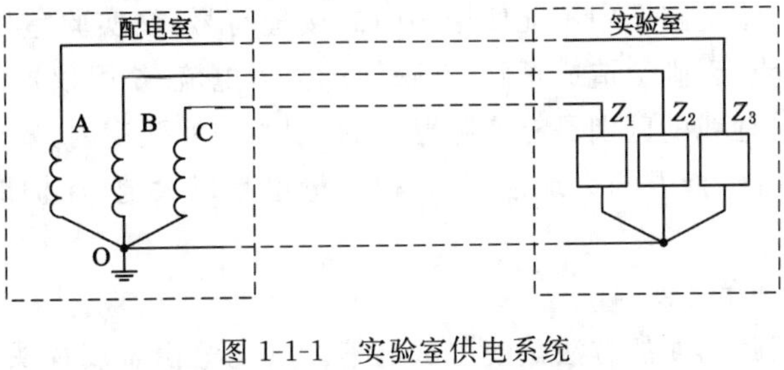

图 1-1-1　实验室供电系统

图中 A、B、C 为三条火线，O 为回流线。回流线通常在配电室一端接地，因此又称零线，其对地电位为零。该供电系统称为三相四线制供电系统。

实验室的仪器通常采用220 V供电，经常是多台仪器一起使用。为了保证操作人员的人身安全，使其免遭电击，需要将多台仪器的金属外壳连在一起并与大地连接，因此在用电端的实验室需要引入一条与大地连接良好的保护地线。从实验室配电盘(电源总开关)到实验台的供电线路如图1-1-2所示。

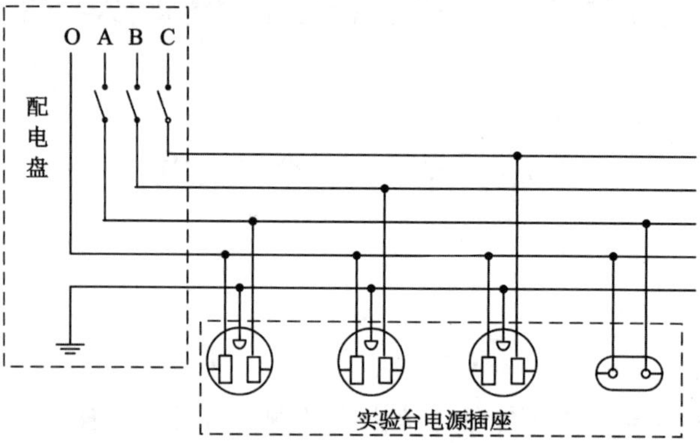

图1-1-2 实验室供电线路

220 V的交流电从配电盘分别引到各个实验台的电源接线盒，电源接线盒中有两芯插座和三芯插座供仪器设备及其他用电器使用。按照电工操作规程的要求，两芯插座与动力电的连接是左孔接零线、右孔接火线。三芯插座除了左孔接零线、右孔接火线外，中间孔接保护地线。因此，实验室供电系统比较确切的叫法是三相四线一地制，即三条火线、一条零线、一条保护地线。

(二) 零线与保护地线的区别

零线和保护地线虽然都与大地相接，但是它们之间有着本质的区别。

(1) 接地的地点不同。零线通常在低压配电室即变压器次级端接地，而保护地线则在靠近用电器端接地，两者之间有一定距离。

(2) 零线中有电流。即零线电压为零、电流不为零，且零线中的电流为三条火线中电流的矢量和。保护地线在一般情况下电压为零、电流也为零，只有当漏电产生时或发生对地短路故障时，保护地线中才有电流。

(3) 零线与火线及用电负载构成回路，保护地线不与任何部分构成回路，只为仪器的操作者提供一个与大地相同的电位。因此，零线与保护地线虽说都与大地相接，但不能把它们视为等电位。在同一幅电路图中不能使用相同的接地符号，在实验室里更不能把零线作为保护地线、测量参考点，否则会造成短路，在瞬间产生大电流，烧毁仪器等。

了解零线与保护地线的区别是有实际意义的，因为在实验室内，要求所有一起使用的电子仪器，其外壳要连在一起并与大地连接，各种测量也是以大地(保护地线)为参考点的，而不是零线。

3. 如何识别零线和火线

识别零线和火线最简便的方法是使用试电笔。试电笔由金属探头、氖管、大电阻(大于1 MΩ)、金属尾组成。使用时只要手指与金属尾接触，金属探头放到电源插孔里即可，此时，电源从金属探头、氖管、大电阻、金属尾及人体到大地构成回路。若是火线，氖管就会发光；

若是零线，氖管就不发光。使用时，一定要注意手指不能与试电笔的金属探头接触。

三、实验注意事项

在理解安全用电重大意义的同时，实验过程中学生还要严格遵守实验室规程。

(1) 不准擅自接通电源。学生连接好实验线路后，必须经过指导教师检查后才能接通电源。接通电源或启动运转类设备时，应告知同组同学。

(2) 通电后不允许人体触及任何带电部位，严禁带电接线、拆线或改接线路，以防发生触电事故。严格遵守"先接线后通电""先断电后拆线"的操作规程。

(3) 学生上实验课时不允许赤脚或穿拖鞋，最好穿胶底鞋。

(4) 注意仪器仪表允许的安全电压(电流)，切勿超限。当被测量的大小不能确定时，应从仪表的最大量程开始测试，然后逐渐减小量程，使之合适。

(5) 实验过程中如果发生事故，如超量程、异响、过热、焦臭味、火花、仪表打表等，应立刻断开电源，保持现场，报告指导教师。

(6) 不准任意搬动或调换实验室的仪器设备。非本次实验使用仪器设备，未经教师允许不能动用。没有弄懂仪器设备的使用方法前，不得贸然使用。若损坏仪器设备，必须立即报告教师，并填写责任事故表。

四、常见故障的分析与检查

电路实验的类型较多，产生故障的原因与故障的表现也各不相同，所以对其不能一概而论。常见的故障有测试设备故障、电路元器件故障、接触不良故障、人为故障和各种干扰引起的故障等。

(一) 检查故障的基本方法

(1) 出现故障现象时，应立即切断电源，关闭所有仪器设备，避免故障进一步扩大。

(2) 采用直观检查法判断故障性质。要准确判断故障的性质，应了解不同故障类型所表现出来的不同现象。

① 破坏性故障：其现象为元器件异常发热、冒烟、烧焦味及爆炸声等。

② 非破坏性故障：其现象为实验电路不工作，即电流表、电压表无读数，指示灯不亮，或电流、电压的波形不正常等。

(3) 对非破坏性故障的检查方法。

① 先切断电源。若电路不工作，应首先检查供电系统，包括检查电源插头和接线处接触是否良好、电源线是否断线、熔断器是否熔断等。

② 测量阻值法。仔细检查电路的全部接线是否正确，可采用测量阻值法检查电路整体是否存在短路或断路故障，即在断开电源的情况下，用万用表欧姆挡测量电路输入端口及输出端口的电阻值，以防输入端口短路将直流稳压电源烧坏，或因输出端口短路烧坏实验电路元件。

③ 通电测试法。在确认电源系统正常且实验电路内部不存在短路故障后，可采用通电测试法，即接通电源，使用电压表逐点检查测量电路各部分的电压是否正常，并将各点所测得的电压与正常值相比较，分析故障电压和故障原因；有些电路也可以采用波形显示法，即用示波器观察电路各处波形是否正常等，采用此法的前提是明确电路各处的电压、电流的正

常工作值及波形情况。

④ 从电源端开始，逐点检查，逐步缩小故障可能的范围，直到查出故障所在位置或故障元件为止。

(4) 对破坏性故障的检查方法。

① 直观检查法。首先切断电源，仔细检查实验电路的全部接线是否正确，电路有无损坏现象，主要表现为元器件有无变色、冒烟、烧焦味，半导体器件外壳是否过热等，以此来确定故障点或故障元件。

② 判断确定故障部位。首先，通过对照电路接线图，掌握各部分的工作原理和相互联系；然后，根据出现的故障现象，分析故障可能发生在哪一处，应用万用表的欧姆挡检查电路的通断情况，判断有无短路、断路或阻值不正常等情况。

(5) 对不易测试判断有无故障的元器件，在检查确定电路其他部分均正常后，对可能存在故障的元器件，可用同型号（或技术参数接近的同类器件）正常的元器件来更换，若更换后电路恢复正常，则说明原来的元器件存在故障。对于故障元器件在更换前，必须认真分析其损坏的原因，以防止更换后再次造成元器件的损坏。

（二）处理故障的一般步骤

(1) 若电路出现严重短路或其他可能损坏设备的故障时，应立即切断电源查找故障。一般首先检查接线是否正确。

(2) 根据出现的故障现象和电路的具体结构判断故障的原因，确定可能发生故障的范围。

（三）产生故障的原因

产生故障的原因有多种，可归纳如下：

(1) 电源接线接触不良，输出电压为零。

(2) 电路连接不正确（例如，少接一根导线，电路未通），或电路接线接触不良，导线或元器件引脚存在短路或断路。

(3) 元器件或导线的裸露部分相碰造成短路。

(4) 仪器仪表或元器件本身存在质量问题或已损坏。

(5) 元器件的参数不合适或引脚端接错。

(6) 测试条件错误。

(7) 仪表的型号规格错误（如用交流电流表来测量直流电流）。

(8) 熔断器已熔断。

(9) 电路或元器件的焊接点已脱焊。

第二节　实验目的、要求及步骤

一、实验目的

(1) 进行实验基本技能训练。

(2) 巩固加深并扩展所学到的理论知识，培养运用基本理论分析、处理实际问题的能力。

(3) 培养实事求是、严肃认真、细致踏实的科学作风和良好的实验习惯，为今后的专业实践与科学研究打下坚实基础。

二、实验要求

通过电路实验课，学生在实验技能方面应达到下列要求：

(1) 正确使用万用表、电流表、电压表、晶体管毫伏表、功率表及常用的一些电工实验仪表。初步掌握实验中用到的信号发生器、示波器、稳压电源、变压器等实验仪器的使用方法。

(2) 根据各个实验的要求，正确地设计电路，选择实验设备及器件。学会按电路图连接实验电路，做到连线正确、布局合理、测试方便。

(3) 能够认真观察和分析实验现象，运用正确的实验手段，采集实验数据，绘制图表、曲线，科学地分析实验结果，正确书写实验报告。

(4) 正确地运用实验手段来验证相关定理和理论。

(5) 对设计性实验，要根据实验任务，在实验前确定实验方案，设计实验电路，正确选择仪器、仪表、元器件，并能独立完成实验要求的内容。

三、实验步骤

(一) 课前预习

实验能否顺利进行和收到预期效果，很大程度上取决于预习准备是否充分。因此，在预习过程中应仔细阅读实验教程和其他参考资料；明确实验目的、内容，了解实验的基本原理以及实验的方法、步骤；清楚实验中哪些现象要观察、哪些数据要记录及哪些事项应注意。

(二) 实验过程

良好的工作方法和操作程序，是实验顺利进行的有效保证，一般实验按照下列程序进行：

(1) 教师在实验前讲授实验基本原理、内容及注意事项。

(2) 学生进行实验前做好以下准备工作：

① 按本次实验的仪器设备清单清点设备，注意仪器设备类型、规格和数量，以及辅助设备是否齐全，同时了解设备的使用方法及注意事项。

② 做好实验桌面的整洁工作，暂不用的设备在一边摆放整齐。

③ 做好记录的准备工作。

(3) 连接电路。连线前先弄清楚电路图与实物接头之间的对应关系。仪表设备应布置到便于操作和读数的位置。接线时，按照电路图先接主要串联电路(由电源的一端开始，顺次而行，再回到电源的另一端)，然后再连接分支电路，以免遗漏和重复。另外，应尽量避免同一端上接很多根导线，可分接在等电位的其他接线柱上。电路应走线合理，导线粗细长短适宜，接线柱的插接应拧紧，保证接触良好。连线完毕后，不要急于通电，应仔细检查，只有在经自查无误并请教师复查同意后，才能够通电开始实验。

(4) 设备的操作与数据的记录。按照实验教程上所述实验步骤进行操作。操作时要注意：手合电源，眼观全局；先看现象，再读数据。读数据前要弄清仪表量程及刻度(以指针偏转大于满量程的 1/2 为宜)。读数时要注意姿势正确，要求“眼、针、影成一线”。记录要完整清晰，一目了然。数据记录在事先准备好的统一的实验原始数据记录纸上，要尊重原始记录，实验后不得涂改。

当需要把读数绘成曲线时，应以足够描绘一条光滑而完整的曲线为准来确定读数的多少。读取数据后，可先把曲线粗略地描绘一下，发现不足之处应及时弥补。

（5）结束工作。完成全部规定的实验内容后，不要先急于拆除线路。应先自行核查实验数据，有无遗漏或不合理的情况，再经教师复查记分后，方可进行下列收尾工作：

① 拆除实验线路（注意：一定先断电，再拆线）。

② 做好仪器设备、桌面、环境的清洁、整理工作。

③ 经教师同意后方可离开教室。

做完实验后应及时将实验数据进行整理，一般情况下，可以直接对实验记录数据进行计算，得出结果。

（三）课后书写实验报告

书写实验报告是对实验工作的全面总结，是实验课的重要环节，其目的是培养学生严谨的科学态度，能用简明的形式将实验结果表达出来。实验报告一律用专用实验报告纸书写，报告要求文理通顺、简明扼要、字迹端正、图表清晰、结论正确、分析合理、讨论深入。

实验报告应包括下列内容：

（1）实验目的。

（2）实验原理。包括实验原理和公式。

（3）实验内容。列出具体实验内容与要求，画出实验电路图，拟定主要步骤和数据记录表格。

（4）实验仪器与设备。列出实验所需用的仪器与设备的名称、型号、规格和数量等。

（5）注意事项。实验中应注意哪些问题。

（6）实验结论与分析。根据实验数据分析实验现象，对产生的误差，分析其原因，得出结论。将原始数据或经过计算的数据整理为数据表，如需画出曲线或相量图，应绘制在方格纸上。对实验中出现的问题进行讨论，得出体会。

（7）回答课后思考题。

第三节　实验数据处理方法

一、基本概念

（一）真值与平均值

通常一个物理量的真值是不知道的，我们需要去测定它，但严格来讲，由于测量仪器、测量方法、环境、人的观察力、测量的程度等，都不能做到完美无缺，故真值是无法测得的。我们定义实验科学中的真值如下：若设在测量中观察的次数为无限多，则根据误差分布定律正负误差出现的概率相等，故将各误差值加以平均时，在无系统误差的情况下，可能获得接近真值的数值。故真值是指观察次数无限多时，求得的平均值。平时我们观察的次数都是有限的，故用有限观察次数求出的平均值，只能是近似真值，或称最佳值，我们称这一最佳值为平均值。常用的平均值有算术平均值、均方根平均值、加权平均值、中位值、几何平均值等。

1. 算术平均值

算术平均值是一种最常用的平均值，设观测值的分布为正态分布，用数学可以证明在一组等精密度测量中，算术平均值为最佳值或最可信赖值。

设 $x_1,x_2,x_3,\cdots,x_n$ 代表各次的观测值，n 代表观测的次数，则算术平均值为

$$a=\frac{x_1+x_2+\cdots+x_n}{n}=\frac{\sum_{i=1}^{n}x_i}{n} \tag{1-1-1}$$

由此得

$$\sum_{i=1}^{n}x_i-na=0 \tag{1-1-2}$$

2. 均方根平均值

均方根平均值定义为

$$X=\sqrt{\frac{x_1^2+x_2^2+\cdots+x_n^2}{n}}=\sqrt{\frac{\sum_{i=1}^{n}x_i^2}{n}} \tag{1-1-3}$$

3. 加权平均值

计算平均值时，常对比较可靠的数据增加权重值再与其他数据平均，称为加权平均，加权平均值的定义为

$$W=\frac{\omega_1x_1+\omega_2x_2+\cdots+\omega_nx_n}{\omega_1+\omega_2+\cdots+\omega_n}=\frac{\sum_{i=1}^{n}\omega_ix_i}{\sum_{i=1}^{n}\omega_i} \tag{1-1-4}$$

此时得到的平均数叫作这 n 个值的加权平均值。显然，平均数 $\sum_{i=1}^{n}x_i/n$ 可看作每个数的权都是 1 的加权平均数。此问题是属于不等精度测量问题。各测量值的权数可任意给定，但也不是毫无理由，只有经验丰富、技术熟练的人，才能给出较为合适的权数。

4. 中位值

中位值是指将一组观测值按一定大小次序排列时的中间值。若观测次数为偶数，则中位值为正中两个值的平均值，中位值的最大优点是求法简单，与两端的变化无关。中位值在统计上属于一种次序统计，只有在观测的分布为正常分布时，它才能代表一组观测值的中心趋向或最佳值。

5. 几何平均值

几何平均值是指将一组 n 个观测值连乘并开 n 次方求得的值，公式如下

$$\overline{X}_g=\sqrt[n]{x_1\cdot x_2\cdot x_3\cdot\cdots\cdot x_n} \tag{1-1-5}$$

或以对数表示，如

$$\lg\overline{X}_g=\frac{\sum_{i=1}^{n}\lg x_i}{n} \tag{1-1-6}$$

式中　x_i——观测值；

$\overline{X}_g$——几何平均值。

当对一组观测值取对数，所得图形的分布曲线更为对称时，常用几何平均值。

以上所讲的各种平均值都是想从一组观测值中找出最接近于真值的那个值，也就是说，它最能代表这一组观测值的中心趋向，如果所选平均值代表了一组观测值的中心趋向，则当一组观测值中各个观测值均相同时，每个观测值均应该等于平均值。平均值的选择主要取决于一组观测值的分布类型。

（二）误差与误差的分类

在任何一种测量中，无论所用仪器多么精密，方法多么完善，实验者多么细心，所得结果常不能完全一致，而有一定的误差和偏差。严格来讲，误差是指观测值与真值之差，偏差是指观测值与平均值之差。但习惯上常将两个混用而不加区别。

1. 产生误差的原因

(1) 测量方法的不完善

仪器设计、制造及使用不完善，往往是造成误差的主要因素。仪器的零点漂移、非线性度、回差现象(在被测参数增加和减少过程中，对同一个数值进行测量，测量结果不一样的现象称回差现象)、温度漂移及频率响应特性不佳等，都是产生误差的重要原因。

(2) 测量过程中的一些主观因素，包括诸如测量者视力、判断能力、测量知识和经验等因素，以及周围环境变化的影响。

2. 误差的分类

根据误差的性质及产生的原因，可将误差分为系统误差、过失误差、偶然误差和随机误差等。

(1) 系统误差

系统误差的基本特征是在指定条件下，其大小与符号都不变，或者按一定规律变化。例如仪器指针刻度不准确；周围环境的改变，如外界温度、压力的变化等；个人习惯与偏好。通过实验分析的方法可以确定系统误差的变化规律，并引入适当的修正数值来消除其对测量结果的影响。在没有足够根据的情况下，忽略系统误差的存在，往往是使测量结果无用处的主要原因。对测量装置进行严格的标定或校准是消除系统误差的重要方法。

(2) 过失误差

过失误差是一种显然与事实不符的误差，它主要是由粗枝大叶、过度疲劳或操作不正确等引起的，诸如读错数目、记录错误、计算错误等。此类误差无规则可循，只要多方警惕、严格细心操作，过失误差就可以避免。

(3) 偶然误差

在测量中，如果已经消除引起系统误差的一切因素，而所测数据仍在末一位或末二位数字上有区别(在没有过失的情况下)，我们称这类误差为偶然误差。

偶然误差有时大、有时小、有时正、有时负，方向不一定。偶然误差产生的原因一般不清楚，因而也就无法控制。但用同一精密仪器，在同样条件下，对同一物理量做多次测量，若测量次数足够多，则可发现偶然误差完全服从统计规律。误差的大小以及正负误差的出现，完全由概率决定，我们没有理由认为误差偏向一方比偏向另一方更为可能。因此，偶然误差与测量的次数有关。随着测量次数的增加，偶然误差的算术平均值将逐渐接近于零。因而多次测量结果的算术平均值将更接近于真值。

偶然误差的存在，主要是由于事物是互相制约、互相作用的。平常我们所注意的，只是我们认为影响较大的一些因子，其他还有一些小的影响因子，不是我们尚未发现，就是我们无法控制，而这些影响因子，正是造成偶然误差的原因。例如，在精密天平上称一物体，在我们认为相同的情况下，得数如下：

19.543 7

19.543 4

19.543 6

19.543 8

为什么在四次测量中不能得到同一数值呢？当然，可能由于天平指针的刻度过细，估计不准确，但此类误差，末位可能相差±1，而上列数据末位相差达四个单位，因此必有其他原因存在。比如：水蒸气在物体上和砝码上凝结作用；天平内温度的微量变化；物体或砝码上电荷的改变；空气中灰尘降落速度的不恒定；使用碎砝码（砝码当然核正过，但不那么完善）以及其他我们未发现的影响。这些作用的影响完全出于偶然，受或然率所支配，因此，偶然误差可以用概率理论来处理。

（4）随机误差

如果观测的误差从表面上看出其数值和符号都是不定的，不存在任何确定的规律性，它只具有统计性的规律，这种误差称为随机误差。随机误差的产生取决于测量进行过程中一系列随机性因素的影响。所谓随机性因素是指实验者不能加以严格控制的因素。

3. 误差的表示法

误差的表示法通常有下列四种。

（1）范围误差

范围误差是一组测量结果中的最高值与最低值之差，以此作为误差变化的范围。例如，在上节所举的例子中，最高值为 19.543 8，最低值为 19.543 4，则

$$\text{范围误差}=19.543\,8-19.543\,4=0.000\,4$$

表示误差时，仅写出误差多大是不够的，它必须与所测物理量相联系，因此有误差系数的规定。令 K_l 为最大误差系数，a 为算术平均值，l 为范围误差，则

$$K_l=\frac{l}{a}=\frac{0.000\,4}{19.543\,6}=2\times10^{-5}$$

范围误差的最大缺点是使 K_l 只取决于两极端值，而与测量次数无关。例如在上例中，两次测量与多次测量所得的 K_l 可能完全相同，但不能将偶然误差与测量次数有关这一事实明显地表示出来。

（2）算术平均误差

算术平均误差是表示误差较好的方法，其定义为

$$\delta=\frac{\sum_{i=1}^{n}|d_i|}{n},i=1,2,\cdots,n \tag{1-1-7}$$

式中　n——观测次数；

　　d_i——观测值与平均值的偏差。

在一组测量中，观测值与平均值之差 d_i 的代数和为零。令 a 为一组观测值的平均值，

则有

$$d_1=x_1-a;d_2=x_2-a;\cdots;d_n=x_n-a$$

相加则为

$$\sum_{i=1}^{n}d_i=\sum_{i=1}^{n}x_i-na$$

根据平均值计算公式

$$\sum_{i=1}^{n}x_i-na=0 \quad 故\sum_{i=1}^{n}d_i=0$$

算术平均误差的缺点是无法表示出各次测量间彼此符合的情况。

(3) 均方根误差

用均方根误差评定一组测量值的可靠程度是较好的方法之一。

均方根误差 σ 为

$$\sigma=\sqrt{\frac{\sum_{i=1}^{n}(x_i-x_0)^2}{n-1}} \tag{1-1-8}$$

式中 n——测量次数；

x_0——真值；

x_i——各次测量值。

显然，由于真值 x_0 未知，上式没有多大实用意义。在有限测量次数的情况下，用算术平均值 a 来代替 x_0，则理论分析表明均方根误差 σ 为

$$\sigma=\sqrt{\frac{\sum_{i=1}^{n}(x_i-a)^2}{n-1}} \tag{1-1-9}$$

均方根误差对一组测量值中的较大误差或较小误差敏感性比较大，故用均方根误差表示精确度是一种较好的方法。

(4) 或然率误差

或然率误差常用符号 Y 表示。它的意义为：在一组测量值中若不计正负号，误差大于 Y 的观测值与误差小于 Y 的观测值将各占观测次数的 50%。更具体地讲，在一组测量值中，具有正误差的观测值，其误差落在 0 与 $+Y$ 之间的次数将占所有正误差的观测次数的一半；具有负误差的观测值，其误差落在 0 与 $-Y$ 之间的次数将占所有负误差的观测次数的一半。亦即在一组测量值中，误差落在 $+Y$ 与 $-Y$ 之间的次数占观测值总次数的一半。根据或然率积分，可导出或然误差与均方根误差之间的关系为

$$Y=0.674\,5\sigma \tag{1-1-10}$$

二、有效数字及其计算

在测量和数字计算中，确定该用几位数字来表示测量值或计算结果，是一件很重要的事情。初学者往往认为在一个数值中小数点后面位数越多，数值就越准确；或在计算结果中，保留的位数越多，准确度越大。这两种想法都是错误的，第一种想法的错误在于没有弄清楚小数点的位置与所用单位大小有关，而不是决定准确度的标准。如，体积为 21.3 mL 与

0.021 3 L，精确度完全相同。第二种想法的错误在于不了解所有测量只能做到一定的准确度，这个准确度一方面决定于所用仪器刻度的精细程度，另一方面也与我们所用方法有关。因此，在计算结果中，无论写多少位数，绝不能把准确度增加到超过测量所能允许的范围。反之，表示一个数字时书写位数过少，低于测量所能达到的精确度，同样是错误的。正确的写法是，我们写出这样多的位数，其中除末位数字可疑或不确定外，其余各位数字都是准确知道的。通常除特别规定外，一般认为末位数字上下可有一个单位的误差，或其下一位的误差不超过±5。以下对有效数字和计算法则的讨论，将会帮助我们对这方面有更清楚的理解。

（一）有效数字

在科学实验中，数的用途有两类，一类是数"数"的目的，例如点钞票，无论谁来数、用什么方法数、在什么时候数都是同一个数目。凡在计算式中包含有此类的数，如$\sqrt{2}$、$\frac{1}{2}$等，均可认为其有效数字位数无限制。另一类数是用来表示测量结果的，这一类数的末一或末二位，往往是计算得来的，因此具有一定的误差或不确定性。

有效数字指该数字在一个数量中所代表的大小。例如在一个最小刻度为 1 mV 的毫伏表上得到的读数为 95.2 mV，那么前两位数字 95 是可靠的，而最后一位数字 2 则是估计得来的，它虽然欠准确，但还是有意义的。在一般情况下，我们可以认为它的误差不大于 0.1，电压值在 95.1 mV 和 95.3 mV 之间，那么电压值为(95.2±0.1) mV，因此这三位数字都是有效的。通常测量时，一般均可估计到最小刻度的十分位，故在记录一数量时，只应保留一位不准确数字，其余数字均为准确数字，我们称此时所记的数字为有效数字。

关于数字 0，需要特别提一下，它可以是有效数字，也可以是非有效数字。例如天平称量为 1.201 0 g，所有 0 都是有效数字。在长度为 0.003 20 m 中，前面三个 0 均是非有效数字。因为这些 0 只与所取的单位有关，而与测量的精确度无关。若改用毫米为单位，则前面三个 0 全消失，变为 3.20 mm，故有效数字实际位数为 3。其他如 12 000 m、13 000 g，我们很难说 0 是有效数字或非有效数字，如 12 000 m 写为 1.2×10^4 m，则表示有效数字为两位；写为 1.20×10^4 m，则有效数字为三位，其余类推。

（二）计算法则

在数据处理中，常需要运算一些精确度不相等的数值。此时若按一定规则计算，既可节省时间，又可避免因计算过繁引起的错误。下列规则是一些常用的基本法则：

(1) 记录测量数值时，只保留一位可疑数字。

(2) 除另有规定外，可疑数字表示末位上有±1 个单位的误差，或下一位有±5 个单位的误差。

(3) 当有效数字位数确定后，其余数字应一律弃去。舍弃办法：若末位有效数字后边的第一位数字大于 5，则在其前一位上增加 1，小于 5 则弃去不计。等于 5 时，如前一位为奇数，则增加 1，如前一位为偶数，则弃去不计。例如，对 27.024 9 取四位有效数字时，结果为 27.02，取五位有效数字时，结果为 27.025。但将 27.025 与 27.035 取为四位有效数字时，则分别为 27.02 与 27.04。

(4) 计算有效数字位数时，若第一位有效数字等于 8 或大于 8，则有效数字位数可多计 1 位。例如 9.13，实际上虽只三位，但在计算有效数字时，可作为四位计算。

(5) 在加减计算中，各数所保留的小数点后的位数，应与所给各数中小数点后位数最少的相同。例如将13.65、0.008 2、1.632三个数目相加时，应写为

$$13.65+0.01+1.63=15.29$$

可以证明15.29是最合理的答案。若相加时，将小数点后边的位数均计入，未知数均代以 x 则得 $13.65xx+0.008\,2+1.632x=15.29xx$。

(6) 在乘除法中，各因子保留的位数，以百分误差最大或有效数字位数最少为标准，所得积或商的精确度，不应大于精确度最小的那个因子。

例如，在 $0.012\,1\times25.64\times1.057\,82$ 中

0.012 1的百分误差为 $\dfrac{1}{121}\times100=0.8$

25.64的百分误差为 $\dfrac{1}{2\,564}\times100=0.04$

1.057 82的百分误差为 $\dfrac{1}{105\,782}\times100=0.000\,9$

因第一个的百分误差最大，故应以此数值为标准，确定其他数值的有效数字位数，由此得：

$$0.012\,1\times25.6\times1.06=0.328$$

(7) 在对数计算中，所取对数位数应与真数有效数字位数相等。

(8) 计算平均值时，若为四个数或超过四个数相平均，则平均值的有效数字位数可增加一位。

(9) 在所有计算式中，常数 π、e 的数值以及乘子，如 $\sqrt{2}$、$\dfrac{1}{2}$ 等的有效数字位数，可认为无限制，即在计算中，需要写几位就写几位。

(10) 表示精确度时，在大多数情形下，只取一位有效数字足矣，最多取两位有效数字。

三、误差的理论基础

(一) 误差的正态分布

在所有测量中，无论是直接测量还是间接测量，最根本的目的都是为求得某一物理量的真值。但严格来讲，任何物理量的真值是无法测定的，我们所能测得的，只是某物理量的近似值。在测量中不断改进测量方法，不断提高测量技术，虽然可使所测得的数值逐渐接近真值，但是这种改进与提高是有一定限度的，超过此限度，我们就无能为力了，因此，必须找出在给定条件下，我们所测数值与真值之间的关系，从而在一组观测值中确定一最佳值，用此最佳值代表所要测的某一物理量。为了获得有关方面的知识，我们从一组观测值中各观测值的频率分布情况开始研究。

表1-1-1所示为测定钢球直径所得的数据，表中 S 代表观测值，N 代表测量次数，n_i 代表某一观测值 S_i 出现的次数，即频率。为便于比较，表中所列频率分 $N=150$ 及 $N=50$ 两种情况。

分析一下表中所列数据，并按不同方式画图，就可得出有关误差理论方面极重要的事实。

表 1-1-1　钢球直径测量

观测值(S_i)	出现次数(n_i)		相对出现次数($\frac{n_i}{N}$)	
	I $N=150$	I_A $N=50$		
7.31	1	0	0.007	0
7.32	3	1	0.020	0.02
7.33	8	3	0.058	0.06
7.34	18	6	0.120	0.12
7.35	28	9	0.187	0.18
7.36	34	11	0.227	0.22
7.37	29	10	0.193	0.20
7.38	17	6	0.113	0.12
7.39	9	2	0.060	0.04
7.40	2	1	0.013	0.02
7.41	1	1	0.007	0.02

(1) 将观测值出现的次数 n_i 与观测值 S_i 的关系画图并令间距 $\Delta S=0.01$，我们得到图 1-1-3，其中阴影部分代表 $N=50$ 时的分布情况，无阴影部分代表 $N=150$ 时的分布情况。两组测量次数虽然不同，但所得曲线类型颇相似。

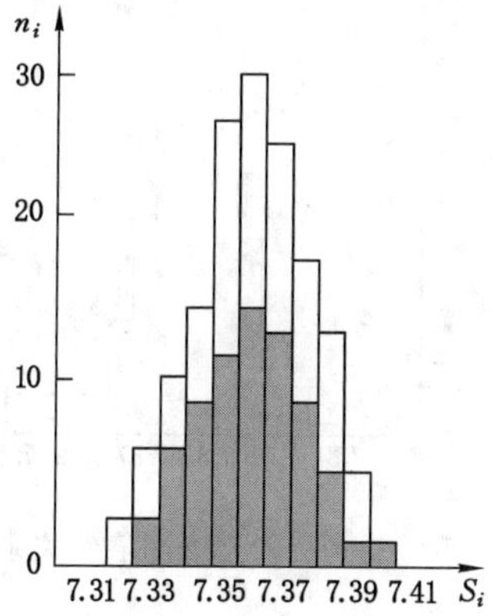

图 1-1-3　钢球直径测量值的分布情况

此处应注意，表中及图中的观测值，皆指在给定间距内的中点值。例如 $\Delta S=0.01$，当 $N=150$ 时，表中 7.32 出现的次数为 3，实际代表观测值介于 7.315 与 7.325 之间出现的次数为 3。间距 ΔS 的选择，通常以能使一组数值分为 10 至 20 小组为合适。

(2) 将观测值的相对出现次数$\frac{n_i}{N}$与观测值 S_i 的关系画图(ΔS 仍为 0.01)，得两组观测值的曲线，如图 1-1-4 所示。图中实线 I 代表 $N=150$ 的情况，点线 I_A 代表 $N=50$ 的情况，由图可以看出两根曲线的形状几乎完全一致。

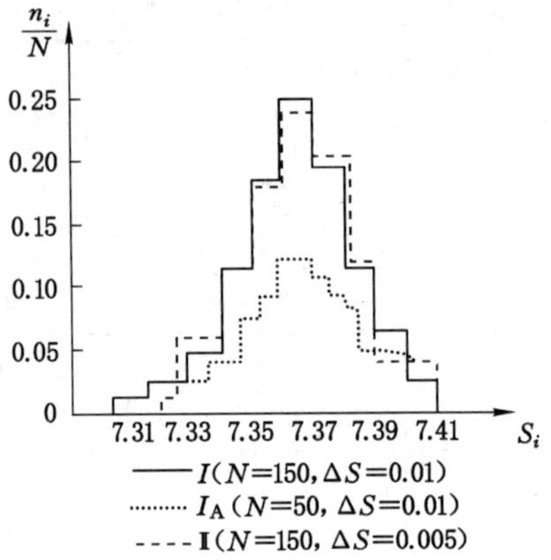

图 1-1-4　观测值相对出现次数与观测值的关系曲线

(3) 将观测值的相对出现次数$\frac{n_i}{N}$与观测值 S_i 画图，观测次数为 150，但令 $\Delta S=0.005$，将所得曲线高度视为前者之半，如图 1-1-4 中虚线Ⅱ所示。由此可见，$\frac{n_i}{N}$与 ΔS 直接成比例。

(4) 设以 $n_i/(N\Delta S)$与 S_i 画图，则不论 ΔS 为何值，所得曲线彼此几乎完全重合，如图 1-1-5 所示。$n_i/(N\Delta S)$常被称为概率密度或概率幅度。

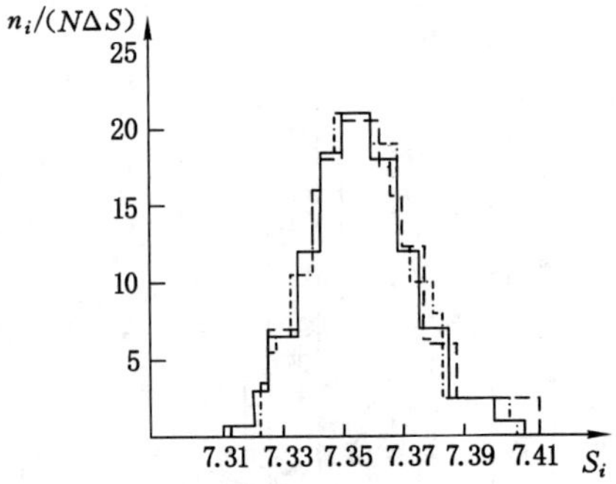

图 1-1-5　概率密度与观测值的关系曲线

(5) 设将 ΔS 减小至微分量，并令 $Y=\frac{1}{N}\frac{dn_i}{dS}$，则得图 1-1-6 所示的光滑曲线。

在一组测量中，任一观测值 S_i 出现的次数被总观测次数除，由此得 S_i 出现的概率为

$$\frac{n_i}{N}=\frac{n_i}{N\cdot\Delta S}\cdot\Delta S$$

此式的物理意义为：在一组测量值中，观测的总次数为 N，其中某一观测值 S_i 出现的次数为 n_i，则观测值 S_i 介于 $S_i+\frac{\Delta S}{2}$与 $S_i-\frac{\Delta S}{2}$的概率为$\frac{n_i}{N}=\frac{n_i}{N\cdot\Delta S}\cdot\Delta S$，或简称观测值 S_i 出现的概率为$\frac{n_i}{N}$。

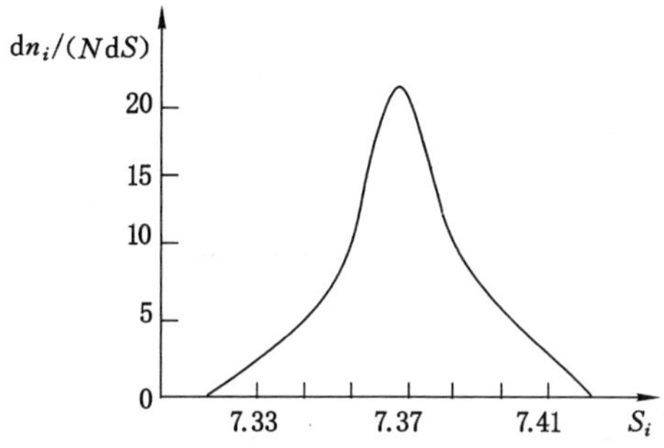

图 1-1-6　ΔS 为微分量时概率密度与观测值的关系曲线

同理,得任一观测值位于 S_i 与 $S_i+\mathrm{d}S$ 之间的概率为

$$\frac{\mathrm{d}n_i}{N}=\frac{1}{n}\left(\frac{\mathrm{d}n_i}{\mathrm{d}S}\right)\mathrm{d}S=Y_i\mathrm{d}S$$

设 $\mathrm{d}S$ 足够小,在 S 和 $S_i+\mathrm{d}S$ 之间不多于一个观测值,$Y\mathrm{d}S$ 可称为观测值 S 出现的概率。

因此,$Y\mathrm{d}S$ 即代表一观测值 S_i 位于 S_i 和 $S_i+\mathrm{d}S$ 之间的概率,故若将所有 S 的可能值的 $Y\mathrm{d}S$ 相加,则必等于 1,即

$$\int_{-\infty}^{+\infty}Y\mathrm{d}S=\sum\left(\frac{n_i}{N\Delta S}\right)\Delta S=1$$

概率等于 1 表示事物发生是确定的,其物理意义为:设在一次实验中,随便测出哪一个数值都算数,则概率等于 1。

以上是对观测值的讨论,若用于误差,将上式中的 $\mathrm{d}S$ 换为 $\mathrm{d}x$,则所得结论完全可行。令 P 代表误差介于 x 与 $x+\mathrm{d}x$ 之间的概率,则得 $P=Y\mathrm{d}x$。

(二) 误差数据舍弃准则

通常在一组实验数据中很容易发现某一观测值与其余观测值相差很远,如果保留观测值,则对平均值及概率误差都将产生很大影响。初学者多倾向于随便舍弃这一坏数值,企图获得实验结果的一致性,这显然是不对的。在实验过程中,只有能充分证明读取读数时有误差、实验系统的某些故障以及实验中有其他过失等情况,才能舍弃掉某一坏数值。如果没有充分的理由,则只有根据误差理论决定数值的取舍,才是正确的。

目前决定取舍数据所采取的步骤如下:

(1) 求出算术平均值以及单次测量的概率误差。计算时,可疑观测值均应包括在内。

(2) 算出可疑的较大的偏差与概率误差之比。根据表 1-1-2 所列观测次数 n 与对应的偏差 d 同概率误差 γ 之比(d/γ),决定数据的取舍。

(3) 如果观测值的 d/γ 大于表中的 d/γ,则弃掉这一观测值。

上述步骤作为对初学者的指导,防止随便弃掉观测数据是很有用的。对于有经验的工作者来说,当发现一个偏差很大的数值时,如果这一偏差确属偶然误差,则继续多次重复实验,一定会有与此符号相反的偏差出现。

表 1-1-2　观测次数 n 与 d/γ

n	d/γ
5	2.5
10	2.9
15	3.2
20	3.3
50	3.8
100	4.2

四、实验数据的表示方法

经过处理之后的大量测量结果可以通过图示、经验公式和列表来表达，这三种方法都是很常用的。

（一）实验数据图形表示法

实验数据图形表示法，就是根据笛卡尔解析几何原理，用几何图形如线的长度、表面的面积、立体的体积等将实验数据表示出来。该方法在数据整理中极为重要。其优点在于形式简明直观，便于比较，易显出数据中的最高点、转折点、周期性以及其他奇异性等。此外，如果图形作得足够准确，则不必知道变数间的数学关系式，即可对变数微分或积分。

根据数据作图，通常包括图纸的选择、坐标的分度、坐标分度值的标记、根据数据描点、根据图上各点作曲线、注解和说明数据来源等步骤。

（二）实验数据列表法

所有测量至少包括两个变数，一个叫作独立变数或自变数，另一个叫作从变数或因变数。列表法就是将一组实验数据中的自变数、因变数的各个数值以一定的形式和顺序一一对应列出来。

列表法有许多优点：① 简单易做，不需要特殊图纸和仪器；② 数据易于参考比较；③ 形式紧凑；④ 同一表内可以同时表示几个变数间的变化而不混乱；⑤ 如表中所列 x 和 y 间有 $y=f(x)$ 的函数关系，则不必知道函数的形式，就可以对 $f(x)$ 求微分或积分。

（三）实验数据方程表示法

当一组实验数据用图形法或列表法表示后，需要用方程或经验公式将一组数据表示出来。因为经验公式不仅形式紧凑，而且在微分、积分或内插上，均可给数据处理莫大的帮助。以下将对如何获得这样的公式加以简单讨论。

一个理想的经验公式，一方面要求形式简单，所含任意常数不要太多；另一方面又要求它能够准确代表一组实验数据。这两种要求在性质上是完全相反的。在实际工作中，有时可以二者兼顾，有时就不得不牺牲简单形式，而照顾到必要的准确度。

对于一组实验数据，一般没有简单方法可以直接获得理想经验公式。通常是先将一组实验数据画图，根据经验和解析几何原理，猜测经验公式应有的形式。当用事实验证，发现此形式不完全满意时，则另立新式，重新实验，直至获得满意结果为止。公式中最易直接实验的为直线式，因此，凡在情况允许下，应尽可能使所得函数形式为直线式。

第二章　常用电工仪器仪表的使用

第一节　直流稳压电源

直流稳压电源是将交流电转变为稳定的、输出功率符合要求的直流电的设备。各种电子电路都需要直流电源供电，所以直流稳压电源是各种电子电路或仪器不可缺少的组成部分。直流稳压电源实物图如图 1-2-1 所示。

图 1-2-1　直流稳压电源

一、工作原理及性能指标

（一）直流稳压电源的工作原理

直流稳压电源通常由电源变压器、整流电路、滤波电路和稳压电路四部分组成，如图 1-2-2 所示。

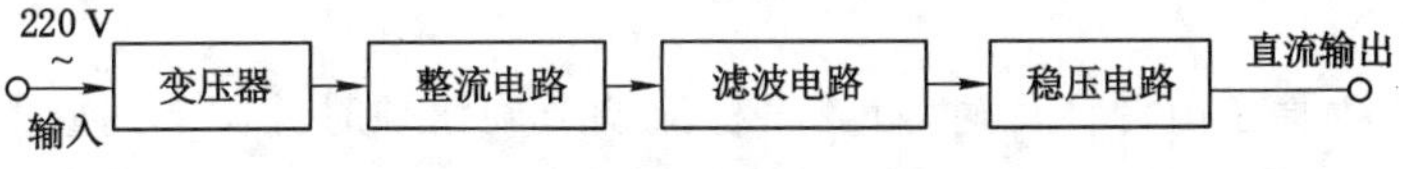

图 1-2-2　直流稳压电源的组成

图中，220 V、50 Hz 的交流电压经过变压器被降至所需幅度，通过整流电路将交流电压变换成直流脉动电压，再经过滤波电路去掉交流分量，得到比较平滑的直流电压，这个直流电压再经过稳压电路稳压，然后输出稳定的直流电压。

（二）直流稳压电源主要性能指标

(1) 额定输入电压——电源正常工作时的输入交流电压大小和频率，如 220 V/50 Hz。

(2) 输出电压范围——电源能够稳定输出的直流电压范围。

(3) 输出电流范围——电源正常工作条件下允许输出电流的范围。

(4) 稳压系数 S_V——负载和环境温度不变时，输出电压的相对变化量与输入电压的相对变化量的比值，即

$$S_V = \left. \frac{\Delta U_o / U_o}{\Delta U_i / U_i} \right|_{R_L 一定}$$

S_V 是衡量直流稳压电源稳压性能好坏的标志，一般情况下 $S_V \ll 1$，其数值越小表明输出电压越稳定。

(6) 等效内阻 γ_0——输入电压和环境温度不变，当负载 R_L 变化时，输出电压的变化量与输出电流变化量的比值，即

$$\gamma_0 = \left. \frac{\Delta U_o}{\Delta I_o} \right|_{U_i 一定}$$

γ_0 越小表明稳压性能越好，即带负载能力越强。

(8) 温度系数 S_t——输入电压和负载均不变时，由于环境温度变化引起输出电压变化量与温度变化量之比，即

$$S_t = \left. \frac{\Delta U_o}{\Delta T} \right|_{U_i, R_L 一定}$$

(三) 直流稳压电源的输出

直流稳压电源的输出分为单路和多路两种，单路输出只有一组输出端子，多路输出则有两组或多组输出端子。

无论是单路电源还是多路电源，输出电压值均有固定和连续可调两种。一般的直流稳压电源都有两路可调电源，一路输出电压固定为+5 V。可调电源具有较宽的输出电压范围，可以通过调节操作面板旋钮改变输出电压值。如实验室中常用的双路通用直流稳压电源，输出电压可以在 0～30 V 范围内连续调节；也有的输出电压是分段调节的，分别调节粗调和细调旋钮，得到所需的电压值。两路可调电源可单独使用，也可通过串联、并联使用。

二、直流稳压电源使用方法

(一) 两路可调电源独立使用

将两路电源独立，串联、并联开关均置于弹起位置，使两路可调电源处于独立使用状态。此时，两路可调电源分别可作为稳压源、稳流源使用，也可在作为稳压源使用时设定限流保护值。

可调电源作为稳压电源使用时，首先将稳流调节旋钮顺时针调节到最大，然后打开电源开关，调节稳压输出调节旋钮使从路和主路输出直流电压至所需要的数值，此时稳压状态指示灯亮。

可调电源作为稳流电源使用时，打开电源开关后，先将稳压输出调节旋钮顺时针旋到最大，同时将稳流输出调节旋钮反时针旋到最小，然后接上负载电阻，再顺时针调节稳流输出旋钮，使输出电流至所需要的数值。此时稳压状态指示灯暗，稳流状态指示灯亮。

(二) 两路可调电源串联

首先检查主路和从路电源的输出负接线端与接地端是否有连接片相连，如有则应将其断开，否则在两路电源串联时将造成从路电源短路。将从路稳流输出调节旋钮顺时针旋到最大，将两路电源独立、并联开关置于弹起位置，此时两路电源串联，调节主路稳压输出调节

旋钮，从路输出电压严格跟踪主路输出电压。两路可调电源串联可提高输出电压，最高输出电压可达 60 V。

(三) 两路可调电源并联

两路可调电源并联可提高输出电流。将两路电源独立、串联开关置于弹起位置，此时两路电源并联。调节主路稳压输出调节旋钮，指示灯亮。调节主路稳流输出调节旋钮，两路输出电流相同，总输出电流最大可为 6 A。

(四) 直流稳压电源的连接

直流稳压电源的一路输出端共有三个输出端子，即"＋""－"端子和接地(GND 接机壳)端子。当需要输出正电压时，应将"－"端与"地"端相连；需要输出负电压时，则应将"＋"端与"地"端相连。使用直流稳压电源时，要根据电路的实际需要，正确连接输出端。

有些集成电路需要正、负直流电压才能正常工作，这时可使用双路稳压电源，使其输出一路为正、一路为负，连接方法如图 1-2-3 所示。

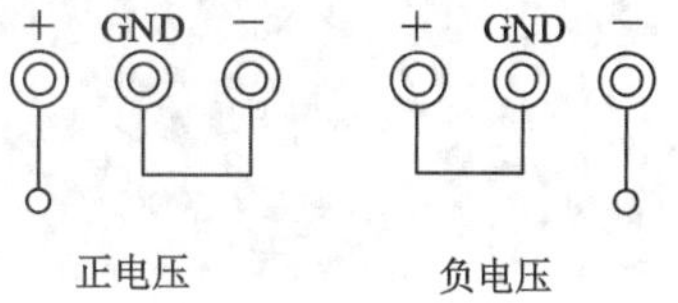

图 1-2-3　直流稳压电源连接方法

第二节　信号发生器

信号发生器是一种电信号源，波形为正弦波(或其他波形)，其频率、幅度和调制特性可以在规定限度内设置在固定或可变值上，用来激励模拟系统和数字系统。为了满足不同场合的需要，信号发生器也有各种不同的类型，按输出波形不同可分为正弦信号发生器、脉冲信号发生器、函数信号发生器。另外还有诸如合成信号发生器、全电视信号发生器等专用信号发生器。

一、信号发生器主要性能指标

本书使用的是 Keysight EDU33210 系列 Trueform 任意波形发生器。主要特点有：内置调制和 17 种常用波形；16 位任意波形容量，内存最大为 8 Msa/通道；两个可以在振幅和频率上耦合的独立通道；USB 和 LAN IO 接口；Web 界面；SCPI(可编程仪器的标准命令)兼容；包含 PathWave BenchVue 软件。该示波器的主要性能指标如下。

输出信号：三角波、方波、正弦波、脉冲波、单次脉冲、TTL 电平、直流电平。

输出幅度：1 mV～20V_{pp}。

输出阻抗：1 Ω 至 10 kΩ，或者无限。

频率范围：1 μHz～20 MHz。

外测频率：0.1 Hz～10 MHz，误差±0.1%。

直流电平：＋10 V～－10 V 连续可调。

占 空 比：0.01%～99.99%连续可调。

线 性 度：信号幅度为 5% ～ 95%时≤0.1% (V_{out}≥V_{pp})。

脉冲宽度：最小 16 ns(可调 100 ps 分辨率)。

电压分辨率：16 位。

二、信号发生器使用方法

(一) 操作面板

该任意波形发生器的前面板如图 1-2-4 所示，下面是对该图的说明。

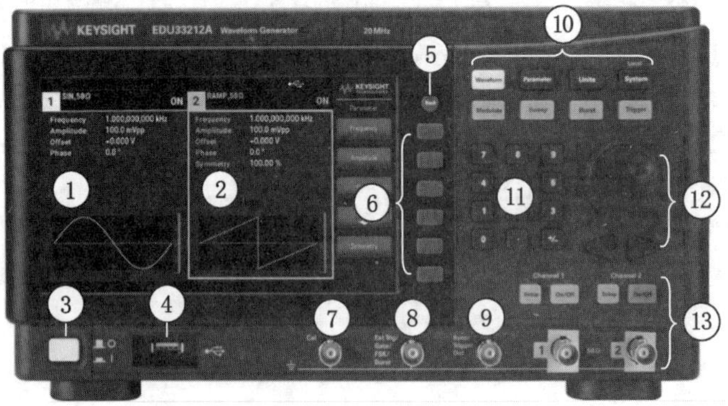

图 1-2-4　Keysight EDU33212A 的前面板示意图

图 1-2-4 中：

①、②——通道 1、2 显示屏；

③——ON/OFF 开关；

④——USB 端口，允许外部 USB 闪存驱动器连接到仪器；

⑤——Back 按钮，如果连接了外部 USB 闪存驱动器，按住 Back 按钮 3 s 以上可自动捕获仪器屏幕，捕获的图像将保存到连接的 USB 闪存驱动器；

⑥——菜单软键；

⑦——CAL 连接器；

⑧——外部触发/门控/FSK/脉冲串连接器；

⑨——同步/触发输出连接器；

⑩——固定功能按钮；

⑪——数字键盘；

⑫——旋钮和光标箭头；

⑬——通道 1 和通道 2 连接器和相关按钮。

前面板显示屏如图 1-2-5 所示，以双通道显示为例。图 1-2-5 中：

①、②——通道 1、2 信息；

③——状态指示；

④、⑤——通道 1、2 波形参数；

⑥、⑦——通道 1、2 波形显示屏；

⑧——函数名称；

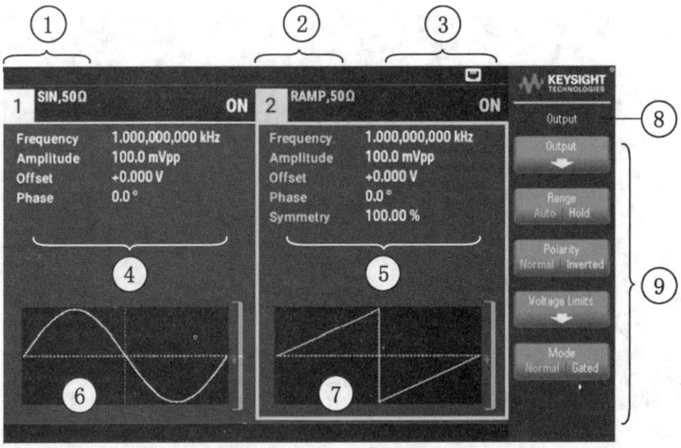

图 1-2-5　前面板显示屏示意图

⑨——软键标签。

（二）功能操作

1. 设置输出频率

仪器默认频率为 1 kHz，下面是修改输出频率的具体步骤：首先按 Parameter 按钮，再按下对应 Frequency 的按钮，使用旋钮更改数值和/或使用光标箭头将光标移动到下一个数字或前一个数字，或使用数字键盘设置数值，之后选择单位（μHz、mHz、Hz、kHz 或 MHz），最后确认更改。单通道操作面板如图 1-2-6 所示。

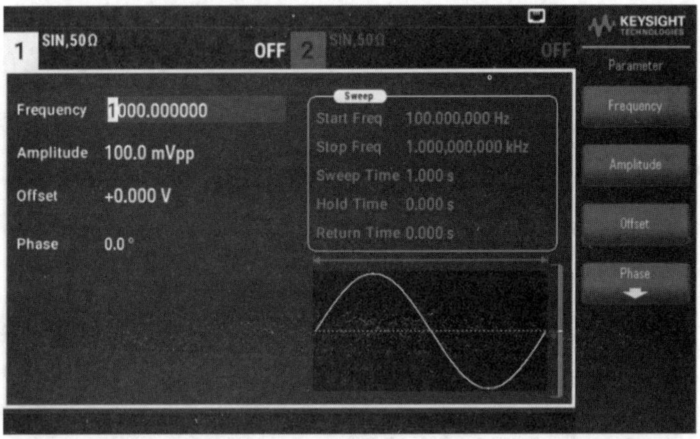

图 1-2-6　单通道操作面板

可以选择使用周期为单位设置频率，通过按 Units 按钮，再通过按 Frequency Periodic 按钮将单位更改为周期。修改单位的操作面板示意图如图 1-2-7 所示。

2. 设置输出振幅

仪器的默认函数是 1 kHz，100 mVpp 的正弦波（接入 50 Ω 的终端）。下列步骤将振幅更改为 50 mVpp。

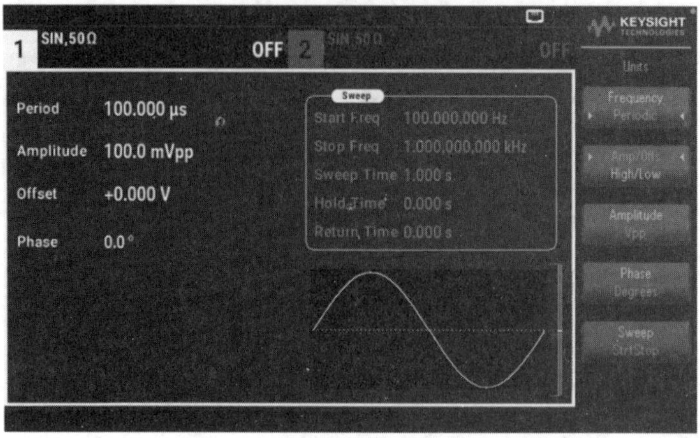

图 1-2-7　修改周期为单位的操作面板

首先，按 Units 按钮，再按下对应 Amp/Offs High/Low 的按钮，将电压指定为振幅和偏移。显示的振幅为接通电源时的值，或者是预先选定的振幅。在更改函数时，如果该值对于新函数是有效的，则使用同一振幅。要选择将电压指定为高值和低值，可按 Amp/Offs High/Low。在本示例中，将突出显示 Amp/Offs High/Low。对应显示示意图如图 1-2-8 所示。

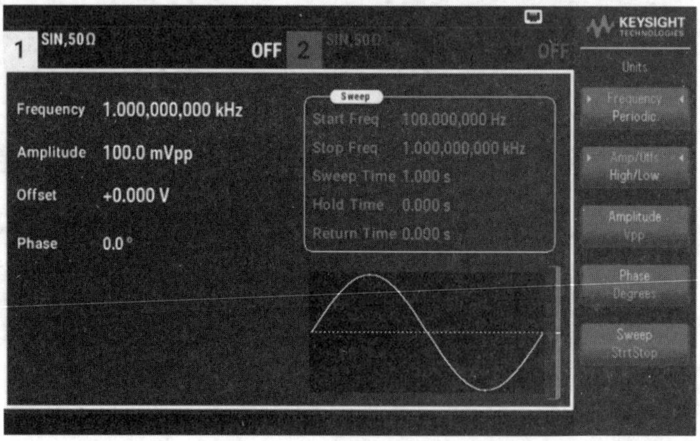

图 1-2-8　设置电压为偏移的操作面板

然后，输入所需振幅的幅度值。按 Parameters 按钮，再按下对应 Amplitude 的按键。使用数字键盘，输入数字 50。

最后，选择所需的单位。按对应于所需单位的软键。在选择单位时，仪器以显示的振幅输出波形（如果启用输出）。在本例中，按 mVpp。

也可以使用旋钮和箭头输入所需的值。如果采用这种方式输入值，则不需要使用单位软键。要换单位类型，只需按 Units 按钮，再按下对应 Amplitude 的按钮，并选择所需的单位。

3. 设置输出波形

按操作面板的 Waveform 按钮，之后再选择对应的波形进行确定，其对应主面板的软键标签示意图如图 1-2-9 所示。以输出方波为例，在按下 Waveform 按钮之后，按下对应 Square 的按钮，设置成功后，可以使用数字键盘或旋钮和箭头，调整输出方波的占空比的值。如果使用数字键盘，则按 Percent 完成输入，仪器会立即调整占空比，并以指定的值输出方波（如果启用输出）。

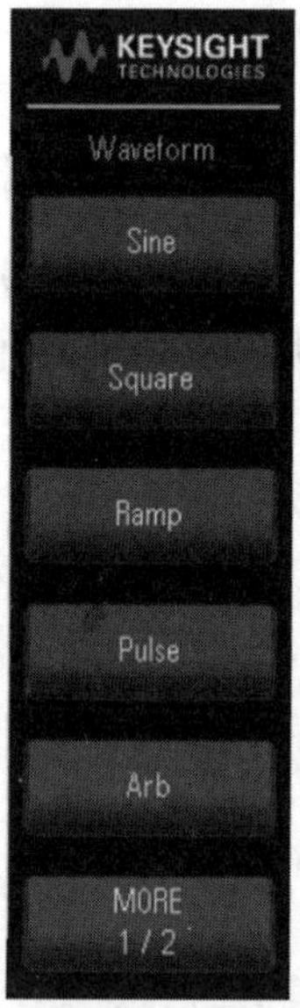

图 1-2-9　主面板的软键标签示意图

4. 设置输出

按下对应通道的 On/Off 按钮，输出波形。

第三节　电子示波器

电子示波器简称示波器。它是通过阴极射线示波管电子射线的偏转，把随时间变化的电信号用图像显示出来的电子仪器。示波器主要用来观察电压（或转换成电压的电流）的波形，并可测量电压的幅度、频率、周期和相位等，模拟式示波器和数字式示波器分别如图 1-2-10、图 1-2-11 所示。本书使用 Keysight InfiniiVision 1200 X 系列 EDUX1052A 示波器，该示波器有 4 个输入通道，带宽为 200 MHz，采样率为 2 GSa/s，触发类型有边沿、脉冲宽度、上升/下降时间等，内置数学波形加、减、乘、除、FFT（幅度和相位）和低通滤波器，利用 USB/LAN 端口可保存和共享数据。

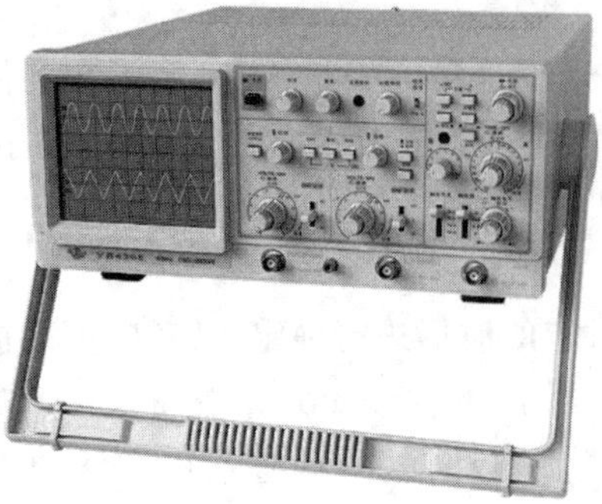

图 1-2-10　模拟式示波器

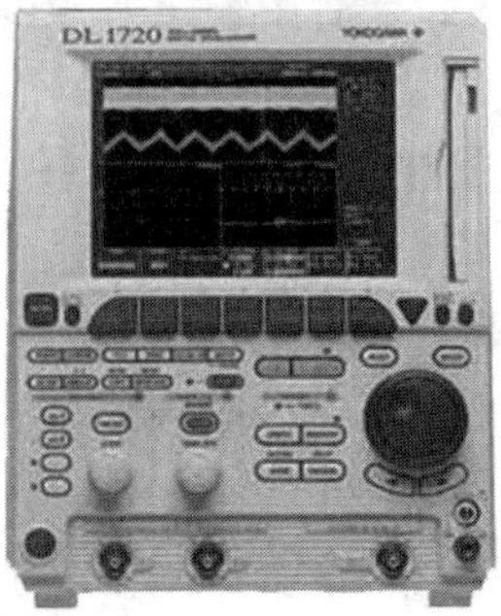

图 1-2-11　数字式示波器

一、主要性能指标

（一）主要特点

（1）直观性，可直接显示信号波形，也可测量信号的瞬时值。

（2）灵敏度高、工作频带宽、速度快，为观测瞬变信号的细节带来了很大的便利。

（3）输入灵敏度高，对被测电路影响小。

（二）示波器按用途和特点分类

（1）通用示波器，又分为单踪型、双踪型、多踪型示波器。

（2）多线示波器，可同时观测和比较两个以上的信号。

（3）取样示波器，包括高阻取样示波器、低阻取样示波器、时域反射仪等，适用于测量高频和超高频信号。

（4）存储示波器，包括记忆示波器、数字存储示波器、数字荧光示波器等，适用于异地观测和异地分析测量。

（5）特殊示波器，包括高压示波器、行波示波器、雷达示波器等，是能满足特殊用途或具有特殊装置的示波器。

（三）主要技术指标

1. 频带宽度

示波器的频带宽度是指允许被测信号的下限频率到上限频率的范围。最常用的示波器的频带宽度一般可达到 20 MHz。

2. 输入灵敏度

示波器的输入灵敏度是指在屏幕上显示 1 cm（或 1 格）高的图形所需要的输入信号最小值，通常可达到 5 mV/div。

3. 输入阻抗

示波器的输入阻抗一般可以等效为电阻和电容的并联，通常直接耦合时的电阻为 1 MΩ，探头耦合时电阻为 10 MΩ，电容小于 15 pF。

4. 扫描速度

扫描速度是指光点在水平轴方向移动 1 cm（或 1 格）所需要的时间，通常为 0.1～1 μs/div。

二、电子示波器使用方法

(一) 操作面板

功能按键是指在前面板上可以按下的任何按钮。软键特指显示屏旁边的六个无标识的按钮。如果按下前面板上的功能按键,则显示屏上将显示菜单和对应的软键标签。软键的功能随着导航示波器的菜单而更改。图 1-2-12 所示为 DSOX1024G 示波器的前面板。

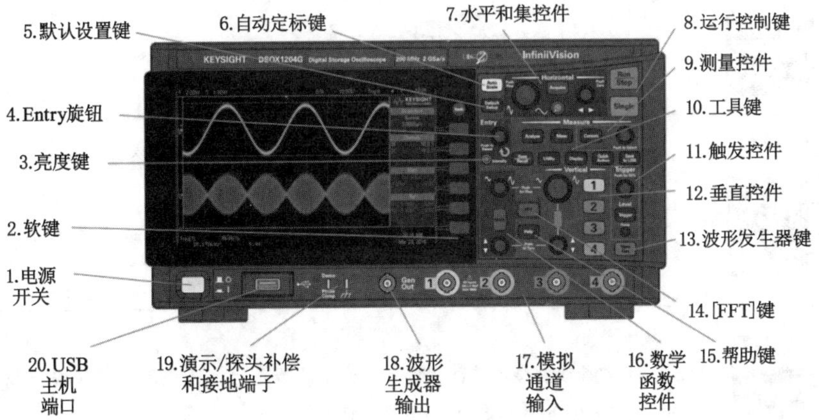

图 1-2-12 DSOX1204G 示波器的前面板

1. 功能按键介绍

下面主要对示波器的功能按键进行介绍。图 1-2-13 所示为示波器功能按键,表 1-2-2 所示为对应按键描述。

图 1-2-13 示波器功能按键示意图

2. 水平和采集控件介绍

水平和采集控件包括水平定标旋钮、水平位置旋钮、采集键和缩放键。对应示波器面板如图 1-2-14 所示。

表 1-2-2　DSOX1204A 示波器的功能按键说明

名称	说明
自动定标键 	当按下 Auto Scale 键时，示波器将快速确定哪个通道有活动，并且它将打开这些通道对其进行定标以显示输入信号
默认设置键 	按下该键可恢复示波器的默认设置
运行控制键 	当 Run/Stop 键是绿色时，表示示波器正在运行，即符合触发条件，正在采集数据。要停止采集数据，请按下 Run/Stop。 当 Run/Stop 键是红色时，表示数据采集已停止。要开始采集数据，请按下 Run/Stop
单次采集键 	要捕获并显示单次采集（无论示波器是运行还是停止），请按下 Single（单次）。Single 键是黄色，直到示波器触发为止
Entry 旋钮 	Entry 旋钮用于从菜单中选择菜单项或更改值。Entry 旋钮的功能随着当前菜单和软键选择而变化。 还应注意，当 Entry 旋钮  符号显示在软键上时，就可以使用 Entry 旋钮选择值。 通常，旋转 Entry 旋钮就可以进行选择。有时，按下 Entry 旋钮可启用或禁用选择。另外，按下 Entry 旋钮还可以使弹出菜单消失
亮度键 	按下该键使其亮起。该键亮起时，旋转 Entry 旋钮可调整波形亮度。也可以像操作模拟示波器那样通过改变亮度控件显示信号细节
分析键 	按下此键可访问分析功能，如触发电平设置、测量阈值设置、数字电压表等
测量键 	按下该键可以选择一组预定义的测量，用于对波形进行自动测量。最后所选的四个测量的结果将显示在屏幕底部的测量信息区域中

表1-2-2(续)

名称	说明
光标键与光标旋钮 	按下光标键可打开菜单,以便选择光标模式和源。按下光标旋钮可从弹出菜单中选择光标,在弹出菜单关闭后,旋转该旋钮可调整选定光标的位置
保存/调用键 	按下该键可保存示波器设置、屏幕图像、波形数据或波罩文件,或者调用设置、波罩文件或参考波形
系统设置键 	按下该键可访问“系统设置”菜单,以便配置示波器的 I/O 设置、使用文件资源管理器、设置首选项、访问服务菜单并选择其他选项
显示键 	按下该键可访问菜单,可在其中启用余辉、调整显示网格(格线)亮度、为波形添加标签、添加注释以及清除显示
快捷键 	按下该键可执行选定的快速操作:测量所有快照,打印、保存、调用、冻结显示以及更多操作
保存到 USB 键 	按下该键可快速保存到 USB 存储设备
数学运算键 	按下前面板上的 Math 键以显示“波形数学”菜单,可用于访问数学运算(加、减等)波形函数
[FFT]键 	可用于访问 FFT 频谱分析功能。FFT 用于计算模拟输入信号的快速傅里叶变换。FFT 记录指定源的数字化时间并将其转换为频域

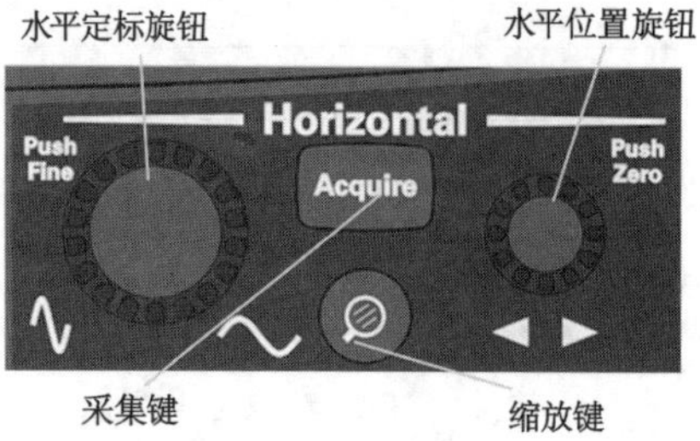

图 1-2-14　水平和采集控件

(1) 水平定标旋钮。旋转水平部分中标记为 ∿ ∿ 的旋钮可调整时间格设置。该旋钮下方的符号表示此控件具有使用水平定标在波形上展开或放大的效果。按下水平定标旋钮可以在微调和粗调之间切换。

(2) 水平位置旋钮。旋转标记为◀ ▶的旋钮可水平平移波形数据。可以在触发之前(顺时针旋转旋钮)或触发之后(逆时针旋转旋钮)看见所捕获的波形。如果在示波器停止时平移波形,则看到的是上次采集中获取的波形数据。

(3) 采集键。按下此键可打开"采集"菜单,可在其中选择正常、XY 和滚动时间模式,启用或禁用缩放,以及选择触发时间参考点。另外,还可以选择正常、峰值检测、平均或高分辨率采集模式。

(4) 缩放键。按下缩放键可将示波器显示拆分为正常区和缩放区,而无须打开采集菜单。

3. 垂直控件介绍

垂直控件包括模拟通道打开/关闭键、垂直定标旋钮和垂直位置旋钮。对应示波器面板如图 1-2-15 所示。

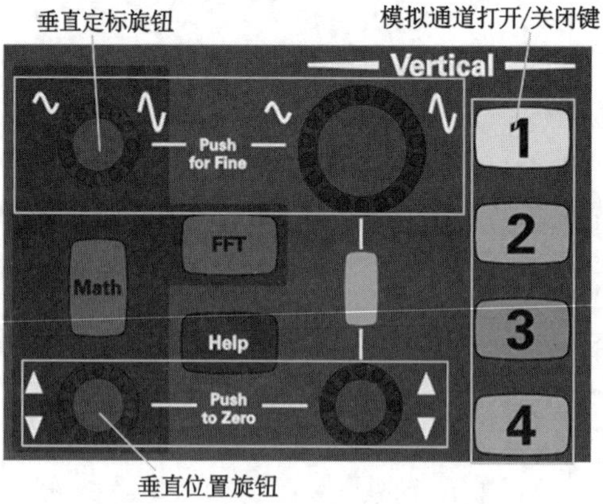

图 1-2-15　垂直控件

(1) 模拟通道打开/关闭键。使用这些键可打开或关闭通道,或访问软键中的通道菜单。每个模拟通道都有一个通道开/关键。

(2) 垂直定标旋钮。使用标记为 的旋钮更改选定模拟输入通道的垂直灵敏度(增益)。按下垂直定标旋钮可以在微调和粗调之间切换。扩展信号的默认模式与通道的接地电平相对应,也可将此设置更改为相对显示屏的中心位置扩展。

(3) 垂直位置旋钮。使用该旋钮更改显示屏上选定模拟输入通道波形的垂直位置。在显示屏右上方瞬间显示的电压值表示显示屏的垂直中心和接地电平之间的电压差。如果垂直扩展被设置为相对扩展,它也表示显示屏的垂直中心的电压。

4. 触发控件介绍

触发控件确定示波器如何触发以捕获数据,这些控件包括电平旋钮、触发键和强制键,对应示波器面板如图 1-2-16 所示。

图 1-2-16　触发控件

(1) 电平旋钮(Level)。旋转电平旋钮可调整选定模拟通道的触发电平。按下该旋钮可将电平设置为波形值的 50%。如果使用 AC 耦合,按下电平旋钮会将触发电平设置为约 0 V。模拟通道的触发电平的位置由显示屏最左侧的触发电平图标 T▶ 指示(如果模拟通道已打开)。模拟通道触发电平的值显示在显示屏的右上角。

(2) 触发键(Trigger)。按下该软键可选择触发类型(边沿、脉冲宽度、视频等)。

(3) 强制键(Force)。导致触发发生(在任何通道上)并显示采集结果。该键在正常触发模式下很有用,在该模式下,只有满足触发条件时才会进行采集。在此模式中,如果没有发生任何触发(即显示触发指示信息),则可以按强制键以强制进行触发,并查看输入信号。

(二) 功能操作

1. 调整水平位置或定标

旋转水平延迟(位置)旋钮◀ ▶,触发点将水平移动,在 0.00 s 处暂停(模仿机械制动),延迟值显示在状态行中。更改延迟时间将水平移动触发点(实心倒置三角形),并指示它距时间参考点(空心倒置三角形)的距离。这些参考点沿着显示网格的顶端指示。图 1-2-17 所示为显示延迟时间设置为 200 μs 时的触发点。延迟时间编号指示时间参考点距触发点的距离。当延迟时间设置为零时,延迟时间指示器与时间参考点指示器重叠。

旋转带有 标记的大水平定标(扫描速度)旋钮更改水平时间/格设置,在运行时,调整水平定标旋钮可更改采样率;在停止时,调整水平定标旋钮可放大采集数据。

2. 打开或关闭波形

按下模拟通道键可打开或关闭通道(并显示通道的菜单)。打开通道时,其键将点亮。关闭通道:在关闭通道之前必须查看通道菜单。例如,如果通道 1 和通道 2 已打开,并且显示通道 2 的菜单,要关闭通道 1,可按下[1]显示通道 1 菜单,然后再次按下[1],关闭通道 1。图 1-2-18 所示为显示两个通道的波形。

3. 调整垂直定标或垂直位置

旋转通道键上标记为 的大旋钮可为通道设置垂直定标(V/格)。按下通道的垂直定标旋钮的大旋钮或小旋钮可以在垂直定标的微调和粗调之间切换。

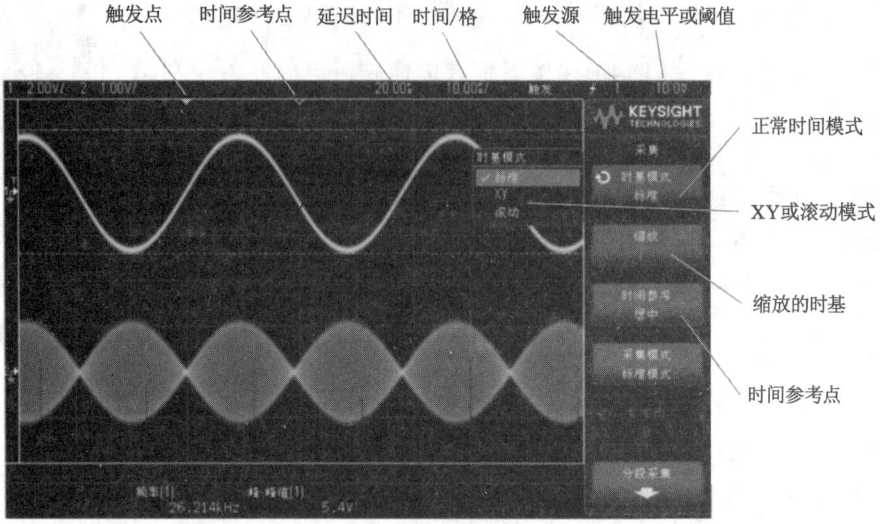

图 1-2-17　延时 200 μs 的波形及采集设置菜单

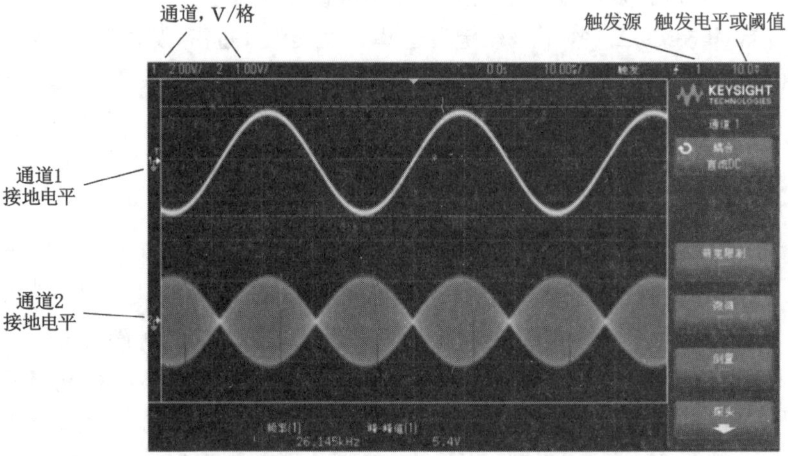

图 1-2-18　显示两个通道波形

旋转小垂直位置旋钮（ ）可在显示屏上向上或向下移动通道的波形，调整垂直位置。

4. 显示数学波形

按下前面板上的［Math］数学运算键以显示数学波形菜单。如果 f(t)未显示在函数软键上，则按下函数软键并选择“f(t)：已显示”。使用运算符软键选择运算符或转换。使用源 1 软键选择要在其上执行数学运算的模拟通道。可以旋转 Entry 旋钮或反复按下源 1 软键进行选择。如果选择转换函数(FFT)，则将显示结果。如果选择算术运算符，可使用源 2 软键选择要进行算术运算的第二个源。显示结果前，要调整数学波形的大小并重新定位数学波形。如果模拟通道或数学函数被削波（未完全显示在屏幕上)，则数学函数也将被削波。

一旦显示了此函数，模拟通道可能关闭以便更好地查看数学波形。可以调整每个数学函数的垂直定标和偏移以便于查看和测量。可使用[Cursors]光标和/或[Meas]测量来测量数学波形。图 1-2-19 所示为设置数学波形的菜单栏。

图 1-2-19　设置数学波形的菜单栏

第二部分

电路实验

实验一 元件伏安特性的测试

一、实验目的

(1) 学会识别常用电路元件的方法。

(2) 掌握线性电阻、非线性电阻元件伏安特性的测绘方法。

(3) 学会直流稳压电源和直流电压表、直流电流表的使用方法。

二、预习思考

(1) 线性电阻与非线性电阻的概念是什么？有什么区别？

(2) 查阅二极管、稳压二极管的相关资料，了解稳压二极管与普通二极管有何区别、稳压二极管稳压时应该加正向电压还是反向电压、稳压二极管为什么能稳压。

三、实验原理

(一) 电阻的伏安特性

任何一个二端元件的特性可用该元件上的端电压 U 与通过该元件的电流 I 之间的函数关系 $I=f(U)$ 来表示，即用 I-U 平面上的一条曲线来表征，这条曲线称为该元件的伏安特性曲线。图 2-1-1 所示是几个元件的伏安特性曲线。

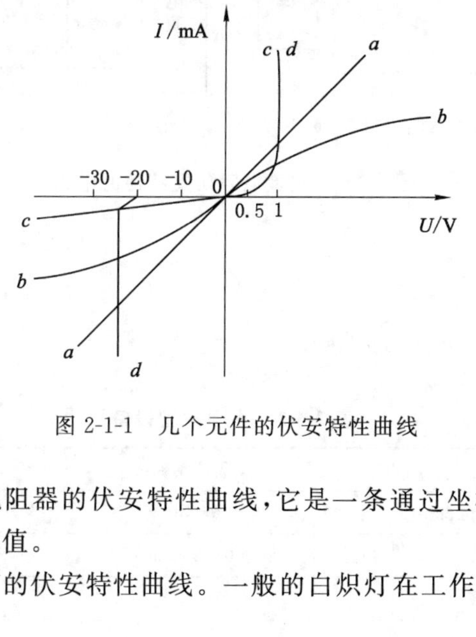

图 2-1-1 几个元件的伏安特性曲线

图中 a 曲线是线性电阻器的伏安特性曲线，它是一条通过坐标原点的直线，该直线的斜率等于该电阻器的导纳值。

图中 b 曲线是白炽灯的伏安特性曲线。一般的白炽灯在工作时灯丝处于高温状态，其灯丝电阻随着温度的升高而增大，通过白炽灯的电流越大，其温度越高，阻值也越大，一般灯泡的“冷电阻”与“热电阻”的阻值可相差几倍至十几倍。

图中 c 曲线是半导体二极管的伏安特性曲线。一般的半导体二极管是一个非线性电阻元件，其正向压降很小(一般的锗管为 0.2～0.3 V，硅管为 0.5～0.7 V)，正向电流随正向压降的升高而急剧上升，反向电压从零一直增加到十几至几十伏时，其反向电流增加很小，粗略地可视为零。可见，二极管具有单向导电性，但反向电压加得过高，超过管子的极限值，则会导致管子击穿损坏。

图中 d 曲线是稳压二极管的伏安特性曲线。稳压二极管是一种特殊的半导体二极管，其正向特性与普通二极管类似，但其反向特性较特别。反向电压开始增加时，其反向电流几乎为零，但当电压增加到某一数值时(称为管子的稳压值，有各种不同稳压值的稳压管)电流将突然增加，以后它的端电压将基本维持恒定，当外加的反向电压继续升高时其端电压仅有少量增加。

注意：流过二极管或稳压二极管的电流不能超过管子的极限值，否则管子会被烧坏。

(二) 电阻伏安特性的测量

电阻的伏安特性可以通过在电阻上施加电压，测量电阻中的电流来获得，如图 2-1-2 所示，在测量过程中，只用到电压表、电流表，此法称为伏安法。伏安法的最大优点是不仅能测量线性电阻的伏安特性，而且能测量非线性电阻的伏安特性。由于电压表的内阻不是无限大，电流表的内阻不为零，因此，无论图 2-1-2(a)或(b)的接线方式都会给测量带来一定误差。比较而言，电压表的前接法[图 2-1-2(a)]适合于测量阻值较大的电阻，电压表的后接法[图 2-1-2 (b)]适用于测量阻值较小的电阻。

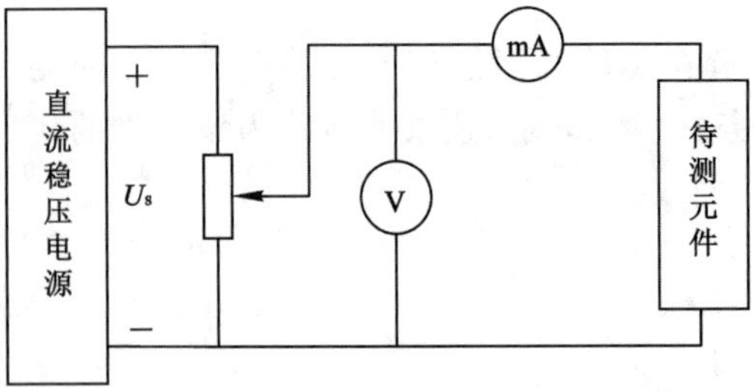

(a) 电压表的前接法

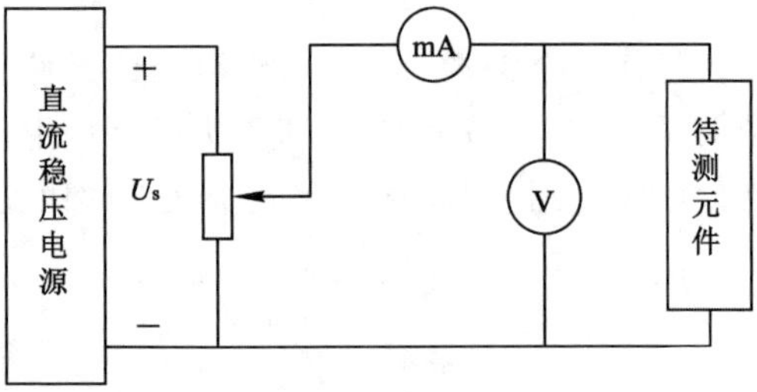

(b) 电压表的后接法

图 2-1-2　测量电阻伏安特性的电路

四、实验设备

本实验所需主要设备如表 2-1-1 所示。

表 2-1-1　主要实验设备

序号	名称	型号或规格	数量	备注
1	可调直流稳压电源	0～30 V	1	DG04
2	直流毫安表	0～200 mA	1	D31
3	直流电压表	0～200 V	1	D31

表2-1-1(续)

序号	名称	型号或规格	数量	备注
4	二极管	IN4007	1	DG09
5	稳压管	2CW51	1	DG09
6	白炽灯	12 V、0.1 A	1	DG09
7	线性电阻器	200 Ω、1 kΩ、510 Ω	1	DG09

五、实验内容

(一) 测定线性电阻器的伏安特性

按图 2-1-3 接线,调节稳压电源的输出电压 U,从 0 V 开始缓慢地增加,一直到 10 V,记下相应的电压表和电流表的读数 U_R、I,填入表 2-1-2。

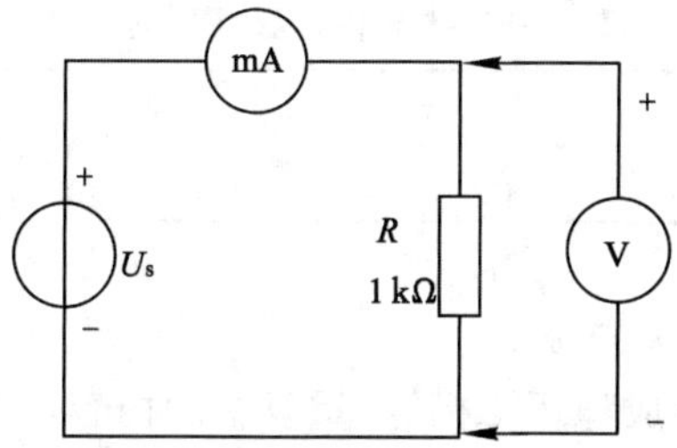

图 2-1-3 电阻伏安特性测量电路

表 2-1-2 测定线性电阻器伏安特性

U_R/V	0	2	4	6	8	10
I/mA						

(二) 测定非线性白炽灯泡的伏安特性

将图 2-1-3 中的 R 换成一只白炽灯泡,重复测定线性电阻器伏安特性的步骤。U_L 为灯泡的端电压。记下相应的电压表和电流表的读数 U_L、I,填入表 2-1-3。

表 2-1-3 测定白炽灯泡伏安特性

U_L/V	0.1	0.5	1	2	3	4	5
I/mA							

(三) 测定半导体二极管的伏安特性

按图 2-1-4 接线,R 为限流电阻器。测二极管的正向特性时,其正向电流不得超过 35 mA,二极管 VD 的正向施压 U_{VD+} 可在 0～0.75 V 之间取值。在 0.5～0.75 V 之间应多取几个测量点。测反向特性时,只需将图 2-1-4 中的二极管 VD 反接,如图 2-1-5 所示,且其反向施压 U_{VD-} 可达 30 V。

记下相应的电压表和电流表的读数 U_{VD+}、U_{VD-} 和 I 填入表 2-1-4、表 2-1-5。

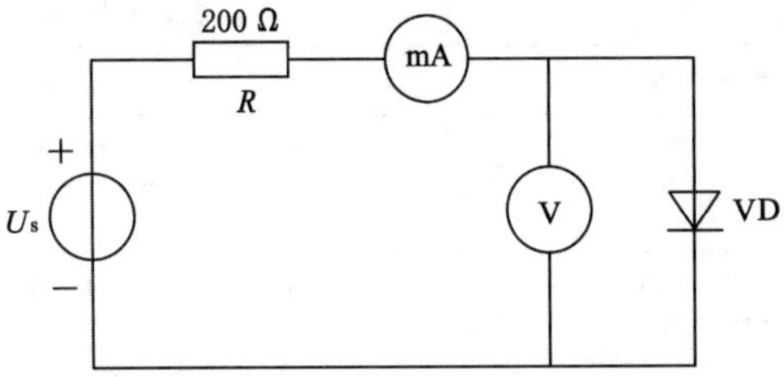

图 2-1-4　半导体二极管正向伏安特性测量电路

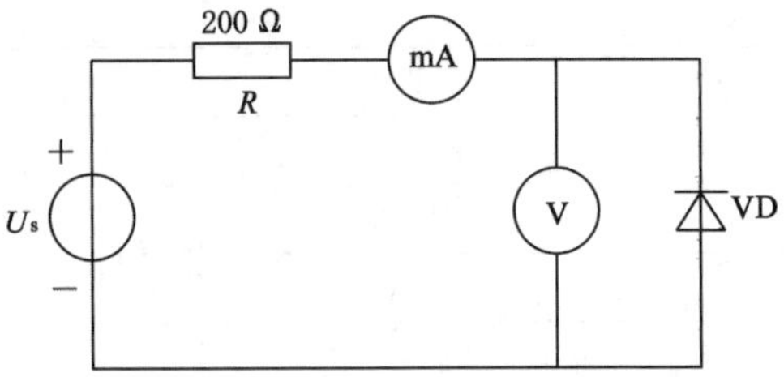

图 2-1-5　半导体二极管反向伏安特性测量电路

表 2-1-4　半导体二极管正向特性

U_{VD+}/V	0.10	0.30	0.50	0.55	0.60	0.65	0.70	0.75
I/mA								

表 2-1-5　半导体二极管反向特性

U_{VD-}/V	0	−5	−10	−15	−20	−25	−30
I/mA	0						

（四）测定稳压二极管的伏安特性

将图 2-1-4 中的二极管换成稳压二极管，重复实验内容（三）中的正向测量。U_{Z+} 为稳压二极管的正向施压。将实验结果填入表 2-1-6。

表 2-1-6　稳压二极管的正向特性

U_{Z+}/V	0.10	0.30	0.50	0.55	0.60	0.65	0.70	0.75
I/mA								

将图 2-1-5 中的 R 换成 510 Ω，稳压二极管反接，测量稳压二极管的反向特性。稳压电源的输出电压 U 从 0～20 V，测量稳压二极管两端的电压 U_{Z-} 及电流 I，由 U_{Z-} 可看出其稳压特性。将实验结果填入表 2-1-7。

表 2-1-7　稳压二极管的反向特性

U_{Z-}/V	0							
I/mA								−35.0

六、注意事项

（1）测二极管正向特性时，稳压电源输出应由小至大逐渐增加，应时刻注意电流表读数不得超过 35 mA。

（2）如果要测定锗二极管的伏安特性，则正向特性的电压值应取 0、0.10 V、0.13 V、0.15 V、0.17 V、0.19 V、0.21 V、0.24 V、0.30 V，反向特性的电压值取 0、2 V、4 V、…、10 V。

(3) 进行不同实验时，应先估算电压和电流值，合理选择仪表的量程，勿使仪表超量程，仪表的极性亦不可接错。

七、思考题

(1) 电阻器与二极管的伏安特性曲线有何特征和区别？

(2) 设某器件伏安特性曲线的函数式为 $I=f(U)$，试问在逐点绘制曲线时，其坐标变量应如何放置？

(3) 稳压二极管与普通二极管有何区别，其用途如何？

(4) 在图 2-1-4 中，设 $U=2$ V，$U_{VD+}=0.7$ V，则毫安表读数为多少？

八、实验报告

(1) 根据各实验数据，分别在方格纸上绘制出光滑的伏安特性曲线。其中二极管和稳压管的正、反向特性均要求画在同一张图中，正、反向电压可取为不同的比例尺。保留作图痕迹。

(2) 根据实验结果，总结、归纳被测各元件的特性。

(3) 必要的误差分析。

(4) 心得体会及其他。

实验二 基尔霍夫定律的验证

一、实验目的

(1) 验证基尔霍夫定律的正确性,加深对基尔霍夫定律的理解。

(2) 加深对电压、电流参考方向的理解。

(3) 学会用电流插头、插座测量各支路电流。

二、预习思考

(1) 什么是电压、电流的参考方向?它与电压、电流的实际方向有什么关系?

(2) 测量各支路电流和电压时,万用表的表棒极性应按什么方向接入电路?如何确定电流和电压的正负号?

三、实验原理

在电路理论中,电路元件的电压、电流受自身伏安关系的约束,当各元件连接成一个电路以后,电路中的电压、电流除了必须满足元件自身的约束方程以外,还必须同时满足电路结构的约束方程,即基尔霍夫定律。基尔霍夫定律是电路的基本定律,包括电流定律(KCL)和电压定律(KVL)。

基尔霍夫电流定律(KCL)给出了电路中各支路电流间的联系规律,可用于线性电路和非线性电路中任一节点。其语言描述为:在任意时刻,流入电路中任一节点的电流总和等于流出该节点的电流总和。换言之,在任意时刻,流入到电路任一节点的电流代数和等于零,即 $\sum I=0$。这一定律的实质是电流连续性的表现。

基尔霍夫电压定律(KVL)用来确定回路中各段电压间的关系,适用于电路中的任一回路。其语言描述为:在任意时刻,闭合回路电压降的代数和总等于零,即 $\sum U=0$。

运用上述定律时必须注意各支路或闭合回路中电流的正方向,此方向可预先任意设定。

四、实验设备

本实验所需主要设备如表 2-2-1 所示。

表 2-2-1 主要实验设备

序号	名称	型号或规格	数量	备注
1	直流稳压电源	0～30 V 可调	二路	DG04
2	直流电压表	0～200 V	1	D31

表2-2-1(续)

序号	名称	型号或规格	数量	备注
3	直流毫安表	0～200 mV	1	D31
4	基尔霍夫定律实验电路板		1	DG05

五、实验内容

(1) 按图 2-2-1 搭建电路。

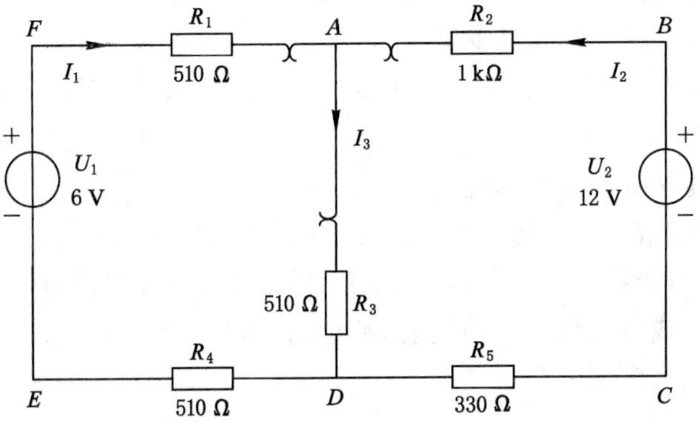

图 2-2-1　验证基尔霍夫定律电路图

(2) 实验前先任意设定三条支路和三个闭合回路的电流正方向。图 2-2-1 中的 I_1、I_2、I_3 的方向已设定。三个闭合回路的电流正方向可设为 $ADEFA$、$BADCB$ 和 $FBCEF$。

(3) 分别将两路直流稳压源接入电路,令 $U_1=6$ V,$U_2=12$ V。

(4) 熟悉电流插头的结构,将电流插头的两端接至直流毫安表的"+、−"端。

(5) 将电流插头分别插入三条支路的三个电流插座中,读出并记录电流值。电流插座使用方法如图 2-2-2 所示。

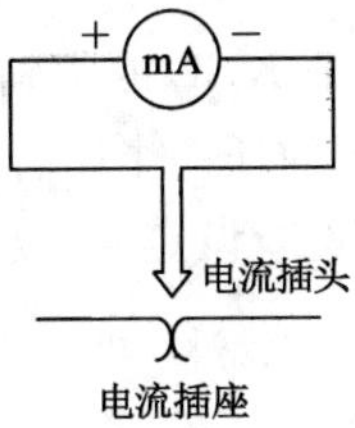

图 2-2-2　电流插座使用方法示意图

(6) 用直流电压表分别测量两路电源及电阻元件上的电压值,记录到表 2-2-2。其中相对误差计算公式为

$$相对误差=\frac{|计算值-测量值|}{计算值}\times 100\%$$

表 2-2-2　验证基尔霍夫定律

被测量	I_1/mA	I_2/mA	I_3/mA	U_1/V	U_2/V	U_{FA}/V	U_{AB}/V	U_{AD}/V	U_{CD}/V	U_{DE}/V
计算值										
测量值										
相对误差										

六、注意事项

(1) 用电流插头测量各支路电流时，或者用电压表测量电压降时，应注意仪表的极性，正确判断测得值的＋、－号后，记入数据表格。

(2) 所有需要测量的电压值，均以电压表测量的读数为准。U_1、U_2 也需测量，不应取电源本身的显示值。

(3) 防止稳压电源两个输出端碰线短路。

(4) 用指针式电压表或电流表测量电压或电流时，如果仪表指针反偏，则必须调换仪表极性，重新测量。此时指针正偏，可读得电压值或电流值。若用数显电压表或电流表测量，则可直接读出电压值或电流值。但应注意，所读得的电压值或电流值的正确正、负号应根据设定的电流参考方向来判断。

七、思考题

(1) 根据图 2-2-1 所示的电路参数，计算出待测的电流 I_1、I_2、I_3 和各电阻上的电压值，记入表中，以便实验测量时，可正确地选定毫安表和电压表的量程。

(2) 实验中，若用指针式万用表直流毫安挡测各支路电流，在什么情况下可能出现指针反偏？应如何处理？在记录数据时应注意什么？

(3) 若将图 2-2-1 所示电路中的某个电阻元件换成二极管(非线性元件)，基尔霍夫定律是否成立？若将两电压源改为交流电压源，基尔霍夫定律是否仍然成立？

八、实验报告要求

(1) 根据实验数据，选定节点 A，验证 KCL 的正确性。

(2) 根据实验数据，选定实验电路中的任一个闭合回路，验证 KVL 的正确性。

(3) 将支路和闭合回路的电流方向重新设定，重复(1)、(2)两项验证。

(4) 误差原因分析。

(5) 心得体会及其他。

实验三 电压源与电流源的等效变换

一、实验目的

(1) 掌握电源外特性的测试方法,了解电源内阻对电源输出特性的影响。

(2) 验证电压源与电流源等效变换的条件。

二、预习思考

理想电压源和实际电压源有什么区别?实际电压源的外特性是怎么样的?

三、实验原理

(1) 直流稳压电源在一定的电流范围内,具有很小的内阻,当电流通过时压降很小,故在实际中,常将它视为一个理想的电压源,即其输出电压不随负载电流而变。其外特性曲线,即其伏安特性曲线 $U=f(I)$ 是一条平行于 I 轴的直线。一个实际的恒流源在一定电压范围内,可视为一个理想的电流源。

(2) 一个实际的电压源(或电流源),因它具有一定的内阻值,其端电压(或输出电流)不可能不随负载而变。故在实验中:

① 用一个小阻值的电阻与稳压源相串联来模拟一个实际的电压源。

② 用一个大阻值的电阻与恒流源相并联来模拟一个实际的电流源。

(3) 一个实际的电源,就其外部特性而言,既可以看成是一个电压源,又可以看成是一个电流源。

① 电压源可用一个理想的电压源 U_s 与一个电阻 R_0 相串联的组合来表示。

② 电流源可用一个理想电流源 I_s 与一电导 g_0 相并联的组合来表示。

如果这两种电源能向同样大小的负载提供同样大小的电流和端电压,则称这两个电源是等效的,即具有相同的外特性。

一个电压源与一个电流源等效变换的条件为 $I_s=U_s/R_0$、$g_0=1/R_0$ 或 $U_s=I_sR_0$、$R_0=1/g_0$,如图 2-3-1 所示。

四、实验设备

本实验所需主要设备如表 2-3-1 所示。

五、实验内容

(一) 测定直流稳压电源与实际电压源的外特性

(1) 按图 2-3-2 接线。U_s 为 +12 V 直流稳压电源(将 R_0 短接)。调节 R_2,令其阻值由大到小变化，记录两表的读数，填入表 2-3-2。

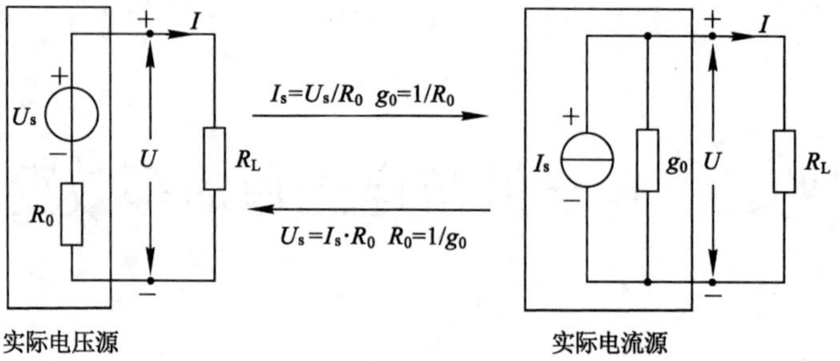

图 2-3-1 电压源与电流源等效变换电路图

表 2-3-1 主要实验设备

序号	名称	型号或规格	数量	备注
1	可调直流稳压电源	0～30 V	1	DG04
2	可调直流恒流源	0～500 mA	1	DG04
3	直流电压表	0～200 V	1	D31
4	直流毫安表	0～200 mA	1	D31
5	电阻器	120 Ω,200 Ω ,300 Ω,1 kΩ		DG09
6	可调电阻箱	0～99 999.9 Ω	1	DG09
7	实验线路			DG05

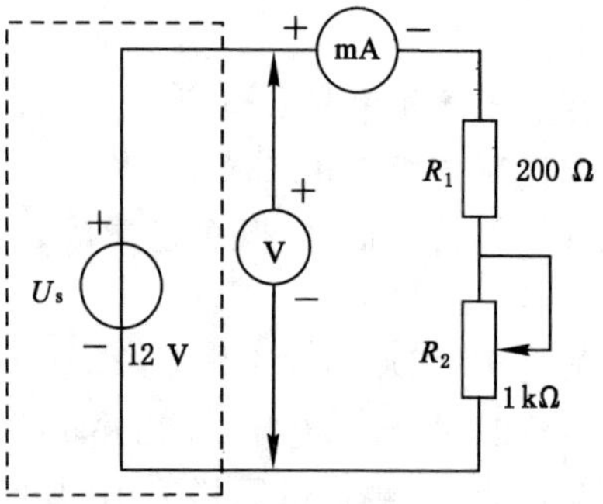

图 2-3-2 测定直流稳压电源外特性电路图

表 2-3-2 测定电压源外特性

	R_2/Ω	0	100	200	300	400	500	开路
稳压电源	U/V							
	I/mA							
实际电压源	U/V							
	I/mA							

② 按图 2-3-3 接线，虚线框可模拟为一个实际的电压源。调节 R_2，令其阻值由大到小

变化，记录两表的读数填入表 2-3-2。

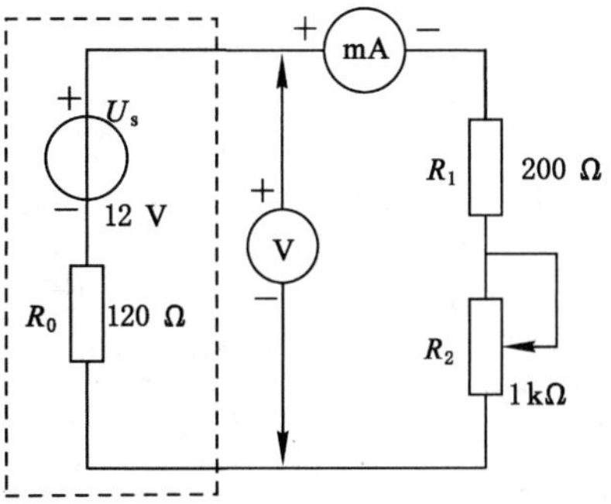

图 2-3-3 测定实际电压源外特性电路图

（二）测定电流源的外特性

按图 2-3-4 接线，I_s 为直流恒流源，调节其输出为 10 mA，令 R_0 分别为 1 kΩ 和∞（即接入 R_0 和断开），调节电位器 R_L（从 0 至 1 kΩ），测出这两种情况下电压表和电流表的读数，记录实验数据，填入表 2-3-3。

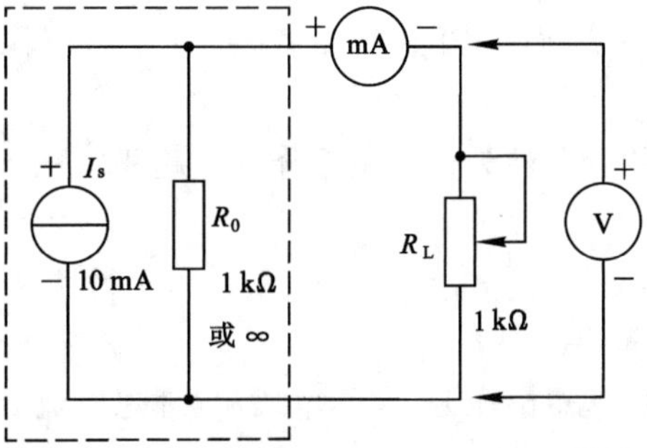

图 2-3-4 测定电流源外特性电路图

表 2-3-3 测定电流源外特性

	R_L/Ω	0	100	200	300	400	500
$R_0=\infty$ 恒流源	U/V						
	I/mA						
$R_0=1$ kΩ 实际电流源	U/V						
	I/mA						

（三）测定电源等效变换的条件

先按图 2-3-5(a)接线，记录线路中两表的读数。然后按图 2-3-5(b)接线，调节恒流源的输出电流 I_s，使电压表和电流表的读数与按图 2-3-5(a)接线时的数值相等，记录 I_s 之值，验证等效变换条件的正确性。自拟实验数据记录表格填入实验数据。

六、注意事项

(1) 在测电压源外特性时，不要忘记测空载时的电压值；在测电流源外特性时，不要忘

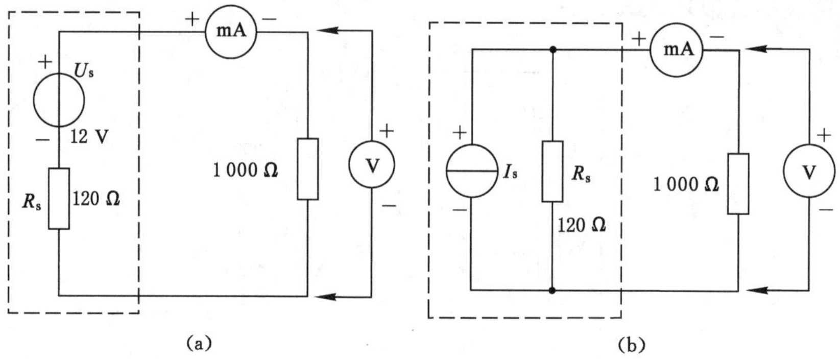

图 2-3-5　电压源和电流源等效变换验证电路

记测短路时的电流值。注意恒流源负载电压不要超过 20 V,负载不要开路。

(2) 换接线路时,必须关闭电源开关。

(3) 直流仪表的接入应注意极性与量程。

七、思考题

(1) 通常直流稳压电源的输出端不允许短路,直流恒流源的输出端不允许开路,为什么?

(2) 电压源与电流源的外特性为什么呈下降变化趋势? 稳压源和恒流源的输出在任何负载下是否保持恒值?

八、实验报告

(1) 根据实验数据绘出理想电压源、实际电压源、理想电流源和实际电流源的外特性曲线,并总结、归纳各类电源的特性。

(2) 根据实验结果说明电源等效变换的条件。

(3) 心得体会及其他。

实验四　叠加定理的验证

一、实验目的

验证线性电路叠加定理的正确性，加深对线性电路叠加性和齐次性的认识和理解。

二、预习思考

（1）什么是叠加定理？其适用条件是什么？

（2）哪些电路参量满足叠加定理？受控源能否像独立源一样参与叠加？

三、定理说明

叠加定理是线性电路中的一个重要定理。叠加定理指出：在有多个独立源共同作用的线性电路中，通过每一个元件的电流或其两端的电压，可以看成是由每一个独立源单独作用时在该元件上所产生的电流或电压的代数和。线性电路的齐次性是指当激励信号（某独立源的值）增加或减小 K 倍时，电路的响应（即在电路中各电阻元件上所建立的电流和电压值）也将增加或减小 K 倍。

使用叠加定理时应注意以下几点：

（1）叠加定理只适用于线性电路，不适用于非线性电路。在线性电路中，只能计算线性网络的电压和电流，不能用来计算功率。

（2）受控源是非独立源，不能单独作用，应在电路中保持不变。

（3）在叠加的各个分电路中，不作用的电压源置零，在电压源处用短路代替；不作用的电流源置零，在电流源处用开路代替。电路中所有电阻都不能更动，受控源保留在各分电路中。

（4）叠加是代数相加，应特别注意每个分量的方向。各个独立源单独作用时，在某个支路产生的电流或电压分量的方向可能与几个独立源共同作用时总电流或总电压的方向不一致，若与总电流或总电压的方向一致，则取正值；若与总电流或总电压的方向相反，则取负值。

四、实验设备

本实验所需主要设备如表 2-4-1 所示。

表 2-4-1　主要实验设备

序号	名称	型号或规格	数量	备注
1	直流稳压电源	0～30 V 可调	二路	DG04
2	直流数字电压表	0～200 V	1	D31

表2-4-1(续)

序号	名称	型号或规格	数量	备注
3	直流数字毫安表	0～200 mA	1	D31
4	叠加原理实验电路板		1	DG05

五、实验内容

验证叠加定理的电路图如图 2-4-1 所示。

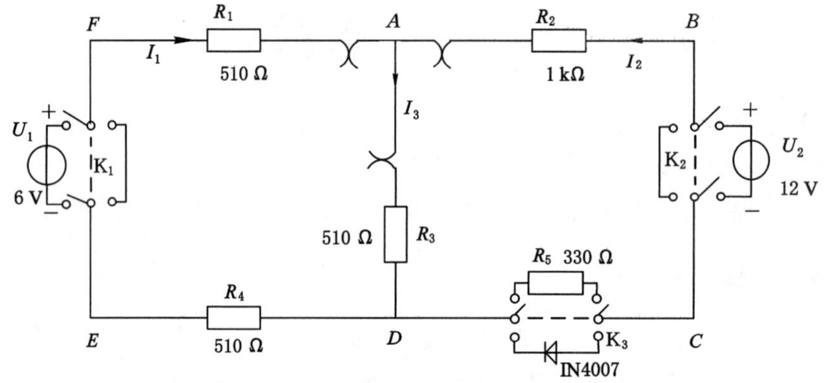

图 2-4-1　验证叠加定理电路图

(1) 将两路稳压源的输出分别调节为 6 V 和 12 V，接入 U_1 和 U_2 处。

(2) 令 U_1 电源单独作用(将开关 K_1 投向 U_1 侧，开关 K_2 投向短路侧)。用直流数字电压表和毫安表(接电流插头)测量各支路电流及各电阻元件两端的电压，数据记入表 2-4-2。

表 2-4-2　纯电阻电路

实验内容	U_1/V	U_2/V	I_1/mA	I_2/mA	I_3/mA	U_{AB}/V	U_{CD}/V	U_{AD}/V	U_{DE}/V	U_{FA}/V
U_1 单独作用										
U_2 单独作用										
U_1、U_2 共同作用										
$2U_2$ 单独作用										

(3) 令 U_2 电源单独作用(将开关 K_1 投向短路侧，开关 K_2 投向 U_2 侧)，重复实验步骤(2)的测量和记录，数据记入表 2-4-2。

(4) 令 U_1 和 U_2 共同作用(开关 K_1 和 K_2 分别投向 U_1 和 U_2 侧)，重复上述的测量和记录，数据记入表 2-4-2。

(5) 将 U_2 的数值调至＋12 V，重复实验步骤(3)的测量并记录，数据记入表 2-4-2。

(6) 将 R_5(330 Ω)换成二极管 1N4007(即将开关 K_3 投向二极管 IN4007 侧)，重复(1)～(5)的测量过程，数据记入表 2-4-3。

表 2-4-3 含二极管电路

实验内容	U_1/V	U_2/V	I_1/mA	I_2/mA	I_3/mA	U_{AB}/V	U_{CD}/V	U_{AD}/V	U_{DE}/V	U_{FA}/V
U_1 单独作用										
U_2 单独作用										
U_1、U_2 共同作用										
$2U_2$ 单独作用										

六、注意事项

（1）用电流插头测量各支路电流时，或者用电压表测量电压降时，应注意仪表的极性，正确判断测得值的＋、－号后，记入相应数据记录表。

（2）注意仪表量程的及时更换。

七、思考题

（1）在叠加定理实验中，要令 U_1、U_2 分别单独作用，应如何操作？可否直接将不作用的电源（U_1 或 U_2）短接置零？

（2）实验电路中，若有一个电阻器改为二极管，试问叠加定理的叠加性与齐次性还成立吗？为什么？

八、实验报告

（1）根据实验数据，进行分析、比较，归纳、总结实验结论，即验证线性电路的叠加性与齐次性。

（2）各电阻器所消耗的功率能否用叠加定理计算得出？试用上述实验数据进行计算并做出结论。

（3）通过实验步骤（6）及分析表格 2-4-3 的数据，你能得出什么样的结论？

（4）心得体会及其他。

实验五　戴维宁定理的验证

一、实验目的

(1) 验证戴维宁定理的正确性，加深对该定理的理解。

(2) 掌握测量有源二端网络等效参数的一般方法。

二、预习思考

(1) 戴维宁定理的适用条件是什么？

(2) 有源两端口网络参数的测量方法有哪些？

三、原理说明

(一) 戴维宁定理

任何一个线性含源网络，如果仅研究其中一条支路的电压和电流，则可将电路的其余部分看作是一个有源二端网络(或称为含源一端口网络)。

戴维宁定理指出：任何一个线性有源二端网络，总可以用一个电压源与一个电阻的串联来等效代替，此电压源的电动势 U_s 等于这个有源二端网络的开路电压 U_{oc}，其等效内阻 R_0 等于该网络中所有独立源均置零(理想电压源视为短路，理想电流源视为开路)时的等效电阻。如图 2-5-1 所示，$U_{oc}(U_s)$和 R_0 称为有源二端网络的等效参数。

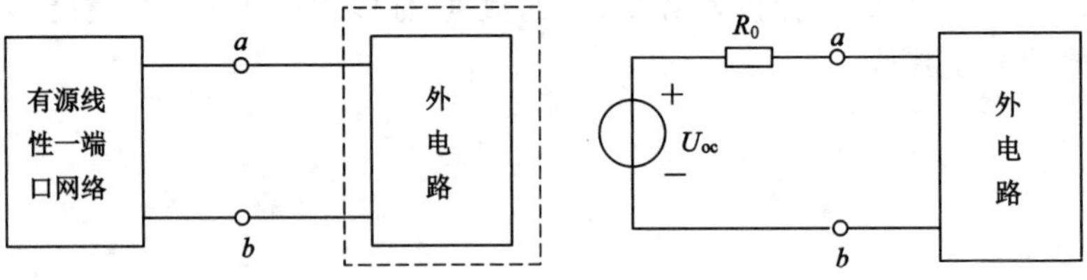

图 2-5-1　戴维宁定理等效电路

(二) 有源二端网络等效参数的测量方法

1. 开路电压、短路电流法测 R_0

在有源二端网络输出端开路时，用电压表直接测其输出端的开路电压 U_{oc}，然后再将其输出端短路，用电流表测其短路电流 I_{sc}，则等效内阻为

$$R_0 = \frac{U_{oc}}{I_{sc}} \tag{2-5-1}$$

如果二端网络的内阻很小时将其输出端口短路，则易损坏其内部元件，因此不宜用此法。

2. 伏安法测 R_0

用电压表、电流表测出有源二端网络的外特性曲线，如图 2-5-2 所示。根据外特性曲线求出斜率 $\tan\varphi$，则内阻 $R_0=\tan\varphi=\frac{\Delta U}{\Delta I}=\frac{U_{oc}}{I_{sc}}$。也可以先测量开路电压 U_{oc}，再测量电流为额定值 I_N 时的输出端电压值 U_N，则内阻为

$$R_0=\frac{U_{oc}-U_N}{I_N} \tag{2-5-2}$$

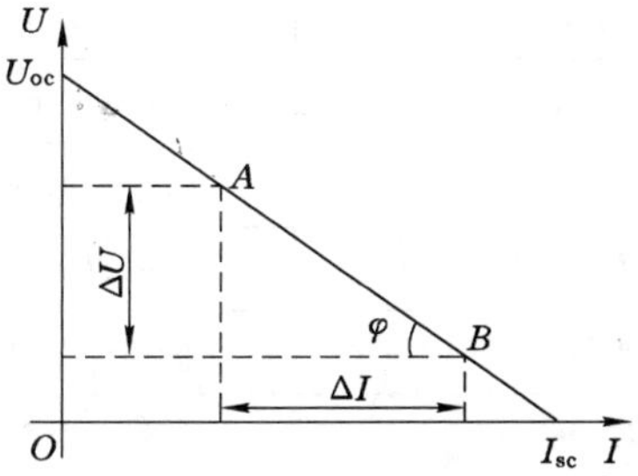

图 2-5-2　伏安法

3. 半电压法测 R_0

如图 2-5-3 所示，当负载电压为被测网络开路电压的一半时，负载电阻（由电阻箱的读数确定）即为被测有源二端网络的等效内阻值。

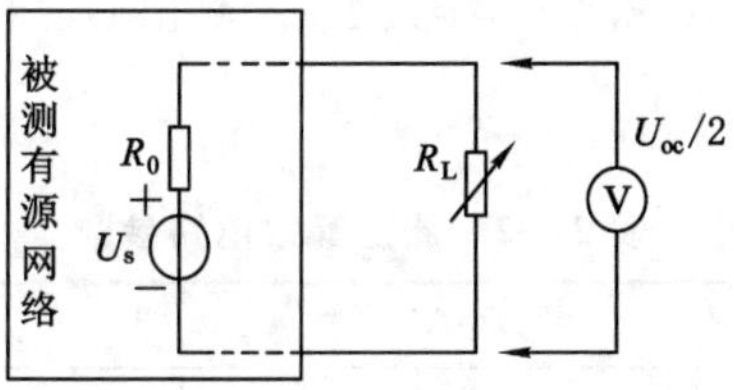

图 2-5-3　半电压法

4. 零示法测 U_{oc}

在测量具有高内阻有源二端网络的开路电压时，用电压表直接测量会造成较大的误差。为了消除电压表内阻的影响，往往采用零示法，如图 2-5-4 所示。

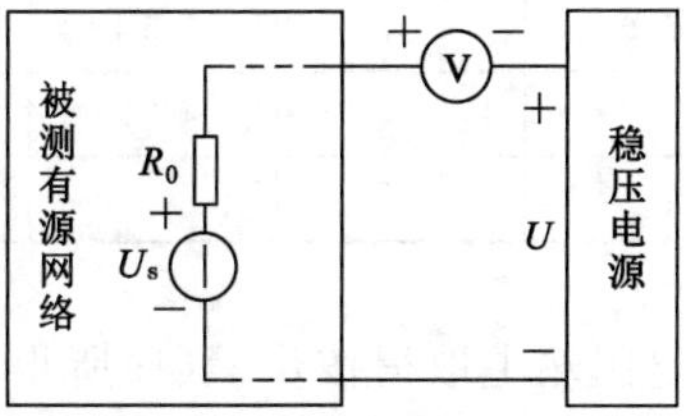

图 2-5-4　零示法

零示法测量原理是用一低内阻的稳压电源与被测有源二端网络进行比较，当稳压电源的输出电压与有源二端网络的开路电压相等时，电压表的读数将为 0。然后将电路断开，测量此时稳压电源的输出电压，即为被测有源二端网络的开路电压。

四、实验设备

本实验所需主要设备如表 2-5-1 所示。

表 2-5-1　主要实验设备

序号	名称	型号或规格	数量	备注
1	可调直流稳压电源	0～30 V	1	DG04
2	可调直流恒流源	0～500 mA	1	DG04
3	直流电压表	0～200 V	1	D31
4	直流毫安表	0～200 mA	1	D31
5	可调电阻箱	0～99 999.9 Ω	1	DG09
6	电位器	1 kΩ/2 W	1	DG09
7	戴维宁定理实验电路板		1	DG05

五、实验内容

(1) 用开路电压、短路电流法测定戴维宁等效电路的 U_{oc}、R_0。按图 2-5-5(a)接入稳压电源 $U_s=12$ V 和恒流源 $I_s=10$ mA，不接入 R_L。测出 U_{oc} 和 I_{sc} 并计算出 R_0，填入表 2-5-2。(测 U_{oc} 时，不接入 mA 表。)

表 2-5-2　测定等效电路参数

U_{oc}/V	I_{sc}/mA	$R_0=U_{oc}/I_{sc}$/Ω

(2) 负载实验。按图 2-5-5 (a)接入 R_L。改变 R_L 阻值，测量 U_1 和 I_1 填入表 2-5-3，并绘制有源二端网络的外特性曲线。

表 2-5-3　负载试验

R_L/Ω	0	500	1 k	1.5 k	2 k	2.5 k	开路
U_1/V							
I_1/mA							

(3) 验证戴维宁定理。从电阻箱上取得按步骤(1)所得的等效电阻 R_0 之值，然后令其与直流稳压电源[调到步骤(1)时所测得的开路电压 U_{oc} 之值]相串联，如图 2-5-5(b)所示，仿照步骤(2)测其外特性，对戴维宁定理进行验证。实验数据填入表 2-5-4 中。

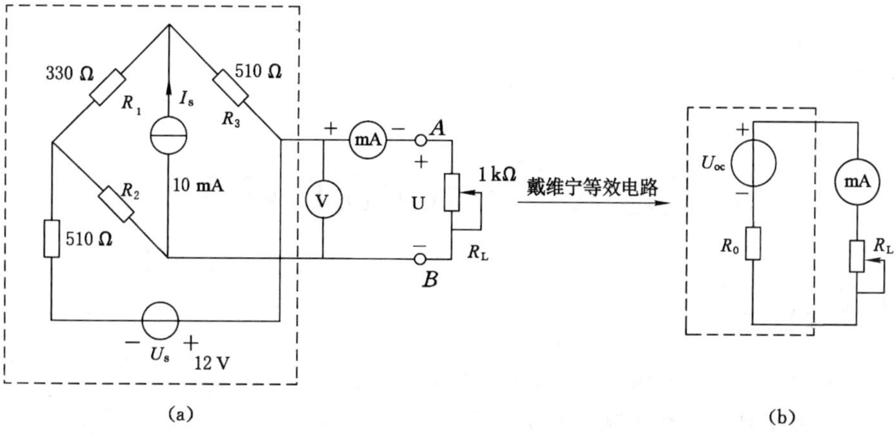

图 2-5-5　戴维宁定理的验证电路

表 2-5-4　验证戴维宁定理

R_L/Ω	0	500	1 k	1.5 k	2 k	2.5 k	开路
U_2/V							
I_2/mA							

六、注意事项

(1) 测量时应注意电流表量程的更换。

(2) 用万用表直接测 R_0 时，网络内的独立源必须先置零，以免损坏万用表。其次，欧姆挡必须经调零后再进行测量。

(3) 用零示法测量 U_{oc} 时，应先将稳压电源的输出调至接近于 U_{oc}，再按图 2-5-3 测量。

(4) 改接线路时，要关掉电源。

七、思考题

(1) 在求戴维宁等效电路时，做短路试验，测 I_{sc} 的条件是什么？在本实验中可否直接做负载短路实验？请实验前对线路 2-5-5(a) 预先做好计算，以便调整实验线路及测量时可准确地选取电表的量程。

(2) 说明测有源二端网络开路电压及等效内阻的几种方法，并比较其优缺点。

八、实验报告

(1) 根据步骤(2)、(3)，分别绘出曲线，验证戴维宁定理的正确性，并分析产生误差的原因。

(2) 归纳、总结实验结果。

(3) 心得体会及其他。

实验六　一阶电路的响应

一、实验目的

(1) 测定 RC 一阶电路的零输入响应、零状态响应及完全响应。

(2) 学习电路时间常数的测量方法。

(3) 掌握有关微分电路和积分电路的概念。

(4) 进一步学会用示波器观测波形。

二、预习思考

(1) 什么是 RC 一阶电路的零输入响应、零状态响应及完全响应?

(2) 电路时间常数 τ 的物理含义是什么? 有何测量方法? 根据给定的电路,怎样计算电路中的时间常数?

(3) 查阅资料,了解有关微分电路和积分电路的概念。

三、原理说明

当动态电路中包含一个动态元件时,描述其激励与响应关系的是一阶微分方程,所以称这种电路为一阶动态电路。一阶电路所包含的动态元件可以是电感或电容,由此可将电路分为一阶 RC 电路和一阶 RL 电路,在此主要讨论一阶 RC 电路的特性及应用。

(一) 一阶 RC 电路的零输入响应

所谓零输入响应是电路在无激励情况下,由动态元件的初始状态在电路中产生的响应。一阶 RC 电路如图 2-6-1 所示,在 $t<0$ 时开关 S 置于位置 1,$u_C(0_-)=U_s$,当 $t=0$ 时开关 S 由位置 1 转到位置 2,外加电源被断开,由 R 和 C 构成了回路,形成零输入响应。

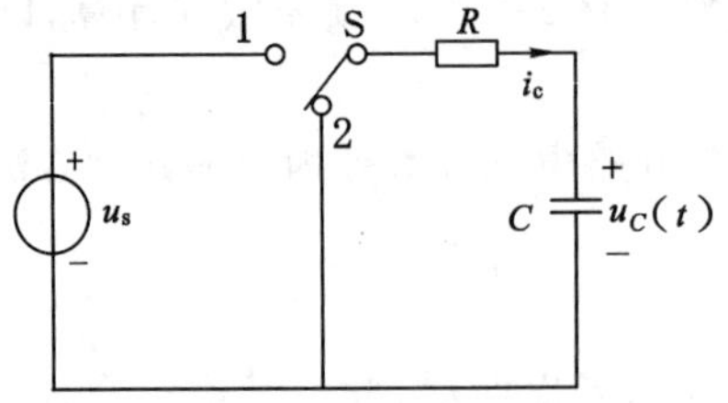

图 2-6-1　RC 一阶电路

其方程为

$$RC\frac{\mathrm{d}u_C}{\mathrm{d}t}+u_C=0\quad(t\geqslant 0)\tag{2-6-1}$$

初始值 $u_C(0_-)=U_s$。

由上述方程得

$$u_C(t)=U_s e^{-\frac{t}{RC}}=U_s e^{-\frac{t}{\tau}}$$

$$i_C(t)=-C\frac{du_C}{dt}=\frac{U_s}{R}e^{-\frac{t}{\tau}}$$

上式中 $\tau=RC$，称为电路的时间常数。当 R 以欧姆为单位，C 以法拉为单位时，τ 的单位为秒。

（二）一阶 RC 电路的零状态响应

零状态响应是电路的初始状态为零，仅由外加激励产生的响应。如图 2-6-1 所示的一阶电路，在 $t<0$ 时开关 S 置于 2，$u_C(0_-)=0$。当 $t=0$ 时开关 S 由置于位置 2 转到位置 1，电容 C 充电，此电路就是 RC 电路的零状态响应电路。

其方程为

$$RC\frac{du_C}{dt}+u_C=U_s \quad (t\geqslant 0) \tag{2-6-2}$$

初始值 $u_C(0_-)=0$

由上述方程得

$$u_C(t)=U_s(1-e^{-\frac{t}{\tau}})$$

$$i_C(t)=\frac{U_s}{R}e^{-\frac{t}{\tau}}$$

（三）一阶电路的全响应

当电路的初始状态与外加激励均不为零时，电路产生的响应称为全响应。根据叠加定理，可将初始状态和外加激励作为两个独立源，则全响应为零输入响应和零状态响应之和，即：全响应＝零输入响应＋零状态响应。

对于一阶 RC 电路其全响应可以表示为

$$u_C(t)=u_C(0)e^{-\frac{t}{\tau}}+U_s(1-e^{-\frac{t}{\tau}}) \tag{2-6-3}$$

（四）一阶电路的方波响应

利用信号发生器输出的方波来模拟阶跃激励信号，即利用方波输出的上升沿作为零状态响应的正阶跃激励信号，利用方波的下降沿作为零输入响应的负阶跃激励信号。只要选择方波的重复周期远大于电路的时间常数 τ，那么电路在这样的方波序列脉冲信号的激励下，它的响应就和直流电接通与断开的过渡过程是基本相同的。

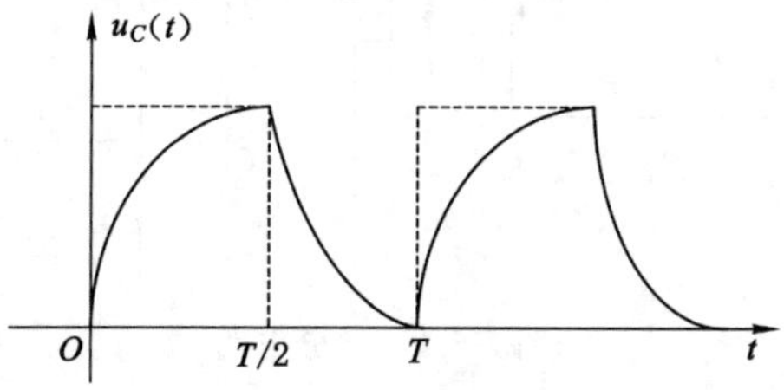

图 2-6-2　RC 一阶电路的方波响应

（五）时间常数 τ 的估算

图 2-6-3 所示的 RC 一阶电路的零输入响应和零状态响应分别按指数规律衰减和增长，其变化的快慢决定于电路的时间常数 τ。

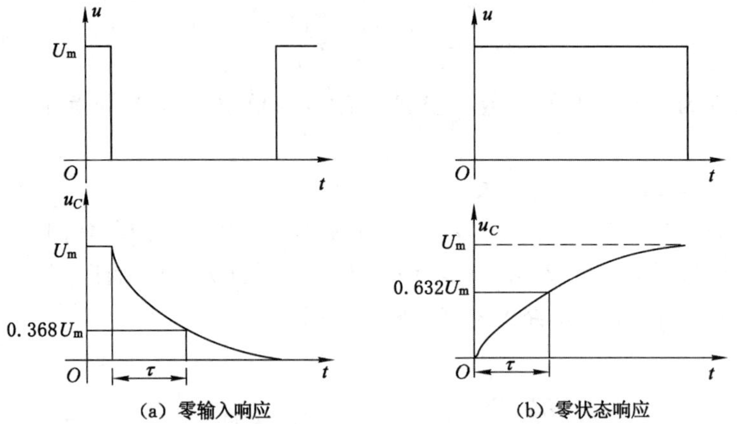

图 2-6-3　RC 一阶电路的零输入响应和零状态响应

用示波器测量零输入响应的波形如图 2-6-3(a)所示。根据公式(2-6-1)的求解得知

$$u_C=U_m e^{-\frac{t}{RC}}=U_m e^{-\frac{t}{\tau}} \tag{2-6-4}$$

当 $t=\tau$ 时，$u_C(t)=0.368U_m$，此时所对应的时间就等于 τ。亦可用零状态响应波形增加到 $0.632U_m$ 所对应的时间测得，如图 2-6-3(b)所示。

（六）微分电路和积分电路

微分电路和积分电路是 RC 一阶电路中较典型的电路，它对电路元件参数和输入信号的周期有着特定的要求。一个简单的 RC 串联电路，在方波序列脉冲的重复激励下，当满足 $\tau=RC\ll\frac{T}{2}$ 时（T 为方波脉冲的重复周期），且由 R 两端的电压作为响应输出，则该电路就是一个微分电路。因为此时电路的输出信号电压与输入信号电压的微分成正比。如图 2-6-4 所示。利用微分电路可以将方波转变成尖脉冲。

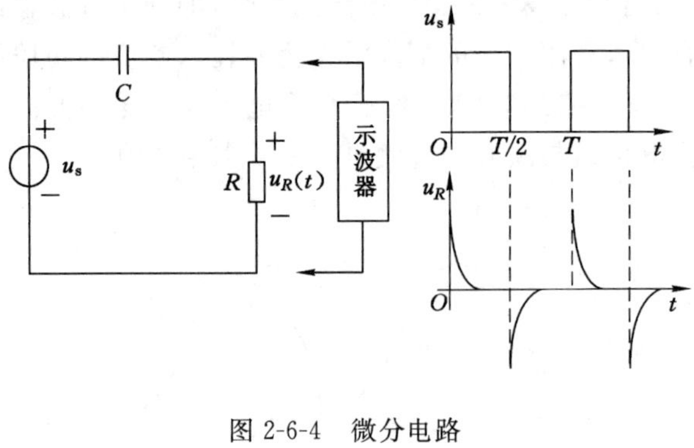

图 2-6-4　微分电路

若将图 2-6-4 中的 R 与 C 位置调换一下，如图 2-6-5 所示，由 C 两端的电压作为响应输

出，且当电路的参数满足 $\tau=RC\gg\frac{T}{2}$ 时，则该 RC 电路称为积分电路。因为此时电路的输出信号电压与输入信号电压的积分成正比。利用积分电路可以将方波转变成近似的三角波。

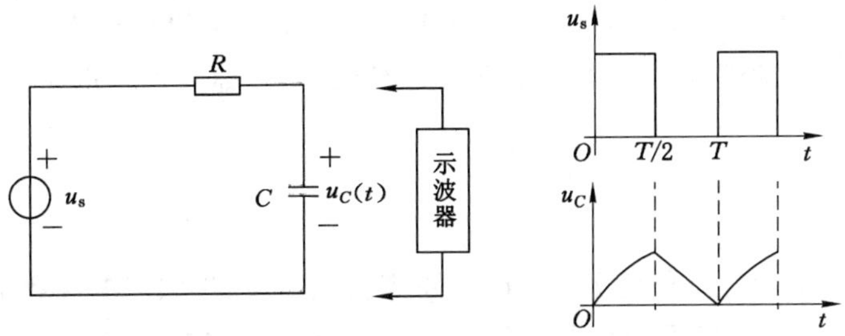

图 2-6-5　积分电路

从输入输出波形来看，上述两个电路均起着波形变换的作用，请在实验过程仔细观察与记录。

四、实验设备

本实验所需主要设备如表 2-6-1 所示。

表 2-6-1　主要实验设备

序号	名称	数量	备注
1	函数信号发生器	1	DG03
2	双踪示波器	1	自备
3	动态电路实验板	1	DG07

五、实验内容

(1) 在动态电路实验板上，选取 $R=10\ \text{k}\Omega$，$C=6\ 800\ \text{pF}$ 组成如图 2-6-5 所示的 RC 充放电电路。信号发生器输出 $U_m=3.5\ \text{V}$、$f=1\ \text{kHz}$ 的方波电压信号，并通过两根同轴电缆线，将激励源 u_s 和响应 u_C 的信号分别连至示波器的两个输入口 Y_A 和 Y_B。这时可在示波器的屏幕上观察到激励与响应的变化规律，请测算出时间常数 τ，并用方格纸按 1∶1 的比例描绘波形。

少量地改变电容值或电阻值，定性地观察对响应的影响，记录观察到的现象。

(2) 令 $R=10\ \text{k}\Omega$，$C=0.01\ \mu\text{F}$，观察并描绘响应的波形；继续增大 C 值至 $C=0.1\ \mu\text{F}$，定性地观察对响应的影响。

(3) 令 $C=0.01\ \mu\text{F}$，$R=100\ \Omega$，组成如图 2-6-4 所示的微分电路。在同样的方波激励信号($U_m=3.5\ \text{V}$，$f=1\ \text{kHz}$)作用下，观测并描绘激励与响应的波形。增加 R 值，令 R 分别为 1 kΩ、10 kΩ，定性地观察对响应的影响，并做记录。当 R 增至 1 MΩ 时，输入输出波形有何本质上的区别？

六、实验注意事项

(1) 调节电子仪器各旋钮时,动作不要过快、过猛。实验前,须熟读双踪示波器的使用方法(见第二章)。观察双踪时,要特别注意相应开关、旋钮的操作与调节。

(2) 信号源的接地端与示波器的接地端要连在一起(称共地),以防外界干扰而影响测量的准确性。

七、思考题

(1) 什么样的电信号可作为 RC 一阶电路零输入响应、零状态响应和全响应的激励源?

(2) 已知 RC 一阶电路 $R=10\ \text{k}\Omega$、$C=0.1\ \mu\text{F}$,试计算时间常数 τ,并根据 τ 值的物理意义,拟定测量 τ 的方案。

(3) 何为积分电路和微分电路?它们必须具备什么条件?它们在方波序列脉冲的激励下,其输出信号波形的变化规律如何?这两种电路有何功用?

八、实验报告

(1) 根据实验观测结果,在方格纸上绘出 RC 一阶电路充放电时 u_C 的变化曲线,由曲线测得 τ 值,并与参数值的计算结果做比较,分析误差原因。

(2) 根据实验观测结果,归纳、总结积分电路和微分电路的形成条件,阐明波形变换的特征。

(3) 心得体会及其他。

实验七　二阶电路的响应

一、实验目的

(1) 测试二阶动态电路的零状态响应和零输入响应,了解电路元件参数对响应的影响。

(2) 观察、分析二阶电路响应的三种状态轨迹及特点,以加深对二阶电路响应的认识与理解。

二、预习思考题

(1) 预习过阻尼、临界阻尼和欠阻尼三种响应产生的条件和在直流激励下三种响应的波形。

(2) 根据给定的实验电路计算临界阻尼时的电阻值、欠阻尼时的衰减系数和振荡角频率。

三、原理说明

(一) 二阶动态电路的状态方程

在线性网络中,当含有电感 L 和电容 C 时,可用一个二阶微分方程来描述电路,称为二阶动态电路。RLC 和 GLC 是最基本的二阶电路,二阶电路也有零状态、零输入和全响应等响应方式。由图 2-7-1 可知,若以电容电压求解变量,则电路方程为线性常数微分方程

$$LC\frac{\mathrm{d}^2 u_C}{\mathrm{d}t^2}+RC\frac{\mathrm{d}u_C}{\mathrm{d}t}+u_C=U_s \tag{2-7-1}$$

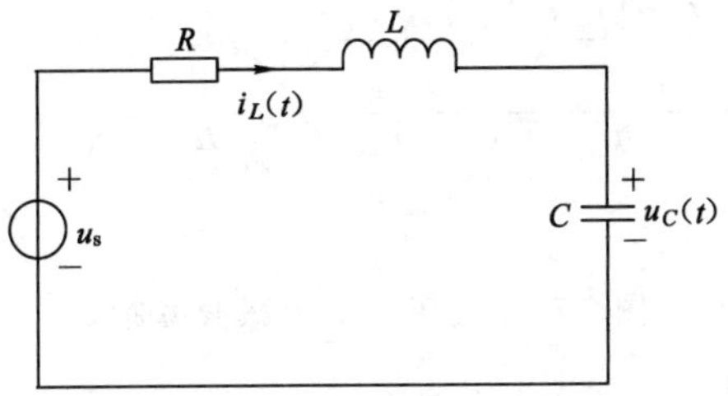

图 2-7-1　RLC 串联二阶电路

为了便于分析,以零输入响应为例,假设电容 C 已经被充电 U_0,初始条件为

$$u_C(0_+)=u_C(0_-)=U_0$$
$$i(0_+)=i(0_-)=I_0$$

令 $u_C=Ae^{pt}$ 得到特征方程:

$$LCp^2+RCp+1=0$$

解得

$$u_C(t)=A_1e^{p_1t}+A_2e^{p_2t}$$

式中，A_1、A_2 是由初始条件决定的常系数；p_1、p_2 为微分方程的根，是固有频率，$p_{1,2}=-\frac{R}{2L}\pm\sqrt{(\frac{R}{2L})^2-\frac{1}{LC}}$，其中 $\sigma=\frac{R}{2L}$ 为衰减系数；$\omega_d=\sqrt{(\frac{R}{2L})^2-\frac{1}{LC}}$ 为振荡角频率。

由于 R、L、C 取值的不同，$p_{1,2}$ 取值就不同，电路响应可能出现三种情况：

(1) $R>2\sqrt{\frac{L}{C}}$，$p_{1,2}$ 有两个不相等的负实根，是一个非振荡放电过程，称为过阻尼状态。

(2) $R=2\sqrt{\frac{L}{C}}$，$p_{1,2}$ 有两个相等的实根，称为临界阻尼状态。

(3) $R<2\sqrt{\frac{L}{C}}$，$p_{1,2}$ 有一对共轭复根，是一个振荡衰减的过程，称为欠阻尼工作状态，振荡幅度衰减的快慢取决于衰减系数 α。

（二）衰减系数和振荡角频率的测量

对于欠阻尼情况，可以通过示波器观测电容电压的波形来测得衰减系数 α 和振荡角频率 ω_d，图 2-7-2 所示是 RLC 串联电路在欠阻尼情况下的波形，可通过示波器直接测出，测量方法参看示波器使用方法。对于 α，因为相邻两个最大值的比值为

$$\frac{U_{1m}}{U_{2m}}=e^{-\alpha(t_1-t_2)}=e^{\alpha(t_2-t_1)} \tag{2-7-2}$$

显然，(t_2-t_1) 即为周期 $T_d=\frac{2\pi}{\omega_d}$，所以 $\alpha=\frac{1}{T}\ln\frac{U_{1m}}{U_{2m}}$。由此可见，用示波器测出周期 T_d 和幅值 U_{1m}、U_{2m} 后，就可以算出 ω_d 与 α 的值。

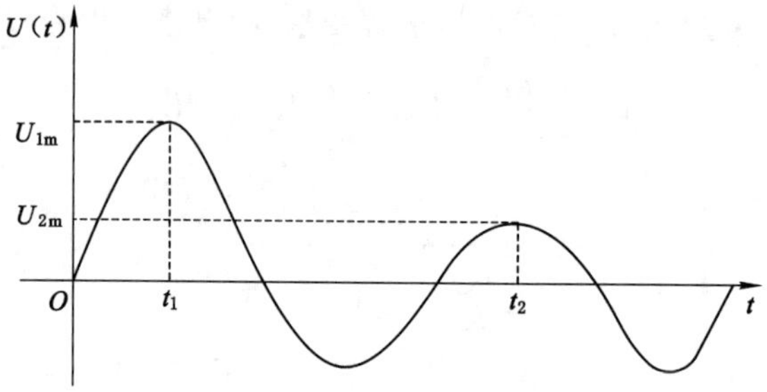

图 2-7-2　电压 $U(t)$ 衰减振荡曲线

四、实验设备

本实验所需主要设备如表 2-7-1 所示。

表 2-7-1　主要实验设备

序号	名称	数量	备注
1	函数信号发生器	1	DG03

表2-7-1(续)

序号	名称	数量	备注
2	双踪示波器	1	自备
3	动态实验电路板	1	DG07

五、实验内容

组成如图 2-7-3 所示的 *RLC* 并联电路。

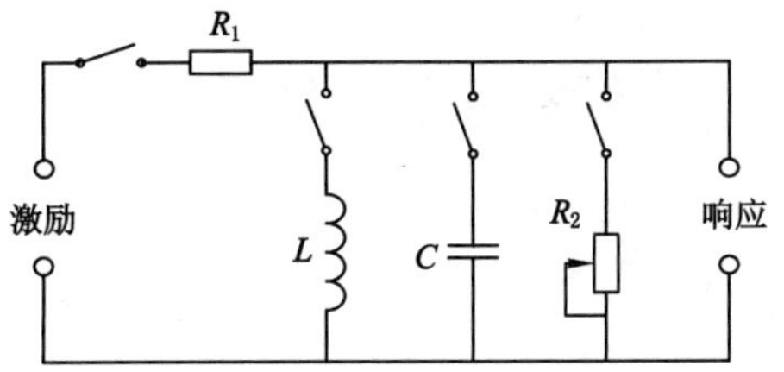

图 2-7-3　二阶动态 *RLC* 并联电路

令 $R_1=10\ \text{k}\Omega$，$L=4.7\ \text{mH}$，$C=1\ 000\ \text{pF}$，R_2 为 10 kΩ 可调电阻。令脉冲信号发生器的输出为 $U_m=1.5\ \text{V}$、$f=1\ \text{kHz}$ 的方波脉冲，通过同轴电缆接至图中的激励端，同时用同轴电缆将激励端和响应输出接至双踪示波器的 Y_A 和 Y_B 两个输入口。

(1) 调节可变电阻器 R_2 之值，观察二阶电路的零输入响应和零状态响应由过阻尼过渡到临界阻尼，最后过渡到欠阻尼的变化过渡过程，分别定性地描绘、记录响应的典型变化波形。

(2) 调节 R_2 使示波器荧光屏上呈现稳定的欠阻尼响应波形，定量测定此时电路的衰减常数 α 和振荡频率 ω_d。

(3) 改变一组电路参数，如增、减 L 或 C 之值，重复步骤(2)的测量，并做记录。随后仔细观察改变电路参数时 ω_d 与 α 的变化趋势，并记入表 2-7-2 中。

表 2-7-2　二阶电路的响应

实验次数	元件参数				测量值	
	R_1	R_2	L	C	α	ω_d
1	10 kΩ	调至某一次欠阻尼状态	4.7 mH	1 000 pF		
2	10 kΩ		4.7 mH	0.01 μF		
3	30 kΩ		4.7 mH	0.01 μF		
4	10 kΩ		10 mH	0.01 μF		

六、实验注意事项

(1) 调节 R_2 时，要细心、缓慢，临界阻尼要找准。

(2) 观察双踪时，显示要稳定，如不同步，则可采用外同步法触发(看示波器说明)。

七、思考题

(1) 根据二阶实验电路元件的参数，计算出处于临界阻尼状态的 R_2 之值。

(2) 在示波器荧光屏上，如何测得二阶电路零输入响应欠阻尼状态的衰减常数 α 和振荡频率 ω_d？

八、实验报告

(1) 根据观测结果，在方格纸上描绘二阶电路过阻尼、临界阻尼和欠阻尼的响应波形。

(2) 测算欠阻尼振荡曲线上的 α 与 ω_d。

(3) 归纳、总结电路元件参数的改变对响应变化趋势的影响。

(4) 心得体会及其他。

实验八　交流电路参数的测定

一、实验目的

(1) 学习交流电路中阻抗元件参数的测定方法。

(2) 掌握调压器和功率表的正确使用方法。

二、预习思考

(1) 熟悉交流电流表、交流电压表和功率表的使用方法。

(2) 了解相量分析法。

三、原理说明

(一) 用交流电压表、交流电流表和功率表测量元件的等效参数

在交流电路中，元件的阻抗值(或无源一端口网络的等效阻抗值)可以用交流电压表、交流电流表和功率表分别测出元件(或网络)两端口的电压有效值 U、流过元件(或网络)的电流有效值 I 和它所消耗的有功功率 P 之后，再通过下式计算可得出待测元件的等效参数，这种方法称为“三表法”，是测定交流阻抗的基本方法。

在图 2-8-1 所示电路中，待测阻抗 Z 为

$$Z=\frac{\dot{U}}{\dot{I}}=\frac{U}{I}\angle\varphi=R+\mathrm{j}X \tag{2-8-1}$$

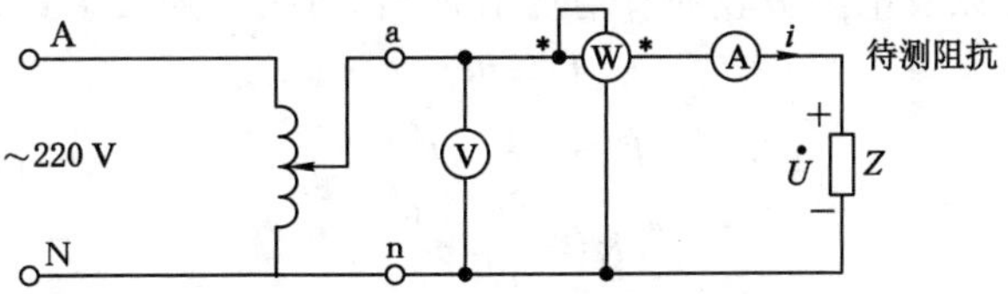

图 2-8-1　交流电路参数的测量图

有功功率 P 为

$$P=UI\cos\varphi=I^2R \tag{2-8-2}$$

待测阻抗的模 $|Z|$ 为

$$|Z|=\frac{U}{I} \tag{2-8-3}$$

功率因数 $\cos\varphi$ 为

$$\cos\varphi=\frac{P}{UI} \tag{2-8-4}$$

则等效电阻 R 为

$$R=\frac{P}{I^2}=|Z|\cos\varphi \tag{2-8-5}$$

则等效阻抗 X 为

$$X=|Z|\sin\varphi \tag{2-8-6}$$

当 $X=0$ 时，电路为纯电阻性电路，$R=Z$；当 $X>0$ 时，电路呈感性，其等效电感 $L=\frac{X}{\omega}$；当 $X<0$ 时，电路呈容性，其等效电容 $C=\left|\frac{1}{\omega X}\right|$。

其阻抗三角形如图 2-8-2 所示。

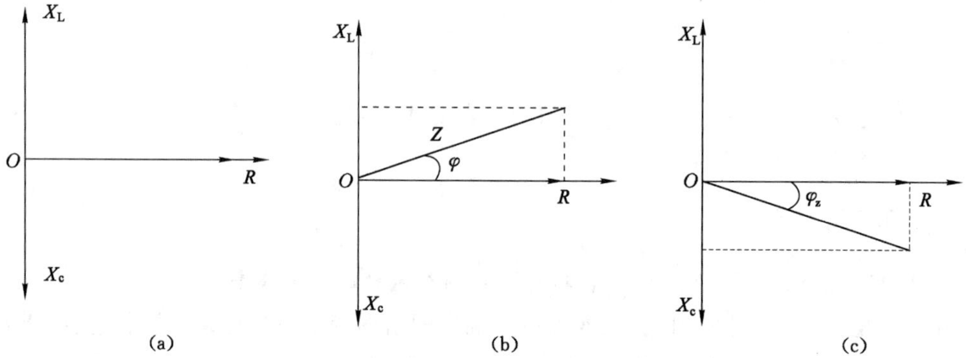

图 2-8-2　阻抗三角形示意图

（二）用实验方法测量元件的等效参数

交流电路中的参数一般是指电路中的电阻、电感和电容的等效数值。实际电路的等效参数可以用测量的方法得到。

在正弦交流情况下，若被测元件是一个电阻元件，在测出电阻两端电压有效值 U、流过电阻的电流有效值 I 以及电阻吸收的有功功率 P 后，可按下列关系式计算出电阻 R

$$U=RI$$

$$P=UI=I^2R$$

$$R=\frac{U}{I}=\frac{P}{I^2} \tag{2-8-7}$$

在正弦交流情况下，若被测元件是一个电感线圈，由于在低频时，电感线圈的匝间分布电容可以忽略，故它的等效参数由导线电阻 R_L 和电感 L 组成，即

$$Z_L=R_L+jX_L=R_L+j\omega L=|Z_L|\angle\varphi \tag{2-8-8}$$

通过三表法测量电路，测出电感线圈两端的电压 U、流过电感的电流 I 及功率 P 后，可按下式计算其等效参数

$$|Z_L|=\frac{U}{I}$$

$$\cos\varphi=\frac{P}{UI}$$

$$R_L=\frac{P}{I^2}=|Z_L|\cos\varphi$$

$$X_L=\sqrt{|Z_L|^2-R_L^2}=|Z_L|\sin\varphi \tag{2-8-9}$$

在正弦交流情况下，若被测元件是一个电容器，由于在低频时，电容器的引入电感及介质损耗均可忽略，故可以看成纯电容。因此

$$\dot{I}=\mathrm{j}\omega C\dot{U}=\omega C\dot{U}\angle 90^\circ \tag{2-8-10}$$

通过三表法测量电路，测出电容器两端的电压 U 和流过电容的电流 I 后，按下式计算其等效参数

$$C=\frac{I}{\omega U} \tag{2-8-11}$$

注意，电容器上的电压相量滞后电流相量 90°，电容器吸收的有功功率为零。

将上述电阻器、电容器和电感线圈相互串联后，可得到一个复阻抗。利用图 2-8-1 所示的电路测得 U、I 及 P 后，再根据它们之间的关系求得总阻抗、功率因数及相位角的绝对值。

（三）判断被测元件阻抗性质的方法

方法一：用功率因数表直接测量出阻抗角的正负或功率因数 $\cos\varphi$ 的大小，从而判断电路阻抗的性质。

方法二：在被测元件两端并接或串接一个适当容量的小电容。对于并联电容，若电流表读数增大，则被测元件属于容性；若电流表的读数减小，则被测元件属于感性。这是因为对如图 2-8-3 所示的电路，设已经测得并联小试验电容（电容为 C'）以前的各表读数，并计算被测元件的等效电导 G 和等效电纳 $|B|$（此时 B 的正负未知），并联小试验电容器的导纳为 $\mathrm{j}B'$（$B'=\omega C>0$），则并联小试验电容以前的电流表读数为

$$U|G+\mathrm{j}B|=U\sqrt{G^2+B^2}$$

并联小试验电容以后，电流表的读数为

$$U|G+\mathrm{j}B+\mathrm{j}B'|=U\sqrt{G^2+(B+B')^2}$$

若被测元件属于容性，则 $B>0$，并联后电流表读数必然增大。若被测元件属于感性，则 $B<0$，只要取 $B'<|2B|$，则 $|B+B'|<|B|$ 总成立，故并联小试验电容后电流表读数必然减小，这就是选取小试验电容来并联的原因。因此，可以通过观察并联小试验电容前后电流表的读数变化，来判断被测元件是属于容性还是属于感性。

串联一个适当电容时，阻抗性质的判断方法可自行讨论。

四、实验设备

本实验所需主要设备如表 2-8-1 所示。

表 2-8-1　主要实验设备

序号	名称	型号或规格	数量	备注
1	交流电压表	0～500 V	1	D33
2	交流电流表	0～5 A	1	D32
3	功率表		1	D34

表 2-8-1(续)

序号	名称	型号或规格	数量	备注
4	自耦调压器		1	DG01
5	镇流器(电感线圈)		1	DG09
6	电容器	1 μF,4.7 μF/500 V	1	DG09
7	白炽灯	220 V,15 W	3	DG08

五、实验内容

(1) 按实验电路图 2-8-3 连线,经指导教师检查后,可接通电源。

(2) 分别测量 25 W 白炽灯(R)、30 W 日光灯镇流器(L)和 4.7 μF 电容器(C)的等效参数,将实验数据填入表 2-8-2 中。

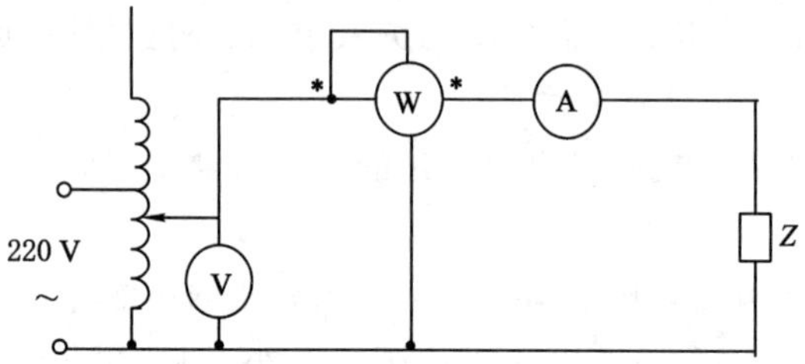

图 2-8-3　实验电路图

(3) 测量 L(1 H)、C(4.7 μF)串联与并联后的等效参数,将实验数据填入表 2-8-2 中。

表 2-8-2　等效参数测量

被测元件	测量值				计算值			电路等效参数	
	U/V	I/A	P/W	$\cos\varphi$	$\cos\varphi$	R/Ω	Z/Ω	L/mH	C/μF
白炽灯 R									
电感 L									
电容器 C									
LC 串联									
LC 并联									

(4) 用串联、并联试验电容法判别负载性质的正确性。不必接功率表,按表 2-8-3 所示内容进行测量和记录并判别被测元件的阻抗特性。

表 2-8-3　负载性质判别

被测元件	串联 4.7 μF 电容			并联 4.7 μF 电容		
	串前电压	串后电压	元件性质	并前电流	并后电流	元件性质
C(4.7 μF)						
L(1 H)						

六、注意事项

(1) 本实验直接用市电 220 V 交流电源供电，实验中要特别注意人身安全，不可用手直接触摸通电线路的裸露部分，以免触电，进实验室应穿绝缘鞋。

(2) 自耦调压器在接通电源前，应将其手柄置在零位上，调节时，使输出电压从零开始逐渐升高。每次改接实验线路及实验完毕，都必须先将其旋柄慢慢调回零位，再断电源。必须严格遵守这一安全操作规程。

(3) 实验前应详细阅读智能交流功率表的使用说明书，熟悉其使用方法。

七、思考题

(1) 在 50 Hz 的交流电路中，测得一只铁芯线圈的 P、I 和 U，如何算得它的阻值及电感量？

(2) 如何用串联电容的方法来判别阻抗的性质？试用 I 随串联电容的变化关系做定性分析，证明串联实验时满足。

八、实验报告

根据实验数据，完成各项计算。

实验九　互感电路实验

一、实验目的

(1) 学会互感电路同名端、互感系数以及耦合系数的测定方法。

(2) 通过两个具有互感耦合的线圈顺向串联和反向串联实验，加深理解互感对电路等效参数以及电压、电流的影响。

二、预习思考题

(1) 用直流法判断同名端时，可否以及如何根据S断开瞬间毫安表指针的正、反偏转来判断同名端？

(2) 实验中用直流法判断同名端是在插、拔铁芯时观察电流表的正、负读数变化来确定的(应如何确定?)，这与实验原理中所叙述的方法是否一致？

三、原理说明

(一) 判断互感线圈同名端的方法

1. 直流法

如图2-9-1所示，当开关S闭合瞬间，若毫安表的指针正偏，则可断定1、3为同名端；指针反偏，则1、4为同名端。

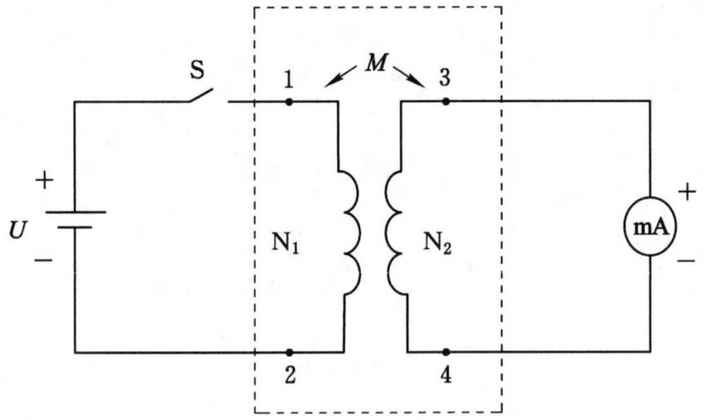

图2-9-1　直流法测同名端

2. 交流法

如图2-9-2所示，将两个绕组 N_1 和 N_2 的任意两端(如2、4端)连在一起，在其中的一个绕组(如 N_1)两端加一个低电压，另一绕组(如 N_2)开路，用交流电压表分别测出端电压 U_{13}、U_{12} 和 U_{34}。若 U_{13} 是两个绕组端电压之差，则1、3是同名端；若 U_{13} 是两绕组端电压之和，则 1、4 是同名端。

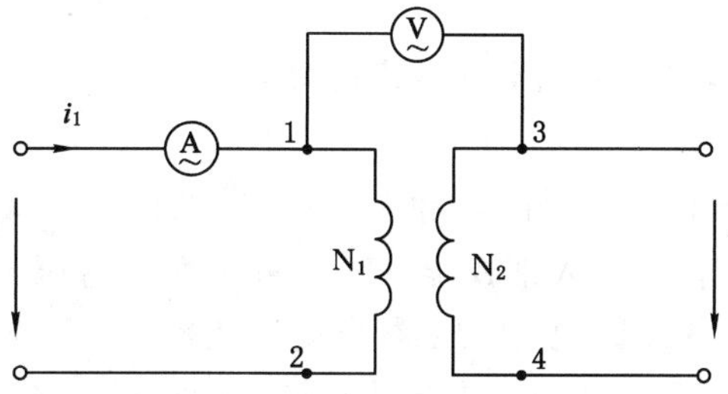

图 2-9-2　线圈互感系数测量电路

（二）两线圈互感系数 M 的测定

在图 2-9-2 的 N_1 侧施加低压交流电压 U_1，测出 I_1 及 U_2。根据互感电势 $E_{2M} \approx U_{20} = \omega M I_1$，可算得互感系数为

$$M = \frac{U_2}{\omega I_1}$$

（三）耦合系数 k 的测定

两个互感线圈耦合松紧的程度可用耦合系数 k 来表示

$$k = M / \sqrt{L_1 L_2}$$

如图 2-9-2 所示，先在 N_1 侧加低压交流电压 U_1，测出 N_2 侧开路时的电流 I_1；然后再在 N_2 侧加电压 U_2，测出 N_1 侧开路时的电流 I_2。求出各自的自感 L_1 和 L_2，即可算得 k 值。

四、实验设备

本实验所需主要设备如表 2-9-1 所示。

表 2-9-1　主要实验设备

序号	名称	型号或规格	数量	备注
1	数字直流电压表	0～200 V	1	D31
2	数字直流电流表	0～200 mA	2	D31
3	交流电压表	0～500 V	1	D32
4	交流电流表	0～5 A	1	D32
5	空心互感线圈	N_1 为大线圈 N_2 为小线圈	1 对	DG08
6	自耦调压器		1	DG01
7	直流稳压电源	0～30 V	1	DG04
8	电阻器	30Ω/8W 510Ω/2W	各 1	DG09
9	发光二极管	红或绿	1	DG09
10	粗、细铁棒、铝棒		各 1	
11	变压器	36 V/220 V	1	DG08

五、实验内容

（一）分别用直流法和交流法测定互感线圈的同名端

1. 直流法

实验线路如图 2-9-3 所示。先将 N_1 和 N_2 两线圈的四个接线端子以 1、2 和 3、4 编号。将 N_1、N_2 同心地套在一起，并放入细铁棒。U 为可调直流稳压电源，调至 10 V。流过 N_1 侧的电流不可超过 0.4 A（选用 5 A 量程的数字电流表）。N_2 侧直接接入 2 mA 量程的毫安表。将铁棒迅速地拔出和插入，观察毫安表读数正、负的变化，来判定 N_1 和 N_2 两个线圈的同名端。

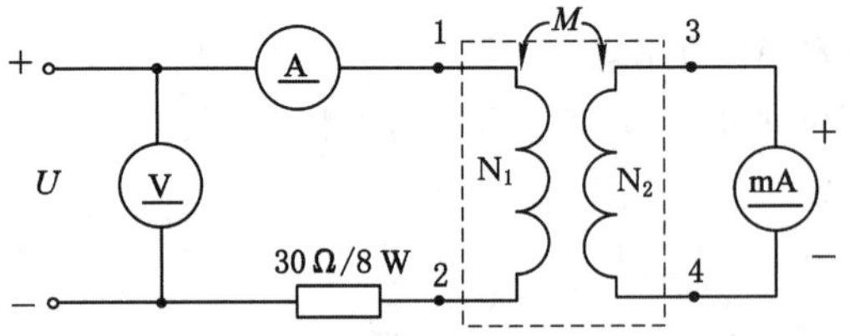

图 2-9-3　直流法测互感线圈同名端电路

2. 交流法

本方法中，由于加在 N_1 上的电压仅 2 V 左右，直接用屏内调压器很难调节，因此采用图 2-9-4 所示的线路来扩展调压器的调节范围。图中 W、N 为主屏上的自耦调压器的输出端，B 为升压铁芯变压器，此处作降压用。将 N_2 放入 N_1 中，并在两线圈中插入铁棒。A 为 2.5 A 以上量程的电流表，N_2 侧开路。

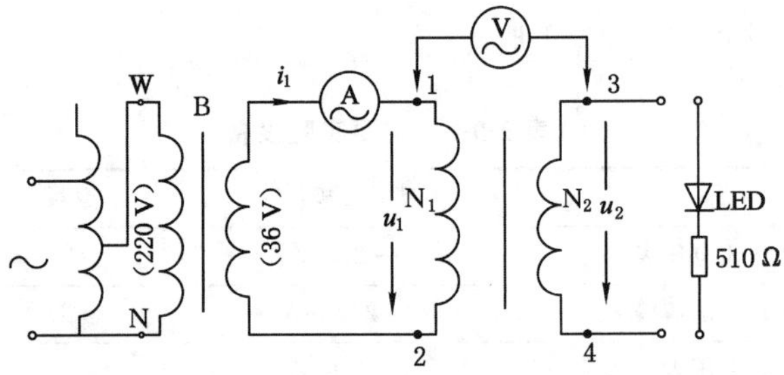

图 2-9-4　交流法测互感线圈同名端电路

接通电源前，应首先检查自耦调压器是否调至零位，确认后方可接通交流电源，令自耦调压器输出一个很低的电压（约 12 V），使流过电流表的电流小于 1.4 A，然后用 0～30 V 量程的交流电压表测量 U_{13}、U_{12}、U_{34}，判定同名端。

(1) 拆去 2、4 连线，并将 2、3 相接，重复上述步骤，判定同名端。

(2) 拆除 2、3 连线，测 U_1、I_1、U_2，计算出 M。

(3) 将低压交流加在 N_2 侧，使流过 N_2 侧电流小于 1 A，N_1 侧开路，按步骤(2)测出 U_2、I_2、U_1。

(4) 用万用表的 $R\times1$ 挡分别测出 N_1 和 N_2 线圈的电阻值 R_1 和 R_2，计算 k 值。

3. 观察互感现象

在图 2-9-4 的 N_2 侧接入 LED 发光二极管与 510 Ω 串联的支路。

(1) 将铁棒慢慢地从两线圈中抽出和插入，观察 LED 亮度的变化及各电表读数的变化，记录现象。

(2) 将两线圈改为并排放置，并改变其间距，以及分别或同时插入铁棒，观察 LED 亮度的变化及仪表读数。

(3) 改用铝棒替代铁棒，重复(1)、(2)的步骤，观察 LED 的亮度变化，记录现象。

六、实验注意事项

(1) 整个实验过程中，注意流过线圈 N_1 的电流不得超过 1.4 A，流过线圈 N_2 的电流不得超过 1 A。

(2) 测定同名端及其他测量数据的实验中，都应将小线圈 N_2 套在大线圈 N_1 中，并插入铁芯。

(3) 做交流实验前，首先要检查自耦调压器，要保证手柄置在零位。因实验时加在 N_1 上的电压一般只有 2～3 V，因此调节时要特别仔细、小心，要随时观察电流表的读数，不得超过规定值。

七、实验报告

(1) 总结对互感线圈同名端、互感系数的实验测试方法。

(2) 自拟测试数据表格，完成计算任务。

(3) 解释实验中观察到的互感现象。

(4) 心得体会及其他。

实验十　三相电路功率的测量

一、实验目的

(1) 掌握用一瓦特表法、二瓦特表法测量三相电路有功功率与无功功率的方法。

(2) 进一步熟练掌握功率表的接线和使用方法。

二、预习思考题

(1) 复习二瓦特表法测量三相电路有功功率的原理。

(2) 复习一瓦特表法测量三相对称负载无功功率的原理。

三、原理说明

(1) 对于三相四线制供电的三相星形连接的负载(即 Y0 接法)，可用一只功率表测量各相的有功功率 P_A、P_B、P_C，则三相负载的总有功功率 $\sum P = P_A + P_B + P_C$。这就是一瓦特表法，测量电路如图 2-10-1 所示。若三相负载是对称的，则只需测量一相的有功功率，再乘以 3 即得三相总的有功功率。

(2) 三相三线制供电系统中，不论三相负载是否对称，也不论负载是 Y 接还是△接，都可用二瓦特表法测量三相负载的总有功功率。测量电路如图 2-10-2 所示。若负载为感性或容性，且当相位差 $\varphi > 60°$时，线路中的一只功率表指针将反偏(数字式功率表将出现负读数)，这时应将功率表电流线圈的两个端子调换(不能调换电压线圈端子)，其读数应记为负值。而三相总功率 $\sum P = P_1 + P_2$(P_1、P_2 本身不含任何意义)。除图 2-10-2 的 I_U、U_{UW} 与 I_V、U_{VW} 接法外，还有 I_V、U_{UV} 与 I_W、U_{UW} 以及 I_U、U_{UV} 与 I_W、U_{VW} 两种接法。

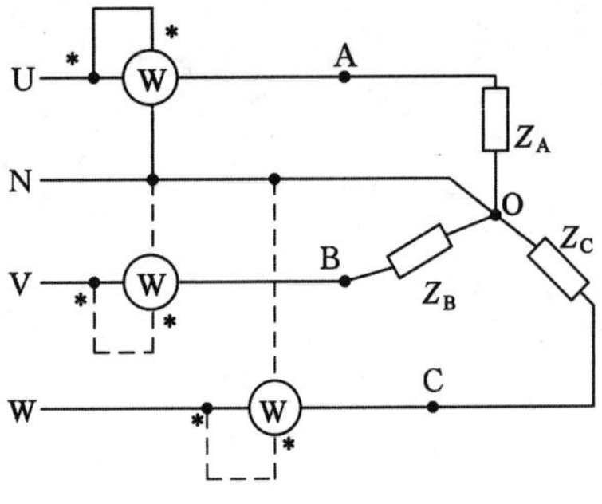

图 2-10-1　一瓦特表法测量功率电路

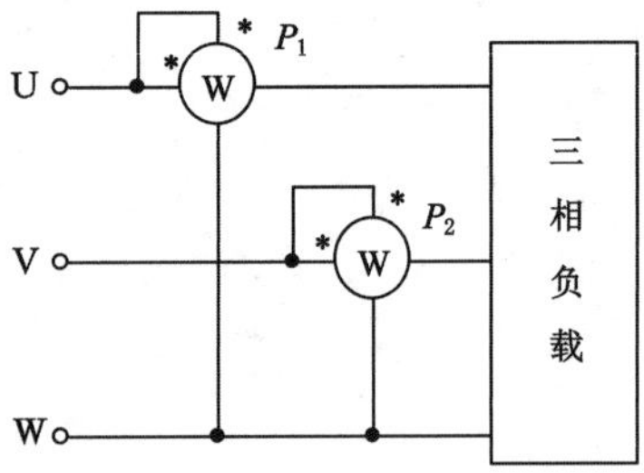

图 2-10-2　二瓦特表法测量功率电路

(3) 对于三相三线制供电的三相对称负载，可用一瓦特表法测得三相负载的总无功功

率 Q，测试原理电路如图 2-10-3 所示。

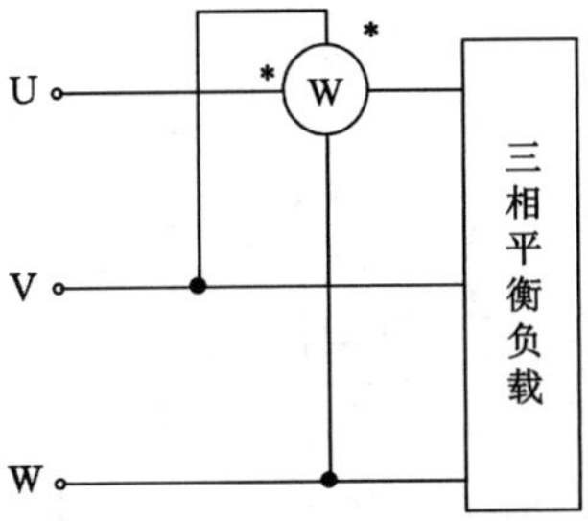

图 2-10-3 一瓦特表法测量三相平衡负载功率电路

图示功率表读数的$\sqrt{3}$倍即为对称三相电路总的无功功率。除了图 2-10-3 给出的一种连接法（I_U、U_{VW}）外，还有另外两种连接法，即接成（I_V、U_{UW}）或（I_W、U_{UV}）。

四、实验设备

本实验所需主要设备如表 2-10-1 所示。

表 2-10-1 主要实验设备

序号	名称	型号或规格	数量	备注
1	交流电压表	0～500 V	2	D33
2	交流电流表	0～5 A	2	D32
3	单相功率表		2	D34
4	万用表		1	自备
5	三相自耦调压器		1	DG01
6	三相灯组负载	220 V，15 W 白炽灯	9	DG08
7	三相电容负载	1 μF，2.2 μF，4.7 μF/500 V	各 3	DG09

五、实验内容

（1）用一瓦特表法测定三相对称 Y0 接以及不对称 Y0 接负载的总功率 $\sum P$。实验按图 2-10-4 所示电路接线。电路中的电流表和电压表用以监视该相的电流和电压，不要超过功率表电压和电流的量程。

经指导教师检查后，接通三相电源，调节调压器输出，使输出线电压为 220 V，按表 2-10-2 的要求进行测量及计算。

首先将三只电表按图 2-10-4 接入 B 相进行测量，然后分别将三只电表换接到 A 相和 C 相，再进行测量。

（2）用二瓦特表法测定三相负载的总功率。

① 按图 2-10-5 接线，将三相灯组负载接成 Y 形接法。经指导教师检查后，接通三相电源，调节调压器的输出线电压为 220 V，按表 2-10-3 的内容进行测量。

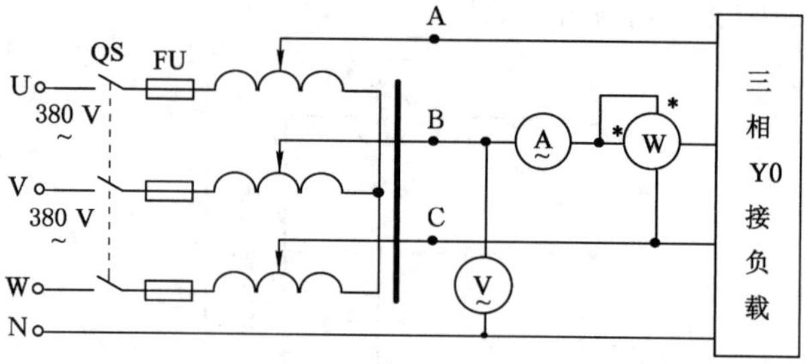

图 2-10-4　一瓦特表法测量 Y0 接负载电路总功率

表 2-10-2　一瓦特表法测三相负载总功率

负载情况	开灯盏数			测量数据			计算值
	A 相	B 相	C 相	P_A/W	P_B/W	P_C/W	$\sum P$/W
Y0 接对称负载	3	3	3				
Y0 接不对称负载	1	2	3				

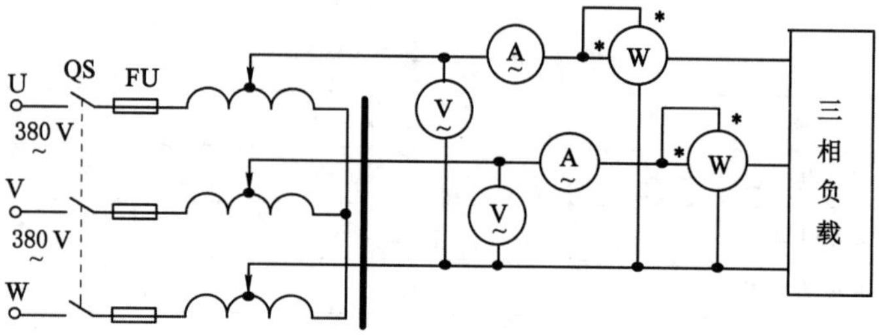

图 2-10-5　二瓦特表法测定 Y 接负载总功率

② 将三相灯组负载改成△形接法，重复①的测量步骤，数据记入表 2-10-3 中。

表 2-10-3　二瓦特表法测三相负载总功率

负载情况	开灯盏数			测量数据		计算值
	A 相	B 相	C 相	P_1/W	P_2/W	$\sum P$/W
Y 接平衡负载	3	3	3			
Y 接不平衡负载	1	2	3			
△接不平衡负载	1	2	3			
△接平衡负载	3	3	3			

③ 将两只瓦特表依次按另外两种接法接入线路，重复①、②的测量。

(3) 用一瓦特表法测定三相对称星形负载的无功功率，按图 2-10-6 所示的电路接线。

① 每相负载由白炽灯和电容器并联而成，并由开关控制其接入。检查接线无误后，接通三相电源，将调压器的输出线电压调到 220 V，读取三表的读数，并计算无功功率 $\sum Q$，记入表 2-10-4。

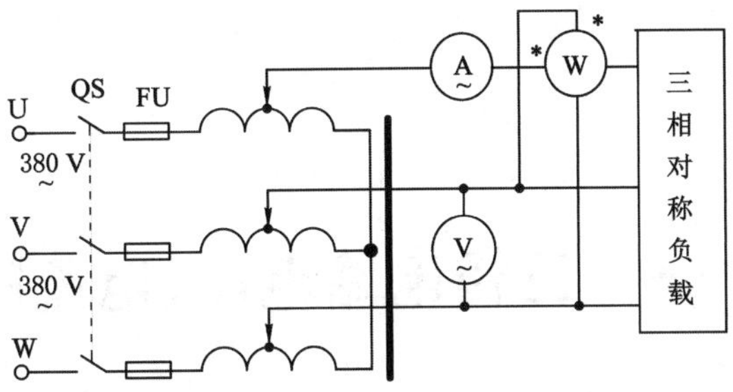

图 2-10-6 一瓦特表法测定三相对称星形负载无功功率

② 分别按 I_V、U_{UW} 和 I_W、U_{UV} 接法，重复①的测量，并比较各自的 $\sum Q$ 值。将数据填入表 2-10-4 中。

表 2-10-4 一瓦特表法测三相对称负载无功功率

接法	负载情况	测量值			计算值
		U/V	I/A	Q/var	$\sum Q=\sqrt{3}Q$
I_U,U_{VW}	(1) 三相对称灯组(每相开 3 盏)				
	(2) 三相对称电容器(每相 4.7 μF)				
	(3) (1)、(2)的并联负载				
I_V,U_{VW}	(1) 三相对称灯组(每相开 3 盏)				
	(2) 三相对称电容器(每相 4.7 μF)				
	(3) (1)、(2)的并联负载				
I_W,U_{VW}	(1) 三相对称灯组(每相开 3 盏)				
	(2) 三相对称电容器(每相 4.7 μF)				
	(3) (1)、(2)的并联负载				

六、实验注意事项

(1) 每次实验完毕，均需将三相调压器旋柄调回零位。每次改变接线，均需断开三相电源，以确保人身安全。

七、思考题

(1) 测量功率时为什么在线路中通常都接有电流表和电压表?

(2) 总结负载无功功率什么情况下为零? 什么情况下不为零? 为什么?

八、实验报告

(1) 完成数据表格中的各项测量和计算任务。比较一瓦特表法和二瓦特表法的测量结果。

(2) 总结、分析三相电路功率测量的方法与结果。

(3) 心得体会及其他。

实验十一　三相电路电压、电流的测量

一、实验目的

(1) 掌握三相负载星形连接、三角形连接的方法，验证这两种接法下线、相电压及线、相电流之间的关系。

(2) 充分理解三相四线制供电系统中中线的作用。

二、预习思考题

(1) 三相负载根据什么条件做星形或三角形连接？

(2) 复习三相交流电路有关内容，试分析三相星形连接不对称负载在无中线情况下，当某相负载开路或短路时会出现什么情况？如果接上中线，情况又如何？

(3) 本次实验中为何要通过三相调压器将 380 V 的市电线电压降为 220 V 的线电压使用？

三、原理说明

(1) 图 2-11-1 是星形连接(又称 Y 接)三线制供电图。当线路阻抗不计时，负载的线电压等于电源的线电压，若负载对称，则负载中性点 O′和电源中性点 O 之间的电压为零。

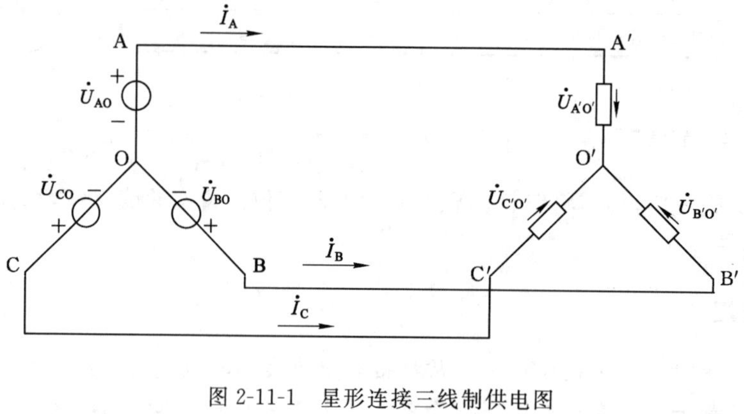

图 2-11-1　星形连接三线制供电图

其电压相量图如图 2-11-2 所示，此时负载的相电压对称，线电压 $U_{线}$ 和相电压 $U_{相}$ 满足 $U_{线}=\sqrt{3}U_{相}$ 的关系，线电流等于相电流。若负载不对称，负载中性点 O′和电源中性点 O 之间的电压不再为零，负载端的各相电压也就不再对称，其数值可由计算得出，或者通过实验测出。

位形图是电压相量图的一种特殊形式，其特点是图形上的点与电路图上的点一一对应。图 2-11-2 是对应于图 2-11-1 星形连接三相电路的位形图。图中，$\dot{U}_{AB}$ 代表电路中从 A 点到 B 的电压相量，$\dot{U}_{A'O'}$ 代表电路中 A′点到 O′点之间的电压相量。在三相负载对称时，位形图中负载中性点 O′与电源中性点 O 重合。

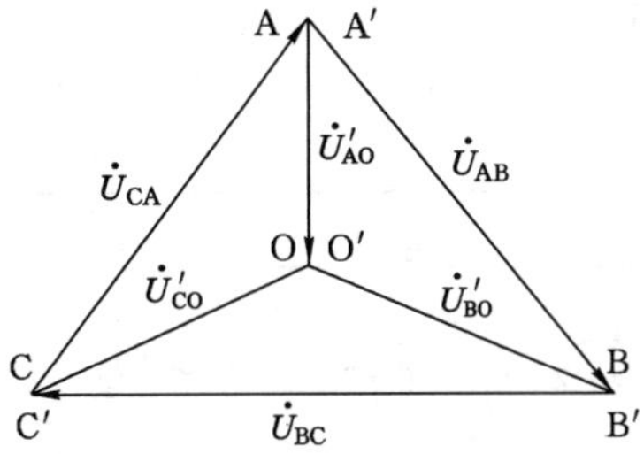

图 2-11-2　星形连接对称负载位形图

负载不对称时，虽然线电压仍对称，但负载的相电压不再对称，负载中性点 O′发生位移，如图 2-11-3 所示。

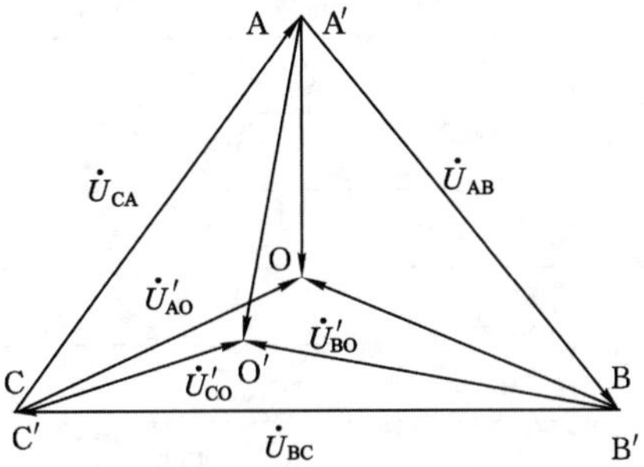

图 2-11-3　星形连接不对称负载位形图

(2) 在图 2-11-1 中，若把电源中性点和负载中性点间用中线连接起来，就成为三相四线制(即 Y0 接法)。在负载对称时，中线电流等于零，其工作情况与三线制相同；负载不对称时，忽略线路阻抗，则负载端相电压仍然对称，但这时中线电流不再为零，它可由计算方法或实验方法确定。

不对称三相负载星形连接时，必须采用三相四线制接法，即 Y0 接法，而且中线必须牢固连接，以保证三相不对称负载的每相电压维持对称不变。

倘若中线断开，会导致三相负载电压的不对称，致使负载轻的那一相的相电压过高，使负载遭受损坏；负载重的一相相电压又过低，使负载不能正常工作。

(3) 图 2-11-4 是负载三角形连接(又称“△”接)时的供电图。若线路阻抗忽略不计，则负载的线电压等于电源的线电压，且负载端线电压和相电压相等，即 $U_{线}=U_{相}$。此外，负载对称时线电流与相电流满足 $I_{线}=\sqrt{3}I_{相}$ 的关系。

当不对称负载△连接时，$I_L\neq\sqrt{3}I_P$，但只要电源的线电压 U_L 对称，加在三相负载上的电压仍是对称的，对各相负载工作没有影响。

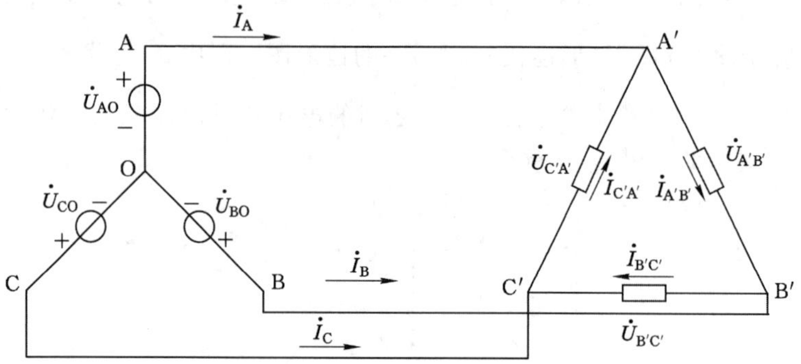

图 2-11-4　负载三角形连接供电图

四、实验设备

本实验所需主要设备如表 2-11-1 所示。

表 2-11-1　主要实验设备

序号	名称	型号或规格	数量	备注
1	交流电压表	0～500 V	1	D33
2	交流电流表	0～5 A	1	D32
3	万用表		1	自备
4	三相自耦调压器		1	DG01
5	三相灯组负载	220 V,15 W 白炽灯	9	DG08
6	电门插座		3	DG09

五、实验内容

（一）三相负载星形连接(三相四线制供电)

按图 2-11-5 所示电路接实验电路。即三相灯组负载经三相自耦调压器接通三相对称电源。将三相调压器的旋柄置于输出为 0 V 的位置(即逆时针旋到底)。经指导教师检查合格后,方可开启实验台电源。然后调节调压器的输出,使输出的三相线电压为 220 V,并分别测量三相负载的线电压、相电压、线电流、相电流、中线电流、电源与负载中点间的电压。将所测得的数据记入表 2-11-2 中,并观察各相灯组亮暗的变化程度,特别要注意观察中线的作用。

（二）负载三角形连接(三三线制供电)

按图 2-11-6 改接线路,经指导教师检查合格后接通三相电源,并调节调压器,使其输出线电压为 220 V,并按表 2-11-3 的内容进行测试。

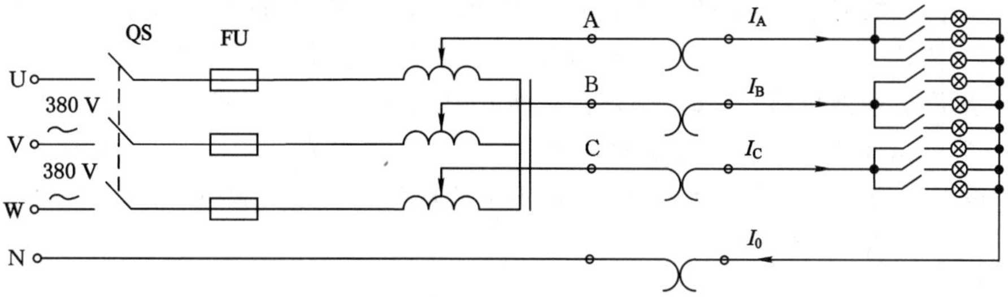

图 2-11-5　三相负载 Y0 接电路

表 2-11-2　三相负载星形连接

实验内容（负载情况）	测量数据												中线电流	中点电压
	开灯盏数			线电流/A			线电压/V			相电压/V				
	A 相	B 相	C 相	I_A	I_B	I_C	U_{AB}	U_{BC}	U_{CA}	U_{A0}	U_{B0}	U_{C0}	I_0/A	U_{N0}/V
Y0 接平衡负载	3	3	3											
Y 接平衡负载	3	3	3											
Y0 接不平衡负载	1	2	3											
Y 接不平衡负载	1	2	3											
Y0 接 B 相断开	1		3											
Y 接 B 相断开	1		3											
Y 接 B 相短路	1		3											

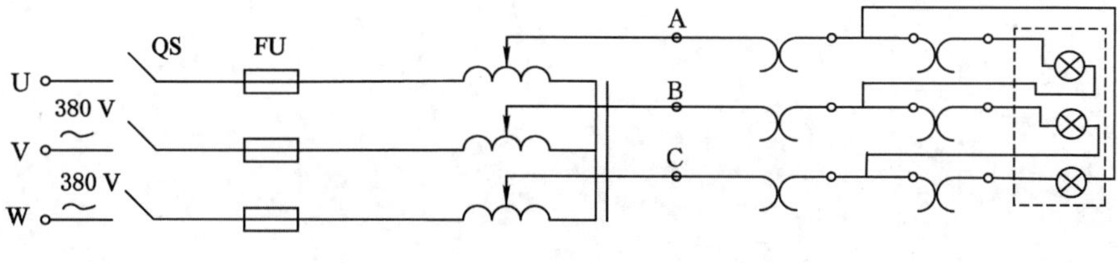

图 2-11-6　三相负载△连接电路

表 2-11-3　三相负载三角形连接

负载情况	测量数据											
	开 灯 盏 数			线电压＝相电压/V			线电流/A			相电流/A		
	A-B 相	B-C 相	C-A 相	U_{AB}	U_{BC}	U_{CA}	I_A	I_B	I_C	I_{AB}	I_{BC}	I_{CA}
三相平衡	3	3	3									
三相不平衡	1	2	3									

六、实验注意事项

(1) 本实验采用三相交流市电，线电压为 380 V，应穿绝缘鞋进实验室。实验时要注意人身安全，不可触及导电部件，防止意外事故发生。

(2) 每次接线完毕,同组同学应自查一遍,然后由指导教师检查后,方可接通电源。必须严格遵守先断电、再接线、后通电,以及先断电、后拆线的实验操作原则。

(3) 星形负载做短路实验时,必须首先断开中线,以免发生短路事故。

(4) 为避免烧坏灯泡,DG08 实验挂箱内设有过压保护装置。当任一相电压>245~250 V 时,即声光报警并跳闸。因此,在做 Y 接不平衡负载或缺相实验时,所加线电压应以最高相电压小于 240 V 为宜。

七、实验报告

(1) 用实验测得的数据验证对称三相电路中的$\sqrt{3}$关系。

(2) 用实验数据和观察到的现象,总结三相四线供电系统中中线的作用。

(3) 不对称三角形连接的负载,能否正常工作?实验是否能证明这一点?

(4) 根据不对称负载三角形连接时的相电流值作相量图,并求出线电流值,然后与实验测得的线电流做比较,分析之。

(5) 心得体会及其他。

实验十二 日光灯电路及功率因数的提高

一、实验目的

(1) 学习提高感性负载电路功率因数的方法，理解提高功率因数的意义。

(2) 了解日光灯的工作原理，学会日光灯线路的连接。

(3) 进一步理解交流电路中各部分电压、各支路电流之间的关系。

(4) 进一步掌握功率表的使用方法。

二、预习思考

(1) 查找资料了解日光灯工作原理及接线。

(2) 预习改善电路功率因数的方法。

三、原理说明

在工业及生活用电中，大部分都是感性负载。例如，工矿企业中驱动机械设备的电动机、电冰箱等都是感性负载，要提高感性负载的功率因数，可以用并联电容器的方法，如图 2-12-1 所示，使流过电容器中的无功电流与感性负载中的无功电流相互补偿，减小电压与电流之间的相位差，从而提高功率因数。

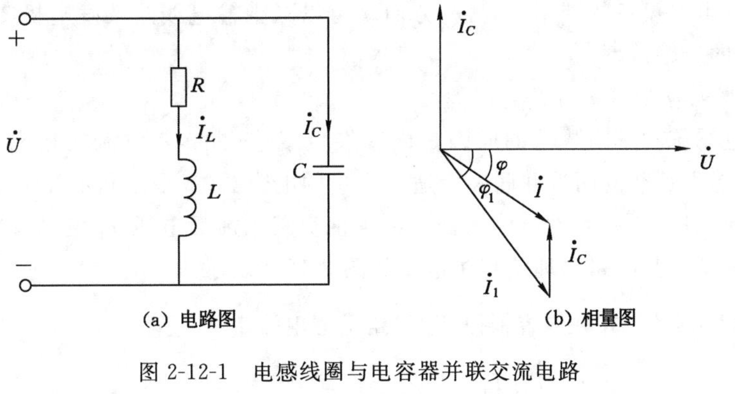

(a) 电路图　　(b) 相量图

图 2-12-1 电感线圈与电容器并联交流电路

(一) 提高功率因数的意义

供电系统的功率因数取决于负载的性质，例如白炽灯、电烙铁、电熨斗、电阻炉等用电设备，都可以看作纯电阻负载，它们的功率因数为 1，但在工农业生产和日常生活中广泛应用的异步电动机、感应炉和日光灯等用电设备都属于感性负载，它们的功率因数小于 1。因此，在一般情况下，供电系统的功率因数总是小于 1。如果功率因数太低，就会引起下面两个问题：

(1) 发电设备的容量不能充分利用。发电机、变压器等设备是根据预定的额定电压和电流设计的。额定电压和电流的乘积，称为额定视在功率，即 $S_N=U_N I_N$。当负载的功率因数 $\cos\varphi=1$ 时，发电机(或变压器)所能输出的最大有功功率 P 为

$$P=U_N I_N\cos\varphi=U_N I_N=S_N$$

这时发电机(或变压器)的容量才能得到充分利用。当负载的功率因数 $\cos\varphi<1$ 时，因发电机(或变压器)的电流和电压不允许大于其额定值，则它们所能输出的最大有功功率 $P=U_N I_N\cos\varphi<S_N$，因此降低了发电机(或变压器)的利用率。功率因数较低，发电设备的利用率也降低了。

(2) 增加线路和发电机绕组的功率损失。图 2-12-2 所示为工频下当传输距离不长、电压不高时的供电线路示意图。其中，$Z_1=R_1+jX_1$ 为线路的等效阻抗；$Z_2=R_2+jX_2$ 为感性负载阻抗。当负载电压 U_2 保持不变时，为了保证负载吸收一定的功率 P_2，则负载电流须满足 $I=\dfrac{P_2}{U_2\cos\varphi_2}$。显然，若负载的功率因数 $\cos\varphi_2$ 较低，那么线路电流 I 就要增大，而等效阻抗为 Z_1 的绕组上的功率损耗 $P_1=I^2R_1$ 就会大大增加，同时要求发电机能够提供较大的电流 I。若 $I>I_N$，就必须换用较大容量的发电机，这将使得电能传输效率大大降低。

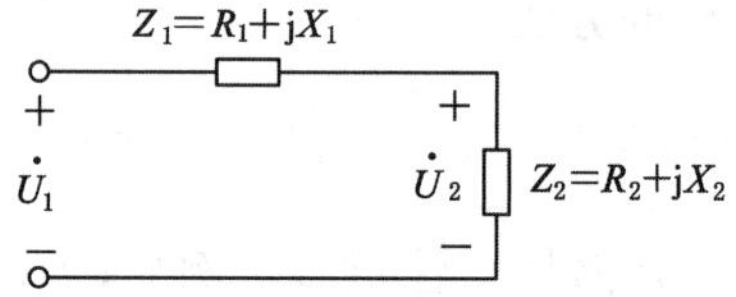

图 2-12-2　供电线路示意图

因此，必须设法提高负载端的功率因数，从而提高供电系统的功率因数。这样，一方面可以充分发挥电源设备的利用率，另一方面又可以减少输电线路及发电机绕组上的功率损耗，提高电能的传输效率。

(二) 提高功率因数的方法

由于供电系统功率因数低的原因是由感性负载造成的，其电流在相位上滞后于电压。因此，通常在感性负载的两端并联一个适当容量的电容器(或采用同步补偿器)，这样以流过电容器的超前电压 90°的容性电流来补偿原感性负载中滞后电压 φ_1 的感性电流，从而使总的线路电流减少。其电路原理图和相量图如图 2-12-1 所示。

由图 2-12-1 可知，并联电容器以前，线路上的电流 $\dot{I}$ 为

$$\dot{I}=\dot{I}_1=I_1\angle-\varphi_1(设\ \dot{U}=U\angle0°)$$

电路负载端的功率因数为 $\cos\varphi_1$($\varphi_1>0$，感性负载)。并联电容器以后，由于 $\dot{U}$ 不变，因此 $\dot{I}_1$ 不变，此时线路上的电流 $\dot{I}$ 变为

$$\dot{I}=\dot{I}_1+\dot{I}_C=I\angle-\varphi$$

与此相对应的电路负载端的功率因数为 $\cos\varphi$，显然 $\varphi<\varphi_1$，则 $\cos\varphi>\cos\varphi_1$，即负载端的功率因数提高了。

（三）日光灯电路

日光灯电路如图 2-12-3 所示。

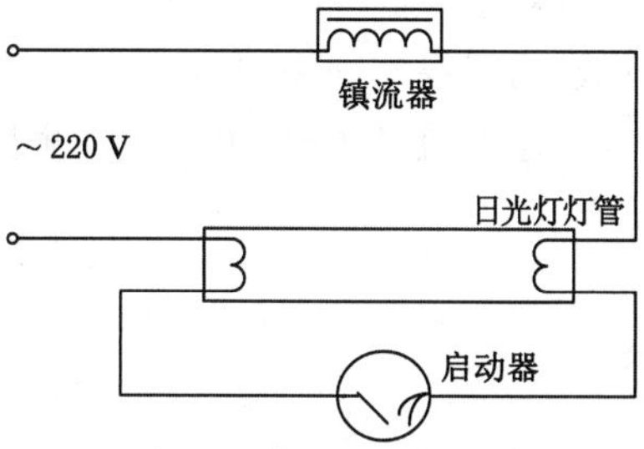

图 2-12-3　日光灯电路

日光灯灯管是一根气体放电管，管内充有一定的惰性气体和少量的水银蒸气，内壁涂有一层荧光粉，灯管两端各有一个由钨丝绕成的灯丝作为电极。当管端电极间加以高压后，电极发射的电子能使水银蒸气电离产生辉光，辉光中的紫外线射到管壁的荧光粉上使其受到激励而发光。

日光灯在高压下才能发生辉光放电，在低压（如 220 V）使用时，必须有启动装置来产生瞬时高压。启动装置包括启动器（又称启辉器）及镇流器。启动器是一个充有氖气的小玻璃泡，泡内有两个距离很近的金属触头，触头之一是由两片热膨胀系数相差很大的金属黏合而成的双金属片。两个金属触头之间并联一个小电容，以防两触头在电路内分开时产生火花。镇流器是绕在硅钢片铁芯上的电感线圈。

当接通电源时，启动器内气体发生辉光放电而产生高温，双金属片受热膨胀而弯曲，与另一个触头碰接，辉光放电随即停止。双金属片由于冷却复位而与另一触头分开，电路突然断开使镇流器线圈两端立即产生一个很高的感应电压，它与电源电压叠加后加到日光灯灯管的两个电极上使管内气体发生辉光放电，于是日光灯点亮。

灯被点亮后，灯管两端的工作电压很低，20 W 的日光灯工作电压约为 60 V，40 W 的日光灯约为 100 V。在此低压下，启动器不再起作用，电源电压大部分分压在镇流器线圈上，此时镇流器起到降低灯管的端电压并限制其电流的作用。

灯被点亮后，可认为其为一个电阻负载，而镇流器是一个铁芯线圈，可以认为是一个电感较大的感性负载，二者串联构成一个感性电路，如图 2-12-4 所示。

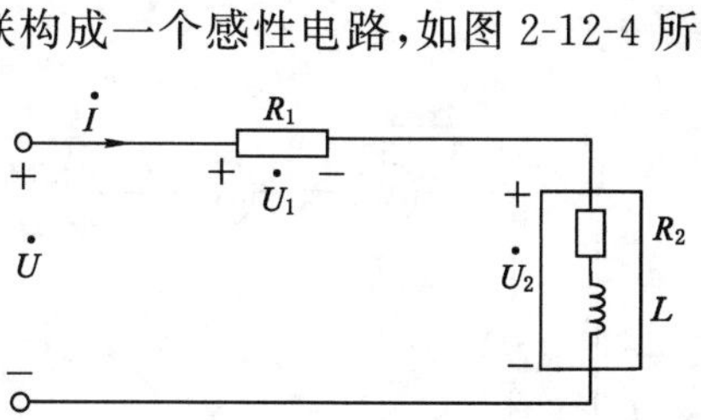

图 2-12-4　日光灯点亮后的等效电路图

该电路所消耗的功率 P 为

$$P=UI\cos\varphi$$

则电路的功率因数 $\cos\varphi$ 为

$$\cos\varphi=\frac{P}{UI}$$

因此测出该电路的电压、电流和消耗的功率后，即可根据上式求得其功率因数。

日光灯电路的功率因数较低，为了提高功率因数，可在电路两端并联一个适当大小的电容。改变并联电容的大小，当电路总电流最小时，电路的功率因数最高。

四、实验设备

本实验所需主要设备如表 2-12-1 所示。

表 2-12-1　主要实验设备

序号	名称	型号或规格	数量	备注
1	交流电压表	0～450 V	1	D33
2	交流电流表	0～5 A	1	D32
3	功率表		1	D34
4	自耦调压器		1	DG01
5	镇流器、启辉器	与 40 W 灯管配用	各 1	DG09
6	日光灯灯管	40 W	1	屏内
7	电容器	1 μF，2.2 μF，4.7 μF/500 V	各 1	DG09
8	白炽灯及灯座	220 V，15 W	1～3	DG08
9	电流插座		3	DG09

五、实验内容

(一) 日光灯线路接线与测量

按图 2-12-5 接线。经指导教师检查后接通实验台电源，调节自耦调压器的输出，使其输出电压缓慢增大，直到日光灯刚启辉点亮为止，记下三表的指示值。然后将电压调至 220 V，测量功率 P，电流 I，电压 U、U_L、U_A 等值，验证电压、电流向量关系。将实验数据填入表 2-12-2 中。r 为镇流器等效电阻。

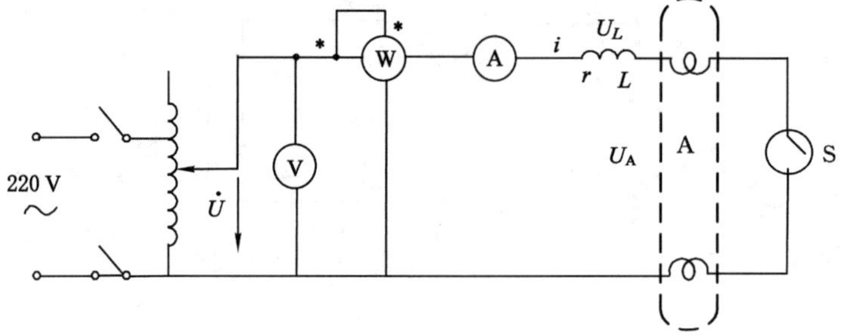

图 2-12-5　日光灯接线与测量实验电路图

表 2-12-2　日光灯线路接线与测量

	测量数值						计算值	
	P/W	cos φ	I/A	U/V	U_L/V	U_A/V	r/Ω	cos φ
启辉值								
正常工作值								

（二）并联电路——电路功率因数的改善

按图 2-12-6 接线。经指导老师检查后，接通实验台电源，将自耦调压器的输出调至 220 V，记录功率表、电压表读数。通过一只电流表和三个电流插座分别测得三条支路的电流，改变电容值，进行三次重复测量。数据记入表 2-12-3 中。

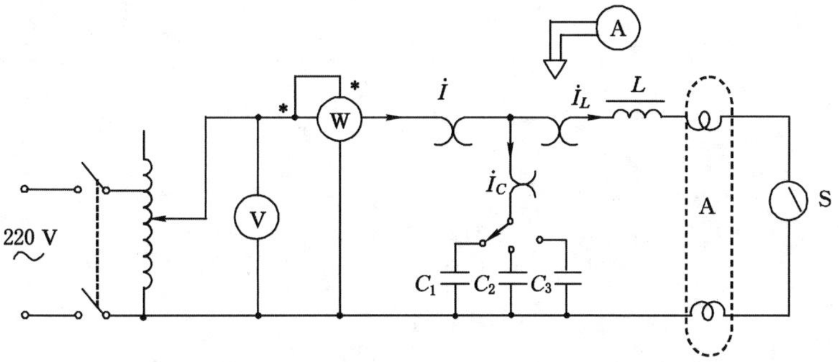

图 2-12-6　改善功率因数实验接线示意图

表 2-12-3　改善功率因数

电容值/μF	测量数值						计算值	
	P/W	cos φ	U/V	I/A	I_L/A	I_C/A	I/A	cos φ
0								
1								
2.2								
4.7								

六、注意事项

(1) 本实验用交流市电 220 V，务必注意用电和人身安全。

(2) 功率表要正确接入电路。

(3) 线路接线正确，日光灯不能启辉时，应检查启辉器及其接触是否良好。

七、思考题

(1) 在日常生活中，当日光灯上缺少了启辉器时，人们常用一根导线将启辉器的两端短接一下，然后迅速断开，使日光灯点亮(DG09 实验挂箱上有短接按钮，可用它代替启辉器做一下试验)，或用一只启辉器去点亮多只同类型的日光灯，这是为什么？

(2) 为了改善电路的功率因数，常在感性负载上并联电容器，此时增加了一条电流支路,试问电路的总电流是增大还是减小?此时感性元件上的电流和功率是否改变?

(3) 提高线路功率因数为什么只采用并联电容器法而不用串联法?所并的电容器是否越大越好?

八、实验报告

(1) 完成数据表格中的计算,进行必要的误差分析。

(2) 根据实验数据,分别绘出电压、电流相量图,验证相量形式的基尔霍夫定律。

(3) 讨论改善电路功率因数的意义和方法。

(4) 装接日光灯线路的心得体会及其他。

实验十三 *RLC* 串联谐振电路的设计

一、设计目的

（1）加深对串联谐振电路特性的理解。

（2）训练自行设计、调试电路的技能。

（3）学习测绘 *RLC* 串联谐振电路的通用谐振曲线的方法，了解电路品质因数 Q 值对通用谐振曲线的影响。

（4）了解电路 Q 值的意义。

二、设计提示

在图 2-13-1 所示的 *RLC* 串联电路中，当正弦交流信号 u_i 的频率 f 改变时，电路中的感抗、容抗随之而变，电路中的电流也随 f 而变。取电阻 R 上的电压 u_o 为输出，以频率 f 为横坐标，输出电压 u_o 的有效值 U_o 为纵坐标，绘出光滑的曲线，即为输出电压的幅频特性，如图 2-13-2 所示。

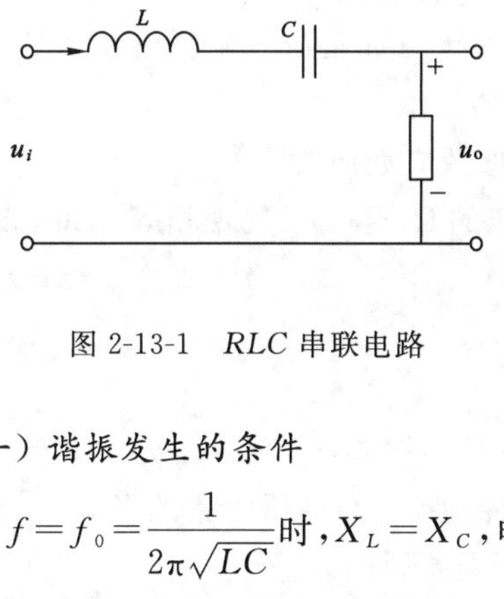

图 2-13-1 *RLC* 串联电路

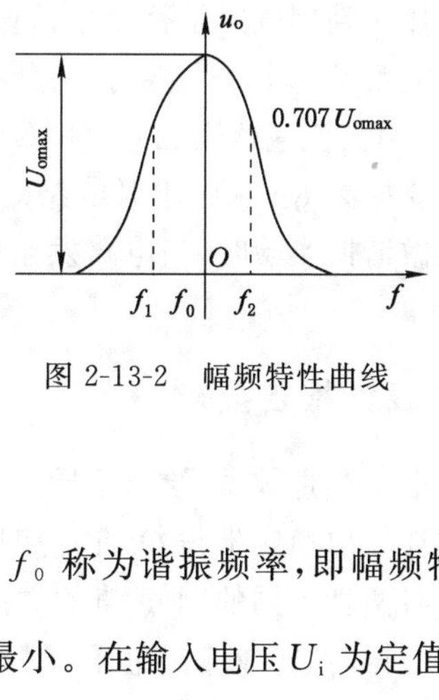

图 2-13-2 幅频特性曲线

（一）谐振发生的条件

在 $f=f_0=\dfrac{1}{2\pi\sqrt{LC}}$ 时，$X_L=X_C$，电路发生谐振。f_0 称为谐振频率，即幅频特性曲线尖峰所在的频率点，此时电路呈纯阻性，电路的阻抗模最小。在输入电压 U_i 为定值时，电路中的电流达到最大值，且与输入电压 u_i 同相位。这时，$U_o=RI=U_i$，$U_L=U_C=QU_i$，其中 Q 称为电路的品质因数。

（二）电路品质因数值 Q 的测量方法

根据公式 $Q=\dfrac{U_L}{U_i}=\dfrac{U_C}{U_i}$ 测定，其中 U_L、U_C 分别为谐振时电感 L 和电容 C 上的电压有效值；通过测量谐振曲线的通频带宽度 $\Delta f=f_2-f_1$，再根据 $Q=\dfrac{f_0}{\Delta f}$ 求出 Q 值。其中 f_0 为谐

振频率，f_2 和 f_1 分别是 U_o 下降到 $0.707U_{omax}$ 时对应的频率，分别称为上、下限截止频率，如图 2-13-2 所示。图示的幅频特性中，Q 值越大，曲线越尖锐，通频带越窄，电路的选择性越好。电路的品质因数、选择性与通频带只决定于电路本身的参数，而与信号源无关。

三、实验仪器和器材

(1) 双踪示波器 1 台。

(2) 信号发生器 1 台(输出电压范围 0～10 V，频率范围 0～2 MHz)。

(3) 交流毫伏表 1 台(可测电压范围为 0～300 V)。

(4) 电阻(电阻值可调)。

(5) 电容(电容值可调)。

(6) 电感 1 只(电感可调范围 0～1 H)。

(7) 短接桥和连接导线若干。

四、设计要求

(1) 选择适当的电阻、电容及电感参数，使 Q 值在较好的范围内。

(2) 写出实验步骤，画出实验测量表格。

(3) 根据实验数据画出幅频特性曲线，并做出分析。

五、思考题

(1) 改变电路的哪些参数可以使电路发生谐振，电路中 R 的数值是否影响谐振频率？

(2) 如何判别电路是否发生谐振？测试谐振点的方案有哪些？

(3) 电路发生串联谐振时，为什么输入电压不能太大？如果信号源给出 3 V 的电压，电路谐振时，用交流毫伏表测 U_L 和 U_C，应该选用多大的量限？

(4) 要提高 R、L、C 串联电路的品质因数，电路参数应如何改变？

(5) 做谐振实验时，当电路发生串联谐振时，对应的 U_L 与 U_C 是否相等？如有差异，原因何在？

六、设计报告要求

(1) 根据测量数据，绘出不同 Q 值的三条幅频特性曲线：u_o-f，u_L-f，u_C-f。

(2) 计算出通频带与 Q 值，说明不同 R 值对电路通频带与品质因素的影响。

(3) 对两种不同的测 Q 值的方法进行比较，分析误差原因。

(4) 谐振时，比较输出电压 U_o 与输入电压 U_i 是否相等？试分析原因。

(5) 通过本次实验，总结、归纳串联谐振电路的特性。

实验十四　移相器的设计与测试

一、设计目的

(1) 加深对移相器电路的认识和理解。

(2) 掌握移相器电路的设计方法和测试方法。

(3) 加深对正弦交流电路中的阻抗、相位差等概念的理解。

(4) 进一步提高对仿真软件的应用能力。

二、设计提示

图 2-14-1 所示为一级 RC 移相电路。

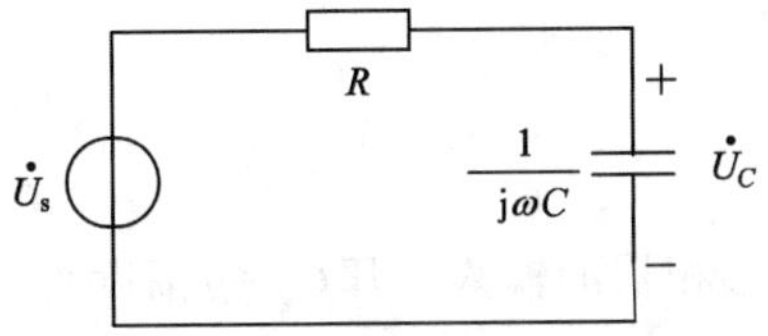

图 2-14-1　一级 RC 移相电路

在正弦交流信号 $\dot{U}_s$ 的激励下，$\dot{U}_R$ 和 $\dot{U}_C$ 保持有 90°的相位差，如图 2-14-2 所示。当阻值 R 改变时，相量 $\dot{U}_R$ 的轨迹是一个半圆，$\dot{U}_s$、$\dot{U}_R$ 与 $\dot{U}_C$ 三者形成一个直角三角形。当电阻 R 和电容 C 取不同的数值时，移相电路的相位会有所不同。例如，电容电压 $\dot{U}_C$ 与电源电压 $\dot{U}_s$ 之间的关系为

$$\frac{\dot{U}_C}{\dot{U}_s}=\frac{\frac{1}{j\omega C}}{R+\frac{1}{j\omega C}}=\frac{1}{1+j\omega C}=\frac{1}{\sqrt{1+(\omega CR)^2}}\angle-\arctan(\omega CR)$$

固定电阻 R，调节电容 C 取不同数值时，整个移相器的相位也会随之发生改变。因此合理选取电阻 R 和电容 C，即可控制电容电压 $\dot{U}_C$ 和电源电压 $\dot{U}_s$ 的相位差，达到相位设计的要求。

同理，移相电路还有二级交流 RC 阻容移相电路和三级 RC 移相电路等。当电阻和电容取不同数值时，该电路呈现不同的相位特性。分析电容电压$\dot{U}_C$ 和电源电压$\dot{U}_s$ 之间的相位关系，可根据该电路为交流梯形电路的特点，采用梯形电路的倒退法，利用齐性定理进行求解。

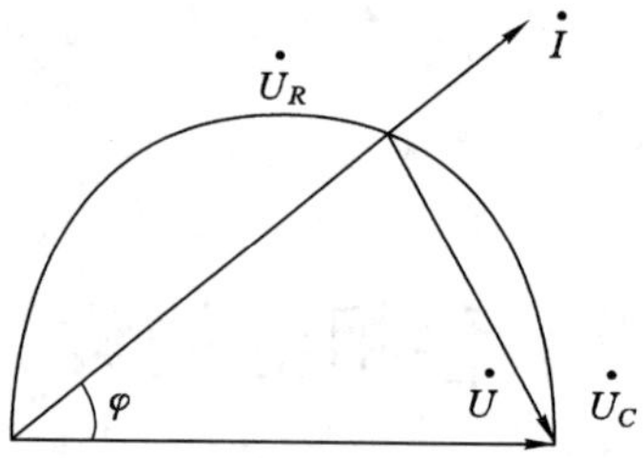

图 2-14-2　一级 RC 移相电路相量图

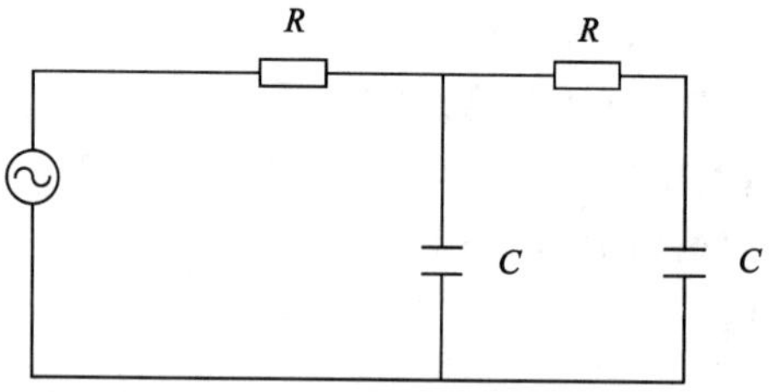

图 2-14-3　二级 RC 移相电路

三、设计要求

(1) 设计一移相器，已知移相器的输入电压 $\dot{U}_s$ 的幅度为 0.2 V，频率为 2 kHz，要求移相器的输出电压 $\dot{U}_C$ 的幅度不变，输出电压相对于输入电压的相移在 5°～180°范围内连续可调。经调试后其性能满足规定的要求。

(2) 对三级阻容移相器进行仿真设计。

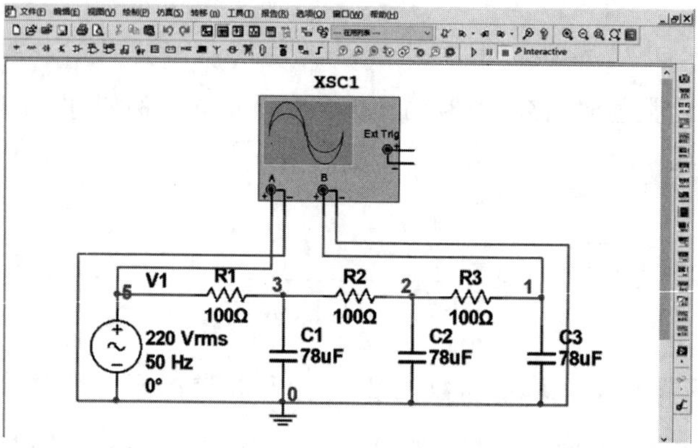

图 2-14-4　三级 RC 移相电路仿真电路图

① 说明三级移相器的工作原理。

② 如果要求电路中电容电压 $\dot{U}_C$ 滞后电源电压 $\dot{U}_s$ 的相位角为 π，R、C 应如何选择？

四、设计报告要求

(1) 详细说明移相器的工作原理。

(2) 结合设计要求(1)确定元件参数(建议选用 R 为 1 kΩ),确定实验电路图

(3) 结合设计要求(2)确定电阻 R 和电容 C 的参数,并画出电容电压 $\dot{U}_C$ 和电源电压 $\dot{U}_s$ 的波形图。

实验十五　一端口网络等效参数测量与最大功率传输电路设计

一、设计目的

(1) 掌握含有受控源的戴维宁等效电路的分析方法。

(2) 掌握最大功率传输原理。

(3) 利用仿真软件,验证戴维宁定理。

二、设计要求

在求负载获得最大功率的问题时,分析过程分为两个步骤:一是先求出负载之外的一端口网络的戴维宁等效电路;二是由戴维宁等效电路和负载组成新的电路,应用最大功率传输原理求得最佳阻抗匹配以获得负载最大功率。

(一) 戴维宁定理

对于一个复杂的电路,当求负载功率时,一般先应用戴维宁定理,求出负载之外的一端口网络的等效电路,如图 2-15-1 所示,其等效电源为该一端口网络的开路电压 U_{oc},其等效电阻 R_{eq} 为该一端口网络内部所有独立电源置零之后的输入电阻。

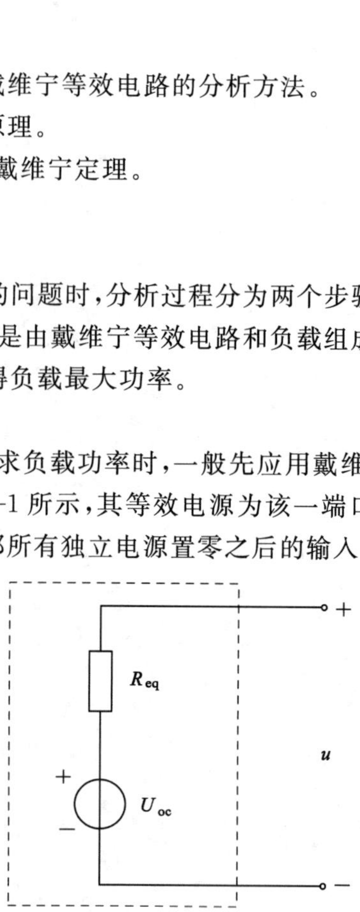

图 2-15-1　戴维宁等效电路

在求等效电阻 R_{eq} 时,若电路中含有受控源,电路往往不能直接用简单的串并联求取等效电阻,这是因为受控源具有二重性(即电阻性和电源性),因此在电路中含有受控源时,等效电阻中将包含受控源的电阻性的作用。在对含有受控源的电路求等效电阻时,只能利用端口电压电流关系即输入电阻来求等效电阻。常用的方法有加流求压法、加压求流法。注意在分析时,要把原一端口网络的内部独立电源置于零。除此之外,还有开路电压短路电流法,即分别求出原一端口网络的开路电压和短路电流,求取其比值获得等效电阻。

（二）最大功率传输原理

由有源一端口网络传输给负载 R_L 最大功率的条件是：负载电阻 R_L 与一端口网络的戴维宁等效电路的等效电阻 R_{eq} 相等。满足 $R_L=R_{eq}$ 称为负载 R_L 与一端口等效电阻 R_{eq} 最佳匹配。此时，负载 R_L 获得的最大功率为

$$P_{max}=\frac{U_{oc}^2}{4R_{eq}}$$

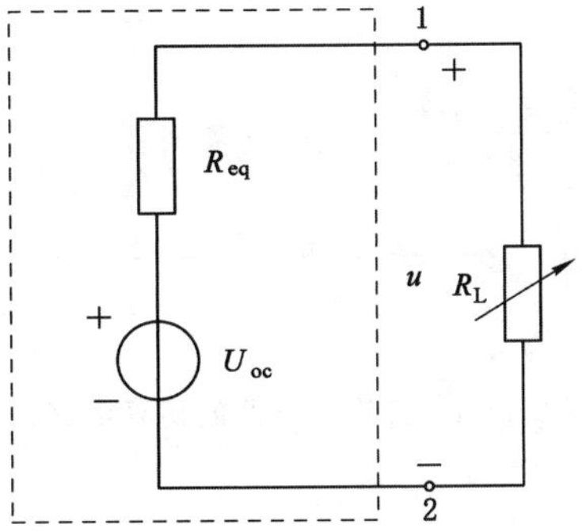

图 2-15-2　带有负载的戴维宁等效电路

三、设计要求

（1）根据实验原理，从理论上求取图 2-15-3 所示参考电路的戴维宁等效电路。

（2）对图 2-15-3 所示电路，用仿真软件测出开路电压和等效电阻，并画出等效电路图。

（3）自拟表格，选取若干测量点，试用电压表和电流表分别测量图 2-15-3 和其等效电路电压、电流的数值。

（4）根据等效电路，求负载取何值时得到最大功率。

（5）自拟两种含某类受控源的电路，并设计仿真方案。利用测量手段求其电路的开路电压，并通过测量电路的电压、电流，求取等效电阻。测试负载为何值时，获得最大功率。

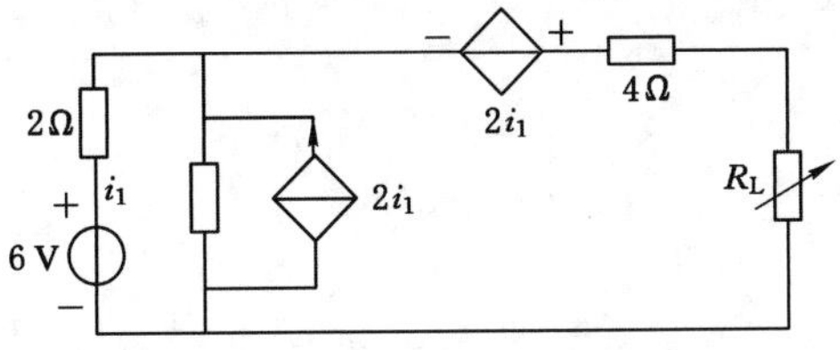

图 2-15-3　参考电路

四、设计报告要求

（1）分析最大功率传输原理。

（2）针对设计要求(3)和(5)设计方案，绘制表格，记录数据。

（3）对设计要求(5)，求取其最大功率。

（4）比较仿真结果和理论计算结果，分析误差原因。

(5) 总结对含有受控源的电路求取戴维宁等效电路的特点和注意事项。

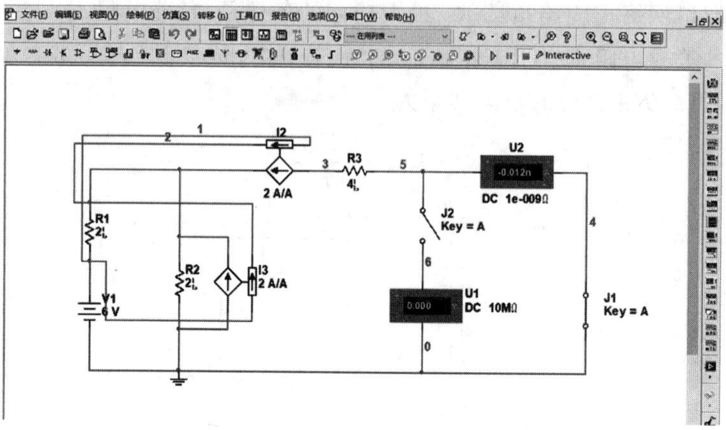

图 2-15-4 戴维宁电路的仿真电路图

实验十六　非正弦周期信号的滤波设计

一、设计目的

(1) 掌握非正弦周期信号的组成特点。

(2) 加深理解串联、并联、串并联谐振概念。

(3) 了解通过谐振的方法来达到滤波的目的。

二、设计提示

滤波可分为无源滤波和有源滤波。单纯由电感电容元件组成的滤波器，称为无源滤波器。简单的有 RLC 串联滤波、RLC 并联滤波和由 RLC 组成的串并联滤波。无源滤波的方法是利用谐振的理论和特点来达到滤波的目的。

(一) *RLC* 串联电路的谐振

RLC 串联电路发生谐振的条件是电路阻抗的虚部(即电抗)为零。即

$$\mathrm{Im}[Z(\mathrm{j}\omega)]=\omega L-\frac{1}{\omega C}=0$$

则

$$\omega=\frac{1}{\sqrt{LC}}$$

上式表明了当电路外加电压源 $\dot{U}_{\mathrm{s}}$ 激励的频率 ω 正好等于电路的固有频率 $\frac{1}{\sqrt{LC}}$ 时，电路就发生了谐振，此时，电路中的电流达到最大，$\dot{I}_0=\frac{\dot{U}_{\mathrm{s}}}{R}$，电阻上的电压 $\dot{U}_R$ 等于外加电压源的电压 $\dot{U}_{\mathrm{s}}$。而电感电压 $\dot{U}_L$ 和电容电压 $\dot{U}_C$ 的大小相等，方向相反，互相抵消，即 $\dot{U}_L+\dot{U}_C=0$。此时，电感和电容的串联组合对于外电路来说，相当于短路，所以串联谐振又称为短路谐振。外界输入通过谐振时的电感和电容串联组合将全部能量传送至负载。

(二) *RLC* 并联电路的谐振

RLC 并联电路发生谐振的条件是电路导纳的虚部(即电纳)为零。即

$$\mathrm{Im}[Y(\mathrm{j}\omega)]=\omega C-\frac{1}{\omega L}=0$$

则

$$\omega=\frac{1}{\sqrt{LC}}$$

上式表明了当电路外加电流源 $\dot{I}_s$ 激励的频率 ω 正好等于电路的固有频率 $\frac{1}{\sqrt{LC}}$ 时，电路就发生了谐振，此时，电路的两端电压达到最大 $\dot{U}_o=\frac{\dot{I}_s}{G}$，电阻中的电流 $\dot{I}_G$ 等于外加电流源的电流 $\dot{I}_s$。而电感电流 $\dot{I}_L$ 和电容电流 $\dot{I}_C$ 的大小相等，方向相反，即 $\dot{I}_L+\dot{I}_C=0$。此时，电感和电容的并联组合对于外电路来说，相当于断路，因此，并联谐振又称为断路谐振。外界输入无法通过谐振时的电感和电容并联组合将全部能量传送至负载上。

（三）*RLC* 串并联电路的谐振

RLC 电路在串并联的情况下发生谐振的条件仍然是等效阻抗或导纳的虚部为零。不同电路的固有谐振频率有所不同。此时，可根据具体连接特点来分析电路能量的传送过程。

要发生谐振可通过改变外加电源的频率或改变电路元件参数来实现。本设计主要研究在非正弦周期信号作用下的电路滤波，实际上就是在不同频率电源作用下，让电路发生不同类型的谐振从而实现滤波的目的。

在非正弦周期电流电路中，电源由基波和高次谐波组成。可分别计算出每个频率下的阻抗，如果在某一频率下，电路的阻抗正好满足发生某种谐振的条件，电路即对应发生某种谐振，因此可根据谐振的特点来达到滤波的要求。例如，电路在某一频率下发生谐振，根据此时电路的结构、参数和谐振的特点，来实现信号的通过或抑制。

三、设计要求

（1）已知输入电压源电压含基波和三次谐波分量，试设计一个无源滤波器，使得电路将基波分量阻隔而三次谐波分量能全部到达负载。该滤波器由电感、电容和电阻组成。合理设计元件参数，电感和电容的数量不限。

（2）设计一种无源滤波器使基波全部到达负载，而三次谐波被抑制。该无源滤波器元件参数又将如何选取？

（3）已知输入电压源电压是由基波、三次谐波和五次谐波分量组成，试设计一个无源滤波器，使得电路将三次谐波分量被阻隔而五次谐波分量能全部到达负载。该滤波器可由电感、电容和电阻组成。合理设计元件参数，电感和电容数量不限。

图 2-16-1 所示电路给出了一个可行的参考电路。由电路理论分析可知，*LC* 并联部分对基波频率发生了并联谐振，此时基波分量得到抑制。整个滤波器对三次谐波频率发生串联谐振，此时三次谐波的输入能量全部传送至负载。图 2-16-2 所示是该电路的仿真电路，示波器显示的是电压源电压和负载上的电压两种波形。

四、设计报告要求

（1）以设计要求(1)或(2)的滤波器为例，试说明工作原理。

（2）自拟电路，满足设计要求(1)的要求，作出仿真电路，并画出滤波后的波形。

（3）自拟电路，满足设计要求(2)的要求，作出仿真电路，并画出滤波后的波形。

（4）总结采用无源滤波方法的特点。

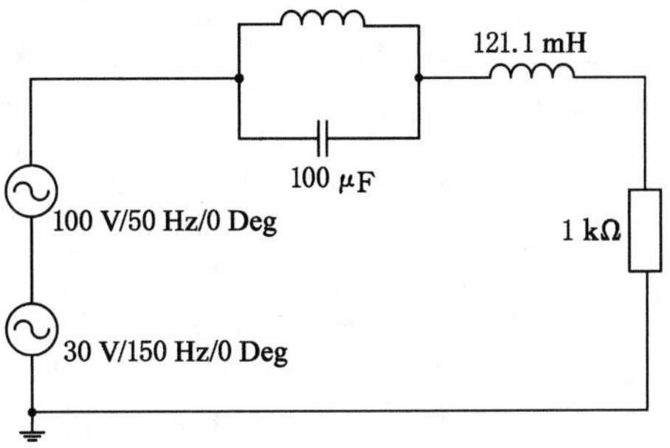

图 2-16-1 滤波器的电路图

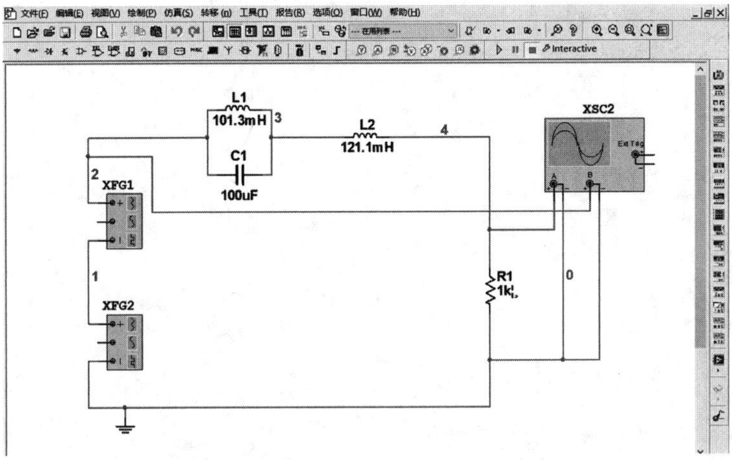

图 2-16-2 滤波器电路的仿真电路

第三部分
模拟电子技术实验

实验一　常用电子仪器的使用

一、实验目的

掌握电子线路实验中常用电子仪器（函数信号发生器、示波器、万用表等）的一般使用方法。

二、仪器的基本组成及使用方法

（一）函数信号发生器

函数信号发生器主要由信号产生电路、信号放大电路等部分组成，可输出正弦波、方波、三角波等信号波形。

使用方法：

(1) 按波形选择键可以分别选择正弦波、方波、三角波等信号波形；

(2) CH1 频率设定：设定频率值为 3.5 kHz。

[频率][3][.][5] [kHz]

CH1 频率调节：先按频率键选择频率调节，再按数字键或旋滚轮可以调节数字位，由此可任意粗调或细调频率。

(3) CH1 幅度设定：设定幅度值为 3.2 V。

[幅度][3][.][2] [V]

CH1 幅度调节：先按幅度键选择频率调节，按数字键或旋滚轮可以调节数字位，由此可任意粗调或细调幅度。

注意：调好信号后，需要将 CH1 按键按下才可输出信号！

（二）示波器

示波器工作在 YT 模式下，能观察各种不同信号幅度随时间变化的波形曲线，还可以用它测试各种不同的电量，如电压、电流、频率、相位差、幅度等。可以用两个通道分别进行信号测量，并在屏幕上同时显示两个信号的波形，即双踪测量作用，此作用能够测量两个信号之间的相位差，以及波形之间形状的差别。

示波器工作在 XY 模式下，可以将 CH1 作为输入、CH2 作为输出，生成图形，如著名的李萨如图，如表 3-1-1 所示。

（三）万用表

万用表是一种多功能、多量程的测量仪表，一般万用表可测量直流电流、直流电压、交流电流、交流电压、电阻等，有的还可以测电容量、电感量及半导体的一些参数（如 β）等。

表 3-1-1　各种参数条件下的李萨如图

频率比	相位差角				
	0	$\frac{1}{4}\pi$	$\frac{1}{2}\pi$	$\frac{3}{4}\pi$	π
1∶1		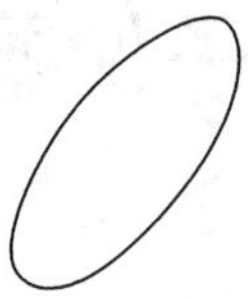	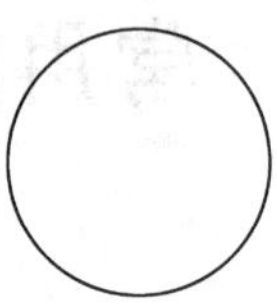	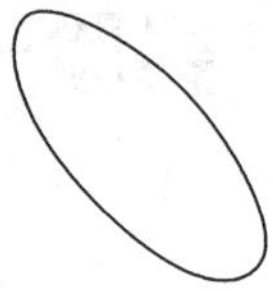	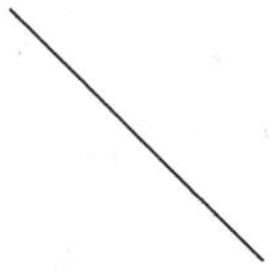
1∶2	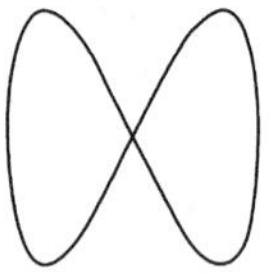	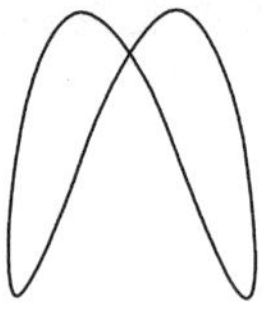	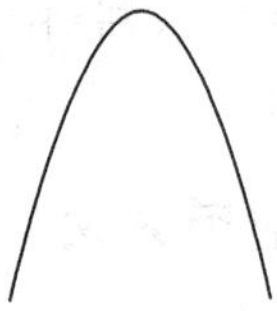	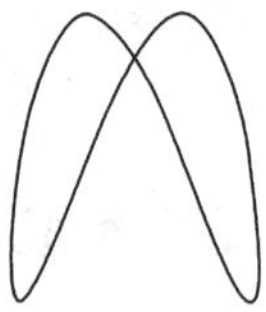	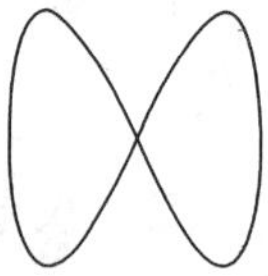
1∶3	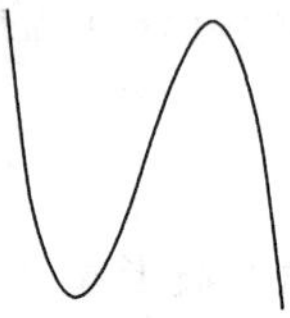	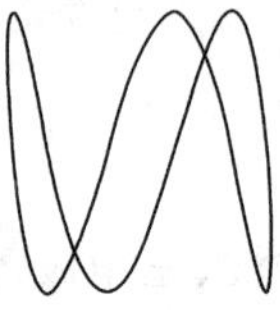	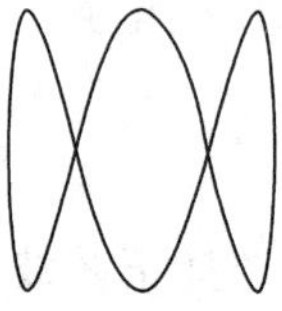	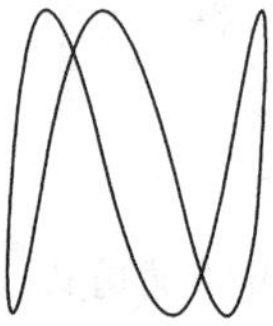	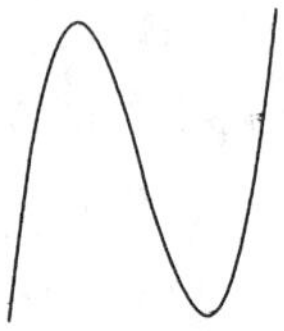
2∶3	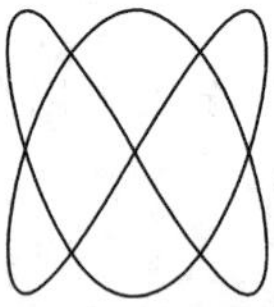	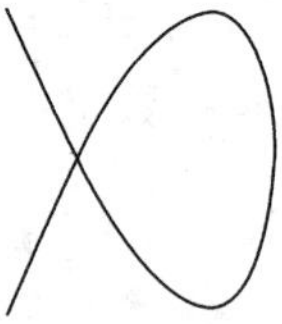	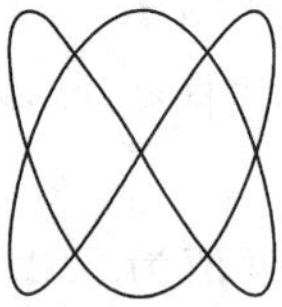	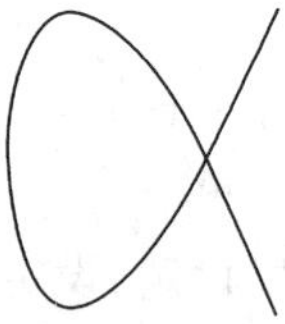	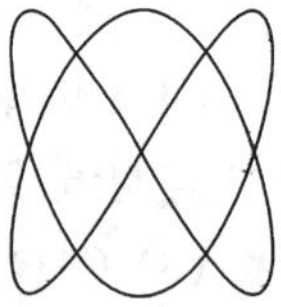

三、实验设备、部件与器件

(1) 函数信号发生器。

(2) 数字存储示波器。

(3) 万用表。

四、实验内容

(1) 从函数信号发生器输出频率分别为 50 Hz、100 Hz、500 Hz、1 kHz 等，峰-峰值分别为 0.5 V、1 V、2 V 等的正弦波信号。用示波器进行参数的测量并填入表 3-1-2 中。

(2) 整理实验数据，并进行分析。

(3) 学习使用万用表测量电阻，以及对晶体二极管和三极管极性的判别。

① 电阻阻值测量。用万用表测量所取电阻、电位器的值，分别记录数据。

② 二极管的判别。用万用表二极管测量功能判别二极管的阳极和阴极，分别记录数据。

③ 直流电压、交流电压测量。

④ 直流电流、交流电流测量。

⑤ 短路、断路判定。

表 3-1-2　用示波器进行参数测量

信号发生器输出		50 Hz	100 Hz	500 Hz	1 kHz	5 kHz	10 kHz	500 kHz	800 kHz	1 MHz
		0.5 V	1 V	1 V	2 V	2 V	3 V	4 V	5 V	6 V
示波器电压测量	电压/每格									
	格数									
	Vp-p/V									
	V(有效值)									
示波器周期测量	时间/每格									
	格数									
	周期									

五、实验报告要求

(1) 线路连接时应注意哪些问题?

(2) 如何调节示波器的扫描频率、量程等参数?

实验二　晶体管共射极单管放大器

一、实验目的

(1) 学会放大器静态工作点的调试方法，定性了解静态工作点对放大器性能的影响。
(2) 掌握放大器电压放大倍数及最大不失真输出电压的测试方法。

二、实验原理

图 3-2-1 为典型的工作点稳定的阻容耦合单管放大器实验原理图。它的偏置电路采用 R_{b1} 和 R_{b2} 组成的分压电路，并在发射极中接有电阻 R_e，以稳定放大器的静态工作点。当在放大器的输入端输入信号 u_i 后，在放大器的输出端便可得到一个与 u_i 相位相反、幅值被放大了的输出信号 u_o，从而实现了电压放大。

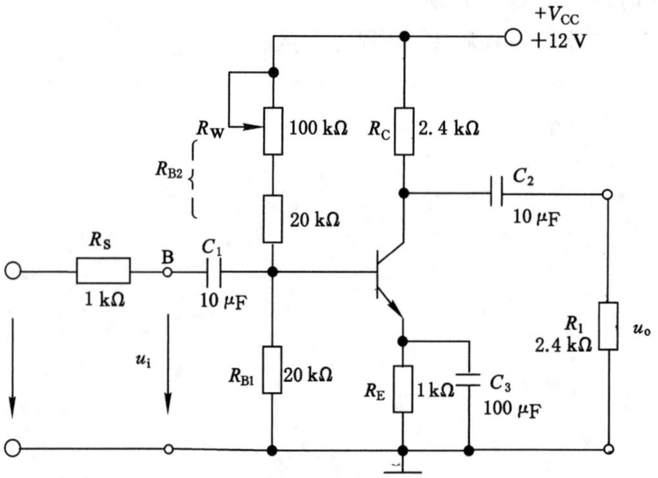

图 3-2-1　共射极单管放大器实验电路

在图 3-2-1 所示电路中，静态工作点可用下式估算

$$U_B \approx \frac{R_{B1}}{R_{B1}+R_{B2}}V_{CC}$$

$$I_E = \frac{U_B - U_{BE}}{R_E} \approx I_C$$

$$U_{CE} = V_{CC} - I_C(R_C + R_E)$$

电压放大倍数

$$A_V = -\beta \frac{R_C \ /\!/ \ R_1}{r_{BE}}$$

放大器的测量和调试一般包括：放大器静态工作点的测量与调试，消除干扰与自激振荡及放大器各项动态参数的测量与调试等。

（一）放大器静态工作点的测量与调试

1. 静态工作点的测量

测量放大器的静态工作点，应在输入信号 $u_i=0$ 的情况下进行，即将放大器输入端与地端短接，然后选用量程合适的直流毫安表和直流电压表，分别测量晶体管的集电极电流 I_C，及各电极对地的电位 U_B、U_C 和 U_E。实验中为了避免断开集电极，通常采用测量电压，然后算出 I_C 的方法。例如，只要测出 U_E，即可用 $I_C \approx I_E = \frac{U_E}{R_E}$ 算出 I_C（也可根据 $I_C = \frac{V_{CC} - U_C}{R_C}$，由 U_C 确定 I_C），同时也能算出 $U_{BE} = U_B - U_E$，$U_{CE} = U_C - U_E$。为了减小误差，提高测量精度，应选用内阻较高的直流电压表。

2. 静态工作点的调试

静态工作点是否合适，对放大器的性能和输出波形都有很大影响。如工作点偏高，放大器在加入交流信号以后易产生饱和失真，此时 u_o 的负半周将被削底，如图 3-2-2(a)所示；如工作点偏低则易产生截止失真，即 u_o 的正半周被缩顶（一般截止失真不如饱和失真明显），如图 3-2-2(b)所示。这些情况都不符合不失真放大的要求。所以在选定工作点以后还必须进行动态调试，即在放大器的输入端加入一定的 u_i，检查输出电压 u_o 的大小和波形是否满足要求。如不满足，则应调节静态工作点的位置。

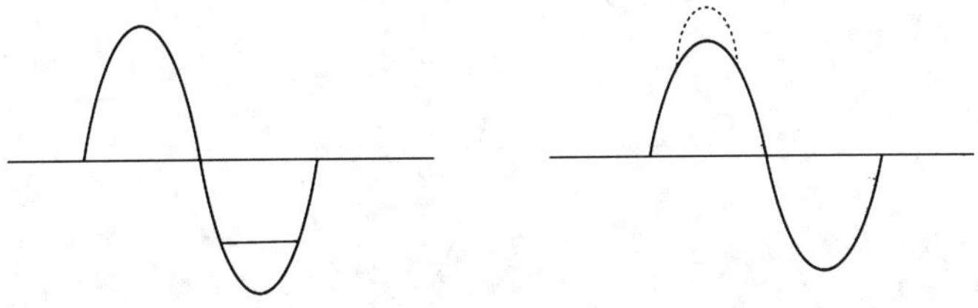

(a)　　　　(b)

图 3-2-2　静态工作点对 u_o 波形失真的影响

电源电压 V_{CC} 和电路参数 R_C、R_B（R_{B1}、R_{B2}）都会引起静态工作点的变化，如图 3-2-3 所示。但通常多采用调节偏置电阻 R_{B2} 的方法来改变静态工作点，如减小 R_{B2}，则可使静态工作点提高等。

最后还要说明的是，上面所说的工作点“偏高”或“偏低”不是绝对的，应该是相对信号的幅度而言的。如信号幅度很小，即使工作点较高或较低也不一定会出现失真。所以确切地说，产生波形失真是信号幅度与静态工作点设置配合不当所致。如需满足较大信号幅度的要求，静态工作点最好尽量靠近交流负载线的中点。

（二）放大器动态指标测试

放大器动态指标包括电压放大倍数、最大不失真输出电压（动态范围）和通频带等。

1. 电压放大倍数 A_V 的测量

调整放大器到合适的静态工作点，然后加入输入电压 u_i，在输出电压 u_o 不失真的情况

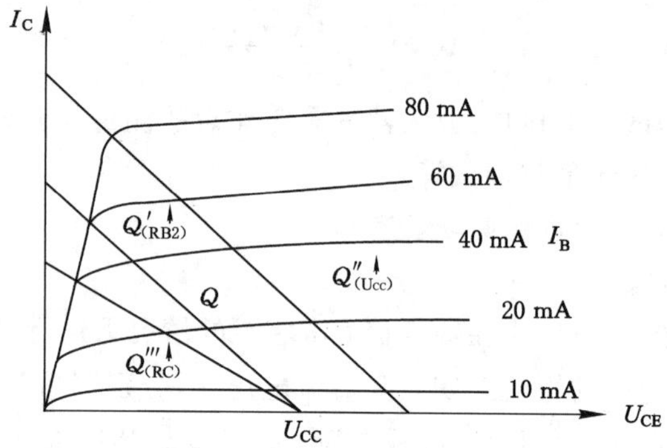

图 3-2-3 电路参数对静态工作点的影响

下，用交流毫伏表或示波器测出有效值 U_i 和 U_o，则 $A_V=\dfrac{U_o}{U_i}$。

2. 最大不失真输出电压 U_{PP} 的测量(最大动态范围)

如上所述，为了得到最大动态范围，应将静态工作点调在交流负载线的中点。为此在放大器正常工作情况下，逐步增大输入信号的幅度，并同时调节 R_W(改变静态工作点)，用示波器观察 u_o，当输出波形同时出现削底和缩顶现象(图 3-2-4)时，说明静态工作点已调在交流负载线的中点。然后调整输入信号，使波形输出幅度最大且无明显失真时，用交流毫伏表或示波器测出 U_o(有效值)，则动态范围等于 $2\sqrt{2}U_o$，或用示波器直接读出 U_{PP} 来。

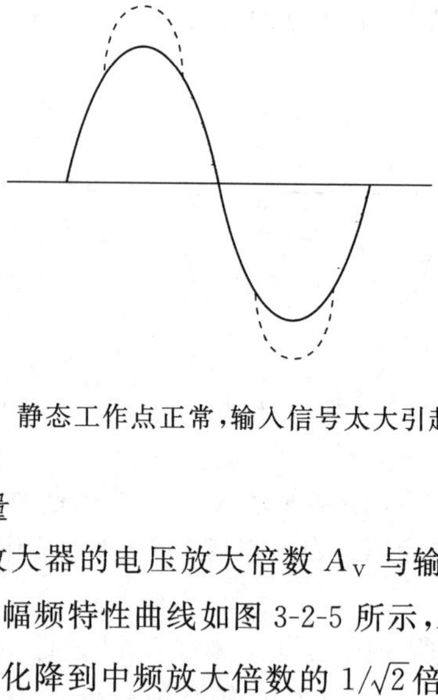

图 3-2-4 静态工作点正常，输入信号太大引起的失真

3. 放大器频率特性的测量

放大器的频率特性是指放大器的电压放大倍数 A_V 与输入信号频率 f 之间的关系曲线。单管阻容耦合放大电路的幅频特性曲线如图 3-2-5 所示，A_{Vm} 为中频电压放大倍数，通常规定电压放大倍数随频率变化降到中频放大倍数的 $1/\sqrt{2}$ 倍，即 $0.707A_{Vm}$ 所对应的频率分别称为下限频率 f_L 和上限频率 f_H，则通频带为

$$f_{BW}=f_H-f_L$$

放大器的幅频特性就是测量不同频率信号时的电压放大倍数 A_V。为此可采用前述测量 A_V 的方法，每改变一个信号频率，测量其相应的电压放大倍数。测量时应注意取点要恰当，在低频段与高频段应多测几点，在中频段可以少测几点。此外，在改变频率时，要保持输入信号的幅度不变，且输出波形不得失真。

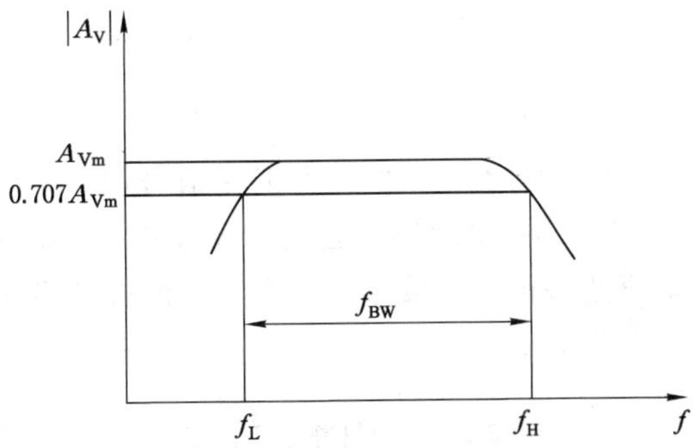

图 3-2-5　幅频特性曲线图

常用三极管的引脚排列如图 3-2-6 所示。

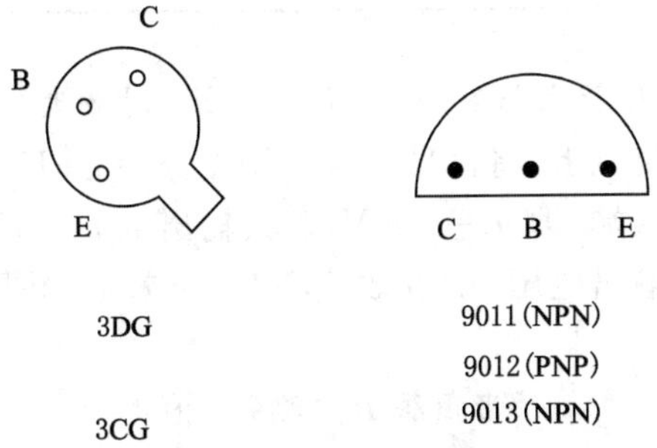

图 3-2-6　常用三极管的引脚排列

三、实验设备、部件与器件

本实验所需设备、部件与器件如表 3-2-1 所示。

表 3-2-1　实验所需设备、部件、器件一览表

名称	数量	型号或规格
多功能交直流电源	1 台	30221095
函数信号发生器	1 台	学校自备
示波器	1 台	学校自备
晶体管毫伏表	1 只	学校自备
万用表	1 只	学校自备
电阻		
电位器	1 只	100 kΩ * 1
电容	3 只	10 μF/15 V * 2,100 μF
三极管	1 只	9013 * 1
短接桥和连接导线	若干	P8-1 和 50148
实验用 9 孔插件方板		297 mm×300 mm

四、实验内容

（一）测量静态工作点

连接电路，将函数信号发生器的输出调节为正弦信号，幅值为有效值 5 mV，频率为 1 kHz；并将其接入放大电路输入端；将示波器通道 1 接入电路输出端。调节电位器 R_{B2}，观察输出波形，令输出波形幅值达到最大且波形未失真，此时，去除输入信号，用直流电压表测量晶体管的静态工作点，记入表 3-2-2。

表 3-2-2　测量静态工作点

测量值			计算值			
U_C	U_B	U_E	I_B	I_C	U_{CE}	β

（二）测量放大器的电压放大倍数，观察 R_{C1} 和 R_L 对放大倍数的影响

在测量静态工作点的基础上，将信号发生器调至 $f=1$ kHz、输出为有效值 5 mV。随后接入单级放大电路的输入端，即 $u_i=5$ mV，观察输出端 u_o 的波形，并在不失真的情况下分两种情况用示波器测量输出电压 U_o'有效值和 U_o 有效值，并用双踪示波器观察 u_o 和 u_i 的相位关系：

$$\begin{cases}\text{带负载 } R_L\text{，测 } U_o' \text{ 值}\\ \text{不带负载 } R_L\text{，测 } U_o \text{ 值}\end{cases}$$

再将 R_{C1} 放在 2.4 kΩ 位置，仍分以上两种情况测取输出电压 U_o'和 U_o 值，并将所有测量结果记入表 3-2-3 中。

表 3-2-3　测量电压放大倍数

R_{C1}		测量值			计算值	
		U_i	U_o	U_o'	A_V	A_V'
5.1 kΩ	$R_L=\infty$			×		×
	$R_L=2.4$ kΩ		×		×	
2.4 kΩ	$R_L=\infty$			×		×
	$R_L=2.4$ kΩ		×		×	

采用下式求取其电压放大倍数

带负载 R_L 时

$$A_V'=\frac{U_o'}{U_i}$$

不带负载 R_L 时

$$A_V=\frac{U_o}{U_i}$$

（三）观察静态基极电流对放大器输出电压波形的影响

保持输入信号不变，分别增大和减小 R_{W1}，使波形出现失真，绘出 u_o 的波形，并测出失

真情况下的 U_{CE} 值，记入表 3-2-4 中。测 U_{CE} 值时都要将信号源的输出旋钮旋至零（或者去掉输入信号）。

表 3-2-4　静态基极电流对放大器输出电压波形的影响

U_{CE}/V	u_o 波形	失真情况	管子工作状态

（四）测量最大不失真输出电压

同时调节输入信号的幅度和电位器 R_{W1}，用示波器测量输出波形幅值达到最大而且波形未失真时输入信号有效值大小 U_i，输出电压峰峰值 U_{PP} 及有效值 U_o 值，记入表 3-2-5。

表 3-2-5　测量最大不失真输出电压

U_i/mV	U_o/V	U_{PP}/V

（五）测量幅频特性曲线

保持输入信号 u_i（B 点输入）的幅度不变，改变信号源频率 f，逐点测出相应的输出电压 u_o，记入表 3-2-6。画出幅频特性曲线。

表 3-2-6　测量幅频特性

u_i/mV	5											
f/Hz	100	200	500	1 k	2 k	5 k	10 k	20 k	50 k	200 k	500 k	1 M
u_o/V												
$Av=U_o/U_i$												

五、实验报告

（1）总结静态工作点对放大器放大倍数的影响。

（2）讨论静态工作点变化对放大器输出波形的影响。

（3）当调节偏置电阻 R_{w1}，使放大器输出波形出现饱和或截止失真时，晶体管的管压降 U_{CE} 怎样变化？

实验三　两极电压串联负反馈放大电路

一、实验目的

(1) 加深理解负反馈放大电路的工作原理及负反馈对放大电路性能的影响。

(2) 掌握负反馈放大电路性能的测量与调试方法。

(3) 进一步掌握多级放大电路静态工作点的调试方法。

二、实验原理

负反馈在电子电路中有着广泛的应用。虽然它使放大器的放大倍数降低,但能在多方面改善放大器的动态参数,如稳定放大倍数,改变输入、输出电阻,减小非线性失真和展宽通频带等。因此,几乎所有的实用放大器都带有负反馈。

负反馈放大器有四种组态,即电压串联、电压并联、电流串联、电流并联。本实验以电压串联负反馈为例,分析负反馈对放大器各项性能指标的影响。

(1) 闭环电压放大倍数 A_{Vf}:

$$A_{Vf}=\frac{A_V}{1+A_VF_V}$$

式中　$A_V=U_o/U_i$——基本放大器(无反馈)的电压放大倍数,即开环电压放大倍数;

$1+A_VF_V$——反馈深度,它的大小决定了负反馈对放大器性能改善的程度。

(2) 反馈系数:

$$F_V=\frac{R_{f1}}{R_f+R_{f1}}$$

实验电路为阻容耦合的两级放大电路,如图 3-3-1 所示。在电路中通过 R_f 把输出的电压 u_o 引回到输入端,加在晶体管 VT_1 的发射极上,在发射极电阻上形成反馈电压 u_f。根据反馈的判断法可知,它属于电压串联负反馈。其中:$R_{F1}=1\ k\Omega$,$R_W=150\ k\Omega$,$C_1=10\ \mu F$,$C_2=C_3=0.47\ \mu F$,$C_{E1}=C_{E2}=47\ \mu F$,$R_{E1}'=R_{E2}'=10\ \Omega$,$R_{F2}=51\ \Omega$,$R_{C1}=R_{E1}''=120\ \Omega$,$R_{C2}=R_s=R_{E2}''=470\ \Omega$,$R_{B22}=1\ k\Omega$,$R_{B21}=1.5\ k\Omega$,$R_{B1}=10\ k\Omega$,$VT_1$ 与 VT_2 的型号均为 9013($\beta=160\sim200$),外接电阻 $R_L=2\ k\Omega$。

引入负反馈的放大电路,其性能可以得到改善。

三、实验步骤

(一) 接线

按照电路原理图选用“ST2002 反馈放大电路”模块,熟悉元件安装位置后,开始接线:一根连接多功能交直流电源的+12 V 和电路图中的+12 V 端。一根连接稳压电源负端和

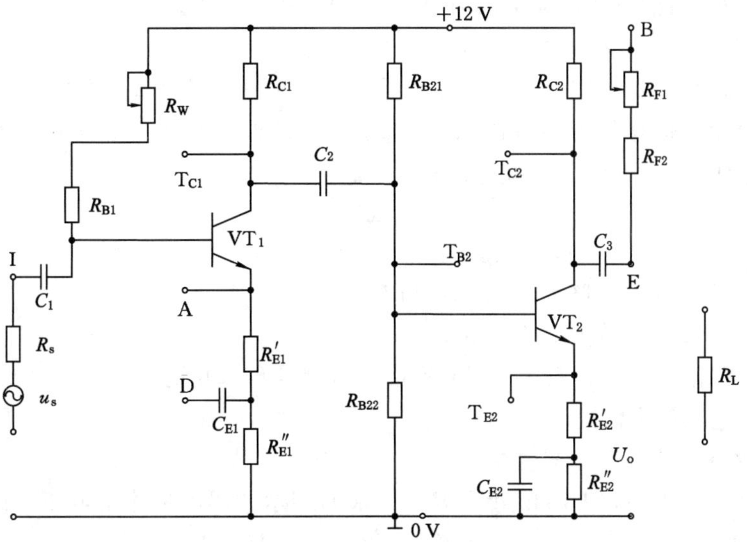

图 3-3-1　电压串联负反馈实验电路图

电路图中的 0 V 端。线路经检查无误后,方可闭合电源开关。

（二）测定静态工作点

将电路 D 端接地,AB 不连线,R_W 调到中间合适位置,使幅值最大而且没有失真。输入端接入信号源,令 $U_I=20$ mV,$f=1$ kHz,调 R_W 使输出电压 u_o 为最大不失真(U_i 尽量最大,也可增大输入信号)正弦波后,撤出信号源,输入端(I)接地,用万用表测量表 3-3-1 中各直流电位(对地)。

表 3-3-1　测定静态工作点

测量项目	U_{E1}	U_{C1}	U_{B2}	U_{E2}	U_{C2}
测量数据					

（三）测量基本放大电路的性能

将 D 端接地,A、B 不连接(即无负反馈的情况),R_{F1} 调到中间位置。

1. 测量基本放大电路的放大倍数 A_V

令 $U_I=20$ mV,$f=1$ kHz,不接 R_L,用毫伏表/示波器测量 U_o 记入表 3-3-2,并用公式 $A_V=U_o/U_i$ 求取电压放大倍数 A_V。

2. 测量基本放大电路的输出电阻 r_o

仍令 $U_i=20$ mV,$f=1$ kHz,接入负载电阻 $R_L=2$ kΩ,测输出电压 U_o' 并记入表 3-3-2,则

$$r_o=\frac{U_o-U_o'}{U_o'}R_L=\left(\frac{U_o}{U_o'}-1\right)R_L$$

式中　U_o——未接负载电阻 R_L 时的输出电压;

　　　U_o'——接负载电阻 R_L 后的输出电压。

设接负载 R_L 后的电压放大倍数为 A_V'，则 $A_V'=U_o'/U_I$。

3. 测量基本放大电路的输入电阻 r_i

在电路的输入端接入 $R_s=470\ \Omega$，把信号发生器的两端接在 u_s 两端，加大信号源电压，使放大电路的输入信号仍为 20 mV(即用毫伏表或示波器测 I 端和接地端的电压仍为 20 mV)，测量此时信号源电压 U_s，并记入表 3-3-2，则

$$r_i=\frac{U_i}{U_s-U_i}R_s$$

(四) 测定反馈放大电路的性能(AB 相连)

1. 测量反馈放大电路的放大倍数 A_{Vf}

与上同，令 $U_i=20\ \text{mV}$，$f=1\ \text{kHz}$，不接 R_L，测量 U_{of}，并记入表 3-3-2 中，并用公式 $A_{Vf}=U_{of}/U_i$ 求取电压放大倍数 A_{Vf}。

2. 测量反馈放大电路输出电阻 r_{of}

仍令 $U_i=20\ \text{mV}$，$f=1\ \text{kHz}$ 接入 $R_L=2\ \text{k}\Omega$，用示波器测量输出电压 U_{of}' 记入表 3-3-2 中，并用公式 $r_{of}=(U_{of}/U_{Of}'-1)R_L$ 计算 r_{of}，用 $U_{Af}'=U_{of}'/U_i$ 求取 A_{Vf}'。

3. 测量反馈放大电路输入电阻 r_{if}

与上同，在电路输入端接入 $R_s=470\ \Omega$，把信号发生器的两端接在 u_s 两端，加大信号源电压，使放大电路的输入信号仍为 20 mV，测量此时信号源电压 U_{sf}，并记入表 3-3-2。则

$$r_{if}=\frac{U_i}{U_{sf}-U_i}R_s$$

表 3-3-2 测定放大电路的性能

测量电路	测量项目				计算项目			
基本放大电路(无反馈)	U_i	U_o(不接 R_L)	U_O'(接 R_L)	U_s(接 R_s)	A_v(不接 R_L)	A_V'(接 R_L)	r_i	r_o
	20 mV $f=1$ kHz							
反馈放大电路(AB 连接)	V_i	U_{of}	U_{of}'	U_{sf}	A_{vf}	A_{vf}'	r_{if}'	r_o'
	20 mV $f=1$ kHz							

(五) 观察负反馈对波形失真的改善

拆下负载电阻 R_L，当 A、B 不连线时，令 U_i 值增大，从示波器上看输出电压的波形失真，将放大器未出现明显失真时的 U_i 记入表 3-3-3，然后继续增加 U_i 直至有明显失真为止。当 A、B 连线时引入负反馈，在同样大的 U_i 值下，波形则不失真。继续增加 U_i 幅度，将波形尚未出现明显失真时的输入电压值记入表 3-3-3，并与不带负反馈时做比较。

表 3-3-3 观察负反馈对波形失真的改善

无反馈	$U_i=$ mV
有反馈	$U_i=$ mV

四、实验仪器和仪表

(1) 负反馈放大电路模块 15004002。

(2) 低频信号发生器 TFG2003。

(3) 毫伏表 DF1932。

(4) 万用表 MS8222D/H。

(5) 数字存储示波器。

五、实验报告要求

(1) 根据数据分析有、无负反馈两种情况下，负载对放大倍数的影响。

(2) 结合实验总结说明电压负反馈对电压放大倍数、电压放大倍数稳定性及改善非线性失真的影响。

实验四　射极输出器

一、实验目的

(1) 掌握射极输出器的特点。

(2) 进一步学习放大器各项参数的测试方法。

(3) 了解"自举"电路在提高射极输出器输入电阻中的作用。

二、实验原理

典型射极输出器的原理电路如图 3-4-1 所示。

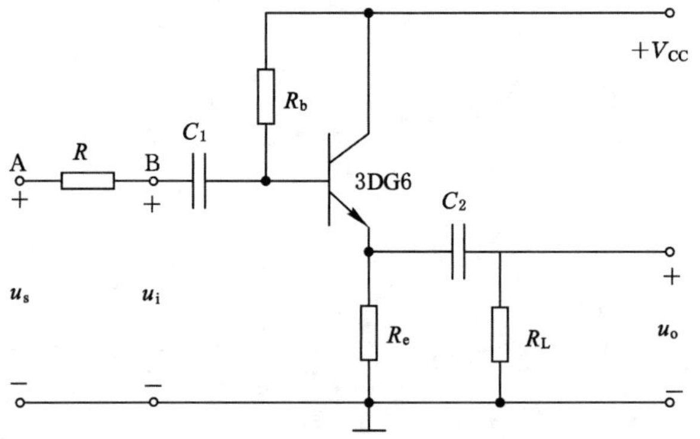

图 3-4-1　典型的射极输出器

(一) 射极输出器的特点

(1) 输出电压 u_o 与输入电压 u_i 同相。

(2) 输入电阻高。

(3) 输出电阻低。

(二) 带"自举"电路的射极输出器

引入"自举"电路可使阻值较小的基极直流偏置电阻 R_{b1} 和 R_{b2} 对信号源呈现相当大的交流输入电阻。具有"自举"电路的射极输出器如图 3-4-2 所示。

其等效电路如图 3-4-3 所示。

由图 3-4-3 可见，u_i 升高，u_o 也升高，通过 R_{b3} 使 u_b 相应抬高，即用输出电压的上升去"举高"自己的基极电压，所以称为"自举"电路。由于 u_o 与 u_i 同相，故 R_{b3} 两端的电压很小，因而流过 R_{b3} 的电流 i_R 也很小。即 R_{b3} 的分流作用大大减弱，相当于从 u_i 看进去 R_{b3} 的等效输入电阻被大大提高。

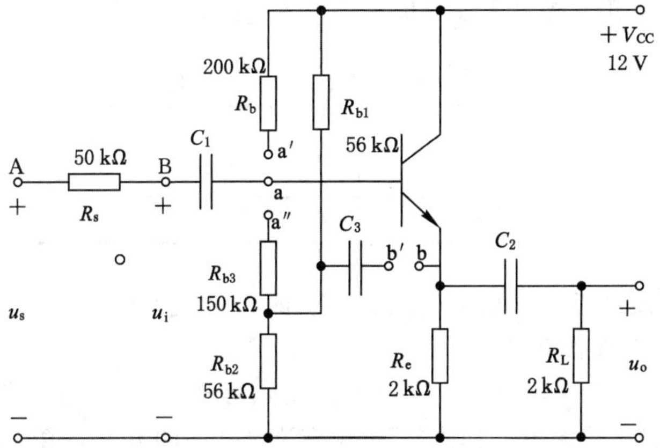

图 3-4-2　带有“自举”电路的射极输出器

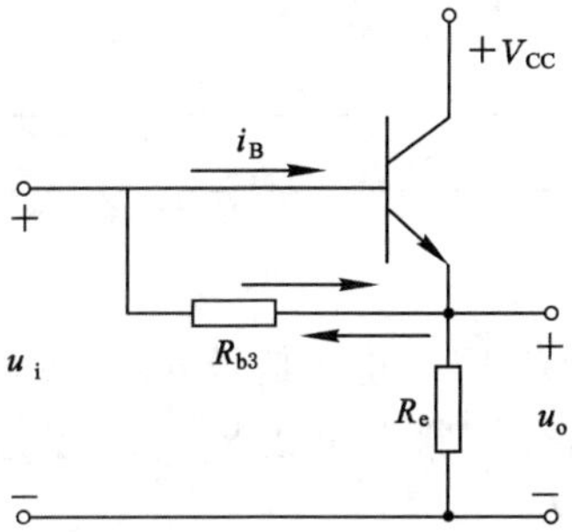

图 3-4-3　带有“自举”的射极输出器等效电路

三、实验设备、部件与器件

(1) +12 V 直流电源。

(2) 函数信号发生器。

(3) 双踪示波器。

(4) 交流毫伏表。

(5) 直流电压表。

(6) 频率计。

(7) 3DG6×1、电阻器、电容及插线若干。

四、实验内容

(一) 接线

按图 3-4-1 连接电路(该电路需学生利用实验台面板上的元件自行搭接)。注意:a 与 a′连接,b 与 b′断开,使其处于无“自举”状态。

(二) 静态工作点的调整

接通+12 V 电源,在 B 点加入 f=1 kHz 正弦信号 u_i(u_i 大于 100 mV),输出端用示波器监视,反复调整 R_W 及信号源的输出幅度,以在示波器的屏幕上得到一个最大不失真输出波形。然后置 $u_i=0$，用直流电压表测量晶体管各电极对地电位，将测得数据记入表 3-4-1。

表 3-4-1　静态工作点的调整

U_E/V	U_B/V	U_C/V	$i_E=\frac{U_E}{R_E}$/mA

在后续整个测试过程中应保持 R_W 值不变(即 i_E 不变)。

(三) 测量电压放大倍数 A_V

接入负载 $R_L=2\ \text{k}\Omega$，在 B 点加 $f=1\ \text{kHz}$ 正弦信号 u_i，调节输入信号幅度，用示波器观察输出波形 u_o，在输出最大不失真情况下，用交流毫伏表测 u_i、u_L 值。记入表 3-4-2。

表 3-4-2　测量电压放大倍数

u_i/V	u_L/V	$A_V=\frac{u_L}{u_i}$

(四) 测量输出电阻

断开负载 R_L，在 B 点加 $f=1\ \text{kHz}$ 正弦信号 u_i(幅度通常取 100 mV，下同)，用示波器监视输出波形，测空载输出电压 u_o。接上负载 $R_L=2\ \text{k}\Omega$，测出有负载时的输出电压 u_L，记入表 3-4-3。

表 3-4-3　测量输出电阻

u_o/V	u_L/V	$R_o=\left(\frac{u_o}{u_L}-1\right)R_L$/kΩ

(五) 测量输入电阻 R_i

在 A 点加 $f=1\ \text{kHz}$ 的正弦信号 u_s，使得 u_i 在 100 mV 以上，用示波器监视输出波形，用交流毫伏表分别测出 A、B 点对地的电位 u_s、u_i，记入表 3-4-4。

表 3-4-4　测量输入电阻

u_s/V	u_i/V	$R_i=\frac{u_i}{u_s-u_i}R_s$/kΩ

(六) 测有"自举"电路时的输入电阻

将 a 与 a″相连，b 与 b′相连，即引入"自举"。重新测量输入电阻 R_i'。

五、预习要求

复习射极输出器的工作原理及特点。

六、实验报告

（1）分析射极跟随器的性能和特点。

（2）整理数据并列表进行比较。

实验五　集成运算放大器的基本应用(Ⅰ)：模拟运算电路

一、实验目的

(1) 熟悉集成运算放大器主要参数的定义及表示方法。
(2) 掌握集成运算放大器的正确使用方法。
(3) 研究由集成运算放大器组成的比例、加法、减法等基本运算电路的功能。

二、实验原理

集成运算放大器是一种具有高电压放大倍数的直接耦合多级放大器。若在它的输出端和输入端之间加上反馈网络，则可实现不同的电路功能。例如，加入线性负反馈，可以实现放大功能以及加、减、微分、积分等模拟运算功能；加入非线性负反馈，可以实现对数、反对数、乘、除等模拟运算功能。

为了分析方便，通常把运算放大器（简称运放）视为理想器件，满足理想化条件的运放应具有无限大的开环电压增益、无限大的差模输入电阻、无限大的共模抑制比、无限大的开环带宽、零输出电阻以及零失调和漂移。

三、实验步骤

实验前要看清运放组件各管脚的位置，切忌正、负电源极性接反和输出端短路，否则将会损坏集成电路。

每个比例、求和运算电路实验，都应先进行以下两项：

(1) 按电路图接好线后，仔细检查，确保正确无误。将各输入端接地，接通电源，用示波器观察是否出现自激振荡。若有自激振荡，则需更换集成运放电路。

(2) 调零：各输入端仍接地，调节调零电位器，使输出电压为零（用数字电压表 200 mV 挡测量，输出电压绝对值不超过 5 mV）。

（一）反相比例放大器

实验电路如图 3-5-1 所示，μA741 的引脚图如图 3-5-2 所示。

(2) 分析图 3-5-1 所示反相比例放大器的主要特点（包括反馈类型），求出表 3-5-1 中的理论估算值。

（二）同相比例放大器

实验电路如图 3-5-3 所示。

(1) 分析图 3-5-3 所示同相比例放大器的主要特点（包括反馈类型），求出表 3-5-2 中各理论估算值，并定性说明输入电阻和反馈电阻的大小。

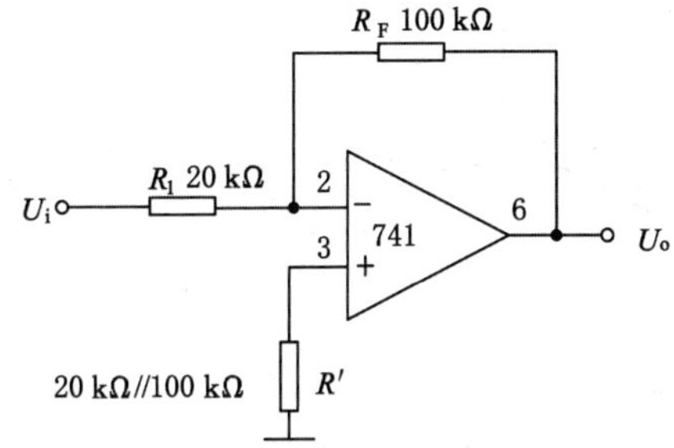

图 3-5-1 反相比例放大器

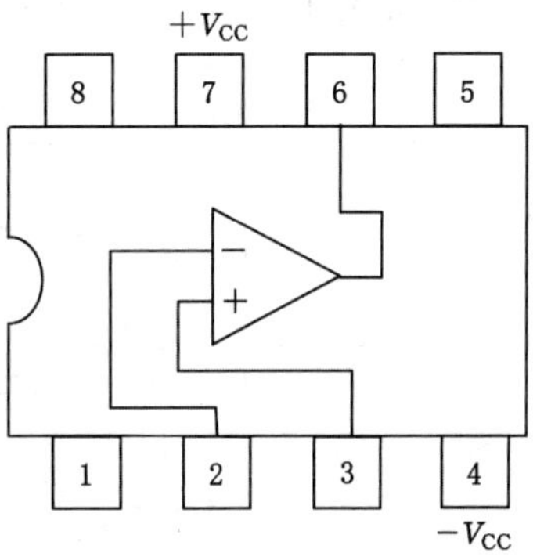

图 3-5-2 μA741 引脚图

表 3-5-1 反相比例放大器

直流输入电压 U_i/V		0.3	0.7	1
输出电压 U_o	理论估算值/V			
	实测值/V			
	误差			

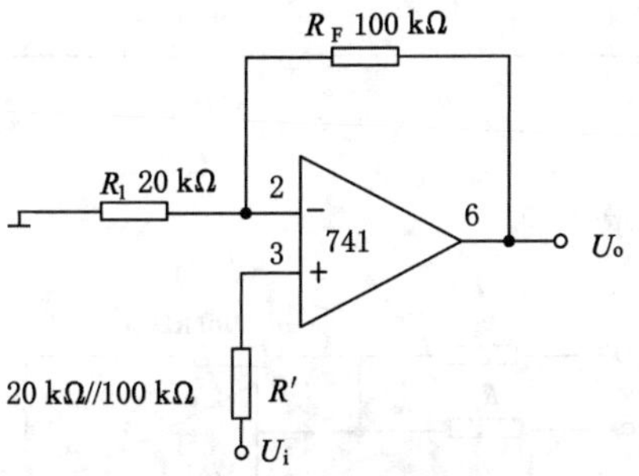

图 3-5-3 同相比例放大器

表 3-5-2 同相比例放大器

直流输入电压 U_i/V		0.3	0.7	1
输出电压 U_o	理论估算值/V			
	实测值/V			
	误差			

（三）反相求和电路

实验电路如图 3-5-4 所示。

(1) 分析图 3-5-4 所示反相求和电路的特点，并估算：

① 按静态时运放两个输入端的外接电阻应对称的要求，$-\beta\frac{R_c//R_1}{r_{be}}$的阻值应为多大？

② 设输入信号 $U_{i1}=U_{i2}=0.5$ V,$U_{i3}=U_{i4}=-0.3$ V,试求出 U_o 的理论估算值。

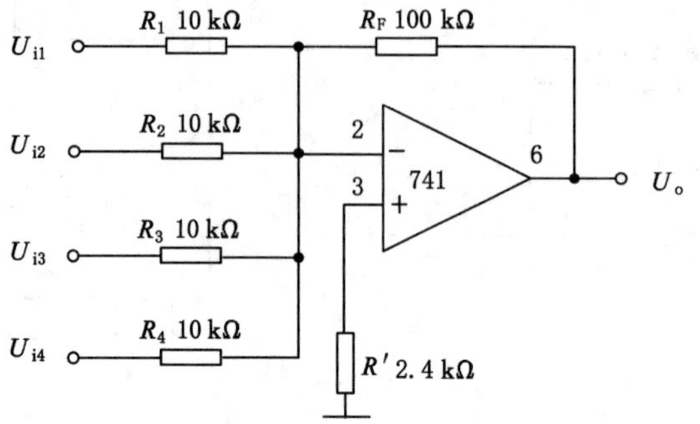

图 3-5-4　反相求和电路

(2) 测出 $U_{i1}=U_{i2}=0.5$ V,$U_{i3}=U_{i4}=-0.3$ V 时的输出电压值。

表 3-5-3　反相求和

直流输入电压 U_i/V		$U_{i1}=U_{i2}=0.5$ V	$U_{i3}=U_{i4}=-0.3$ V
输出电压 U_o	理论估算值/V		
	实测值/V		
	误差		

(四) 双端输入求和电路

实验电路如图 3-5-5 所示。

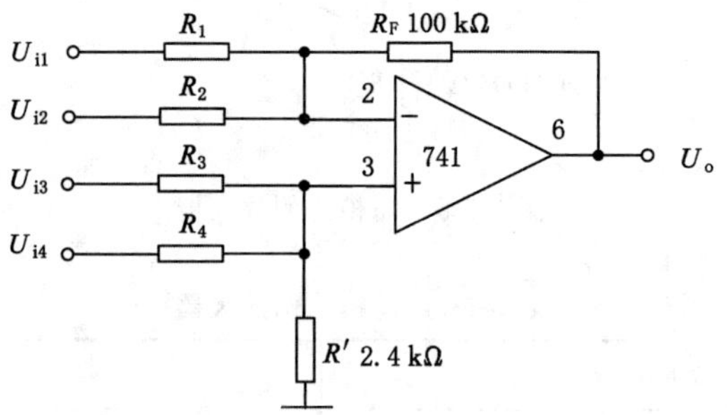

图 3-5-5　双端输入求和电路

(1) 分析图 3-5-5,估算图中电阻 R_1、R_2、R_3、R_4 和 R'的阻值,要求如下:

① 使该求和电路的输出电压与输入信号的函数关系是:

$$U_o=10(U_{i3}+U_{i4}-U_{i1}-U_{i2})$$

② $R_1//R_2//R_F=R_3//R_4//R'$。

(2) 测出 $U_{i1}=U_{i2}=0.5$ V,$U_{i3}=U_{i4}=0.7$ V 时的输出电压值。

表 3-5-4　双端输入求和

直流输入电压 U_i/V		$U_{i1}=U_{i2}=0.5$ V	$U_{i3}=U_{i4}=0.7$ V
输出电压 U_o	理论估算值/V		
	实测值/V		
	误差		

四、实验仪器和仪表

本实验所需仪器、仪表如表 3-5-5 所示。

表 3-5-5　实验所需仪器、仪表

名称	数量	型号或规格
多功能交直流电源	1 台	30221095
低频信号发生器	1 台	学校自备
示波器	1 台	学校自备
万用表	1 只	学校自备
DC 信号源	1 块	−5～+5 V
电阻	11 只	100 Ω×1　2.4 kΩ×1 10 kΩ×4　20 kΩ×2 100 kΩ×2　1 MΩ×1
集成块芯片	1 只	LM741×1
短接桥和连接导线	若干	P8-1 和 50148
实验用 9 孔插件方板		297 mm×300 mm

五、分析与讨论

(1) 分析实验中所测的值，试回答下列问题：

① 反相比例放大器和同相比例放大器的输出电阻、输入电阻各有什么特点？试用负反馈概念解释之。

② 工作在线性范围内的集成运放两个输入端的电位差是否可看作为零？为什么？

(2) 做比例、求和等运放电路实验时，不先调零行吗？为什么？

(3) 试分析图 3-5-6 所示电路能否正常工作，并简述理由。

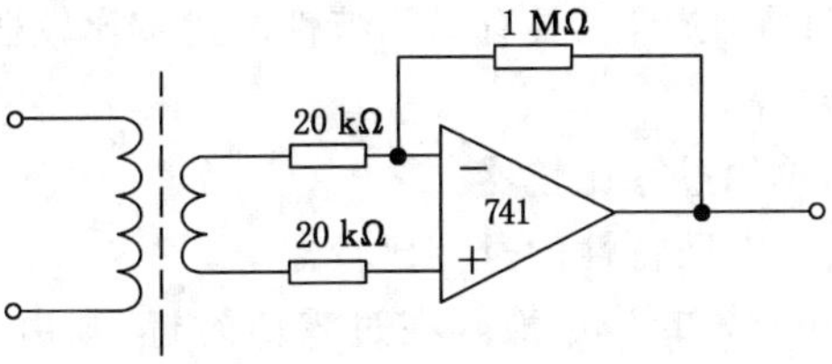

图 3-5-6

实验六　集成运算放大器的基本应用(Ⅱ):电压比较器

一、实验目的

(1) 掌握比较器的电路构成及特点。

(2) 学会测试比较器的方法。

二、实验原理

信号幅度比较就是用一个模拟电压信号去和一个参考电压相比较,在两者幅度相等的附近,输出电压将产生跃变。通常用于越限报警和波形变换等场合。此时,幅度鉴别的精确性、稳定性以及输出反应的快速性是主要的技术指标。

图 3-6-1 所示为一最简单的过零电压比较器,U_R 为参考电压,加在运放的同相输入端,电压 U_i 加在反相输入端。

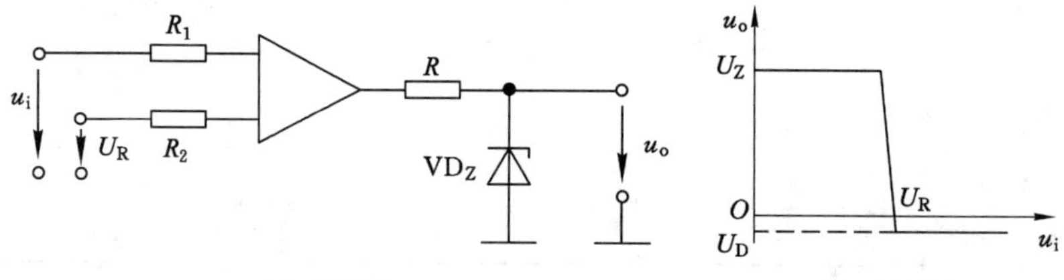

(a) 电路图　　(b) 传输特性

图 3-6-1　过零电压比较器

当 $u_i < U_R$ 时,运放输出高电平,输出端电位被箝位在稳压管的稳定电压 U_Z,即 $u_o = U_z$。

当 $u_i > U_R$ 时,运放输出低电平,VD_Z 正向导通,输出端电位等于其正向压降 U_D,即 $u_o = U_D$。

因此,以 U_R 为界,当输入电压 u_i 变化时,输出端反映出两种状态,即高电位和低电位。

表示输出电压与输入电压之间关系的特性曲线,称为传输特性。

常用的幅度比较器有过零比较器、具有滞回特性的过零比较器(又称施密特触发器)、双限比较器(又称窗口比较器)等。

(1) 图 3-6-2 所示为简单的过零比较器。

(2) 图 3-6-3 所示为具有滞回特性的过零比较器。

过零比较器在实际工作时,如果 u_i 恰好在过零值附近,则由于零点漂移的存在,u_o 将不断由一个极限值转换到另一个极限值,这在控制系统中,对执行机构将是很不利的。为此,就需要输出特性具有滞回现象。如图 3-6-3 所示,从输出端引一个电阻分压支路到同相

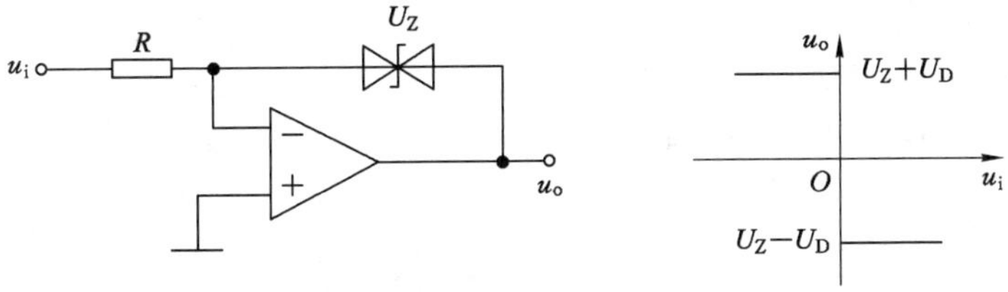

(a) 电路图　　(b) 传输特性

图 3-6-2　简单的过零比较器

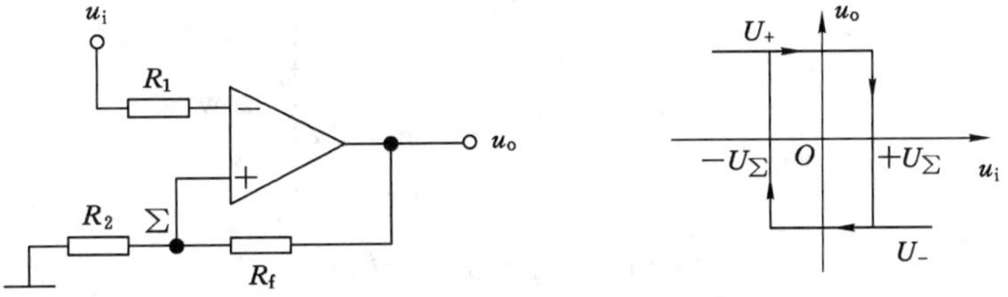

(a) 电路图　　(b) 传输特性

图 3-6-3　具有滞回特性的过零比较器

输入端，若 u_o 改变状态，Σ点也随着改变电位，使过零点离开原来的位置。当 u_o 为正（记作 U_+）时 $U_\Sigma=\frac{R_2}{R_f+R_2}U_+$，则当 $u_i>U_\Sigma$ 后，u_o 即由正变负（记作 U_-），此时 U_Σ 变为 $-U_\Sigma$。故只有当 u_i 下降到 $-U_\Sigma$ 以下时，才能使 u_o 再度回升到 U_+，于是出现图 3-6-3(b)所示的滞回特性。$-U_\Sigma$ 与 U_Σ 的差别称回差。改变 R_2 的数值可以改变回差的大小。

(3) 窗口（双限）比较器。简单的比较器仅能鉴别输入电压 u_i 比参考电压 U_R 高或低的情况，窗口比较器是由两个简单比较器组成的，如图 3-6-4 所示，它能指示出 u_i 值是否处于 U_R^+ 和 U_R^- 之间。

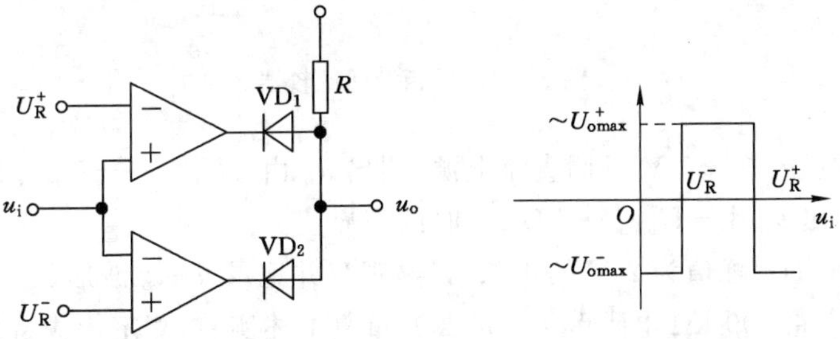

(a) 电路图　　(b) 传输特性

图 3-6-4　两个简单比较器组成的窗口比较器

三、实验设备与器件

(1) ±12 V 直流电源。

(2) 函数信号发生器。

(3) 双踪示波器。

(4) 直流电压表。

(5) 交流毫伏表。

(6) μA741×2、2DW7×1 电阻器等。

四、实验内容

(一) 过零电压比较器

实验电路如图 3-6-5 所示。

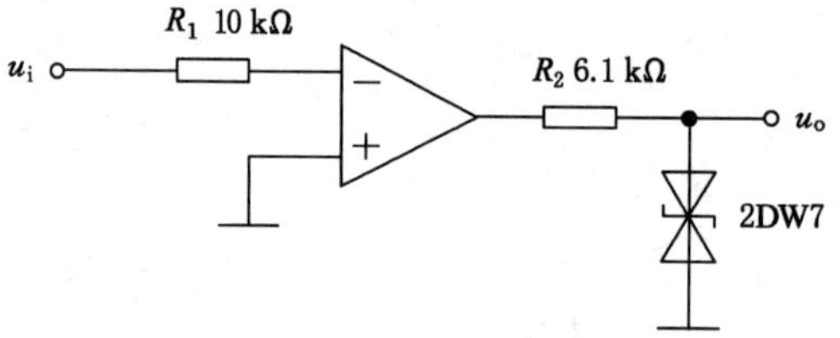

图 3-6-5　过零电压比较器

(1) 接通±12 V 电源。

(2) 测量输入端 u_i 悬空时的 u_o。

(3) u_i 输入 500 Hz、幅值为 2 V 的正弦信号,观察 u_i-u_o 的波形并记录。

(4) 改变 u_i 幅值,测量传输特性曲线。

(二) 反相滞回比较器

实验电路如图 3-6-6 所示。

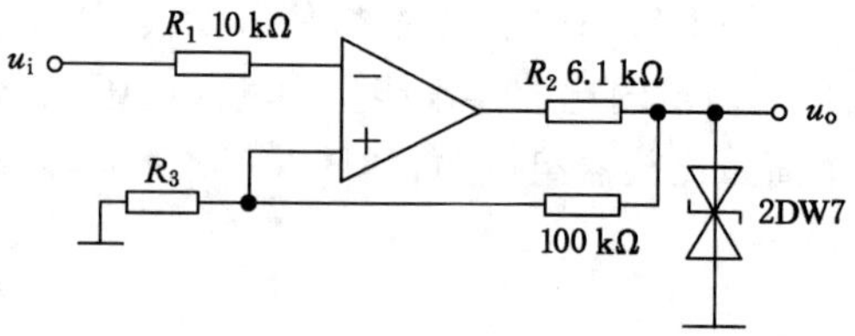

图 3-6-6　反相滞回比较器

(1) 按图接线,u_i 接+5 V 可调直流电源,测出 u_o 由 $+U_{omax}\to-U_{omax}$ 时 u_i 的临界值。

(2) 同上,测出 u_o 由 $-U_{omax}\to+U_{omax}$ 时的临界值。

(3) u_i 接 500 Hz、峰值为 2 V 的正弦信号,观察并记录 u_i-u_o 波形。

(4) 将分压支路 100 kΩ 电阻改为 200 kΩ,重复上述实验,测定传输特性。

(三) 同相滞回比较器

实验线路如图 3-6-7 所示。

(1) 参照(二),自拟实验步骤及方法。

(2) 将结果与(二)相比较。

(四) 窗口比较器

参照图 3-6-4 自拟实验步骤和方法,测定其传输特性。

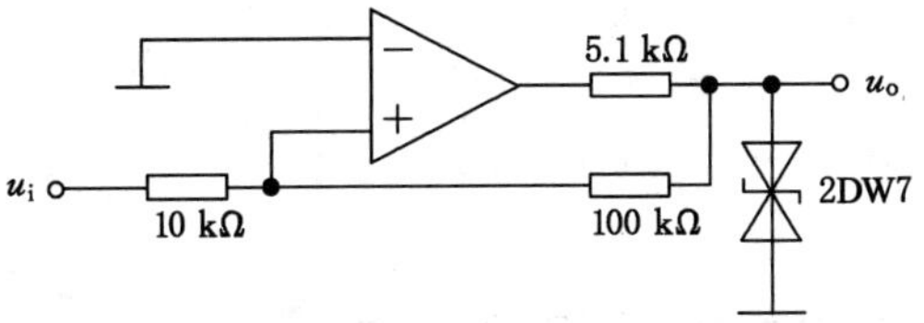

图 3-6-7　同相滞回比较器

五、实验报告

(1) 整理实验数据,绘制各类比较器的传输特性曲线。

(2) 总结几种比较器的特点,说明它们的应用。

实验七　集成运算放大器的基本应用(Ⅲ):波形发生器

一、实验目的

(1) 学会用集成运放构成方波和三角波发生器。

(2) 掌握波形发生器的调整和主要性能指标的测试方法。

二、实验原理

(一) 方波发生器

方波发生器是一种能够直接产生方波或矩形波的非正弦信号发生器。实验原理图如图 3-7-1 所示。它是在迟滞比较器的基础上,增加了一个 R_f、C_f 组成的积分电路,把输出电压经 R_f、C_f 反馈到集成运放的反相端,运放的输出端引入限流电阻 R_s 和两个背靠背的稳压管用于双向限幅。

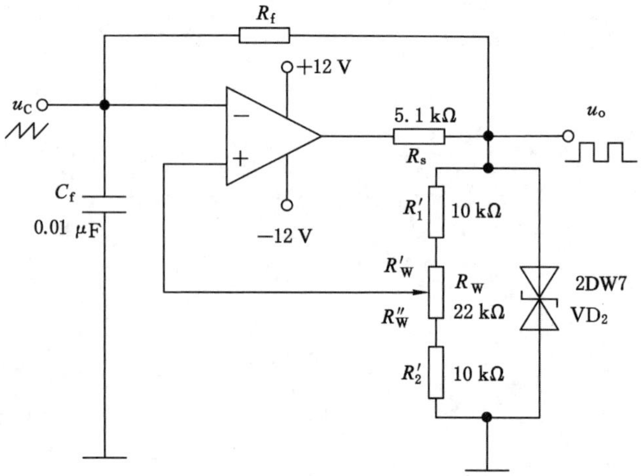

图 3-7-1　方波发生器

该电路的振荡频率为

$$f_0=\frac{1}{2R_fC_f\ln\left(1+\frac{2R_2}{R_1}\right)}$$

式中,$R_1=R_1'+R_W'$,$R_2=R_2'+R_W''$,方波输出幅值 $U_{om}=\pm U_Z$。

(二) 三角波和方波发生器

如把滞回比较器和积分器首尾相接形成正反馈闭环系统,如图 3-7-2 所示,则比较器输出的方波经积分可形成三角波，三角波又触发比较器自动翻转形成方波，这样即可构成三角波、方波发生器。由于采用运放组成的积分电路，因此可实现恒流充电，使三角波线性大大改善。

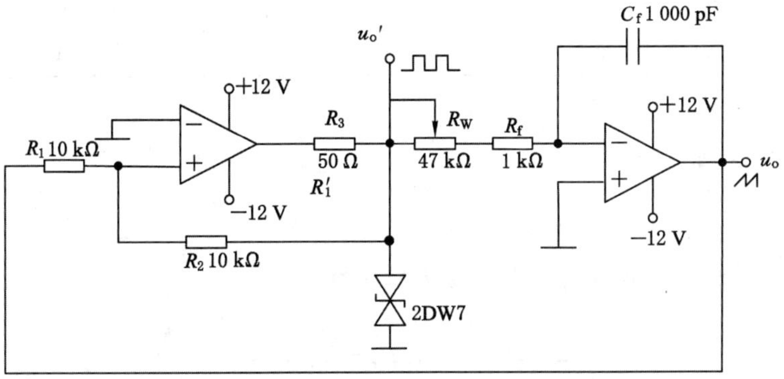

图 3-7-2　三角波、方波发生器

电路的振荡频率 $f_0=\dfrac{R_2}{4R_1(R_f+R_W)C_f}$

方波的幅值　　$U_{om}'=\pm U_Z$

三角波的幅值　$U_{om}'=\dfrac{R_1}{R_2}U_Z$

调节 R_W 可以改变振荡频率，改变比值$\dfrac{R_1}{R_2}$可调节三角波的幅值。

三、实验设备、部件与器件

本实验所需实验设备、部件与器件如表 3-7-1 所示。

表 3-7-1　实验所需实验设备、部件与器件

名称	数量	型号或规格
多功能交直流电源	1 台	30221095
低频信号发生器	1 台	学校自备
示波器	1 台	学校自备
万用表	1 只	学校自备
DC 信号源	1 块	−5～+5 V
示波器	1 台	
万用表	1 只	
电阻	4 只	2 kΩ×2　100 kΩ×2
电位器	2 只	100 kΩ×2
电容	2 只	0.01 μF×1　0.1 μF×1
集成块芯片	1 片	LM741×2 或 LM358×1
双向稳压二极管	1 只	2.5 V×1

表3-7-1(续)

名称	数量	型号或规格
二极管	2只	1N4007×2
短接桥和连接导线	若干	P8-1和50148
实验用9孔插件方板		297 mm×300 mm

四、实验内容

(一) 方波发生器

实验电路如图3-7-3所示,其中VD_Z为稳压管。

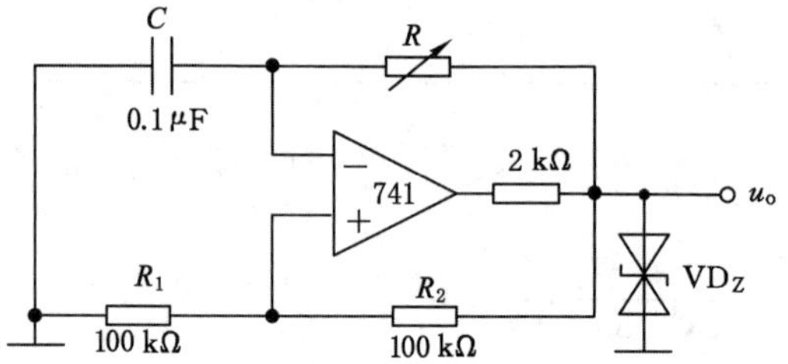

图3-7-3　方波发生器

(1) 分析图3-7-3所示电路的工作原理,试估算:

① u_o的幅值;

② 分别求出$R=10$ kΩ和$R=100$ kΩ时u_o的周期。

(2) 按实验任务自拟实验步骤,分别测出$R=10$ kΩ和$R=100$ kΩ时u_o的周期及幅值。

(二) 占空比可调的矩形波发生器

实验电路如图3-7-4所示,其中VD_Z为稳压管。

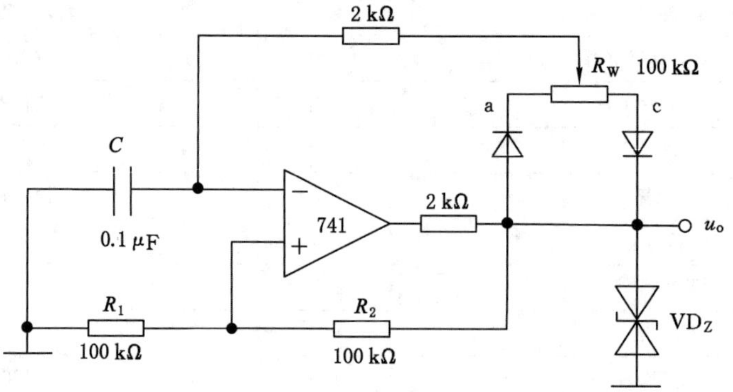

图3-7-4　矩形波发生器

(1) 将图3-7-4所示电路与图3-7-3所示方波发生器进行比较,找出它们的区别,并分别画出下面两种情况下图3-7-4所示电路u_o的波形。

① 电位器 R_W 动端与 a 点的电阻 $R_{ab}=0$。

② 电位器 R_W 动端与 c 点的电阻 $R_{bc}=0$。

(2) 按实验任务自拟实验步骤，测出图 3-7-4 所示电路 u_o 波形的下述参数：

① 幅值。

② 周期 T，并观察调整电位器 R_W 时 T 是否变化。

③ 一个周期内，u_o 大于零的时间 T_1 的可调范围。

(三) 三角波发生器

实验电路如图 3-7-5 所示，其中 VD_Z 为稳压管。

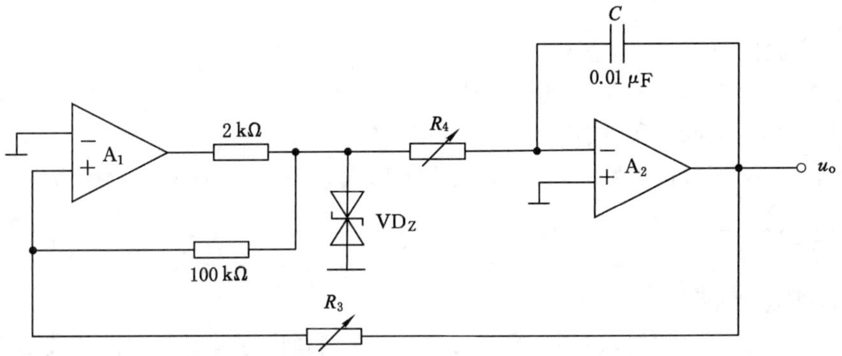

图 3-7-5　三角波发生器

(1) 分析图 3-7-5 的工作原理，弄懂下列问题：

① 运放 A_1 和 A_2 是否都工作在线性范围内？试定性画出 u_o 的波形。

② 若要求 u_o 的幅值为 ±1 V，周期时间为 1 ms，电阻 R_3 与 R_4 的阻值各应为多少？

(2) 按实验任务自拟实验步骤。

调整图 3-7-5 所示电路中的电阻 R_3 与 R_4，使输出电压的幅值为 ±6 V，周期为 8 ms，然后关断电源，测出电阻 R_3 与 R_4 的阻值。

(四) 锯齿波发生器

实验电路如图 3-7-6 所示，其中 VD_Z 为稳压管。

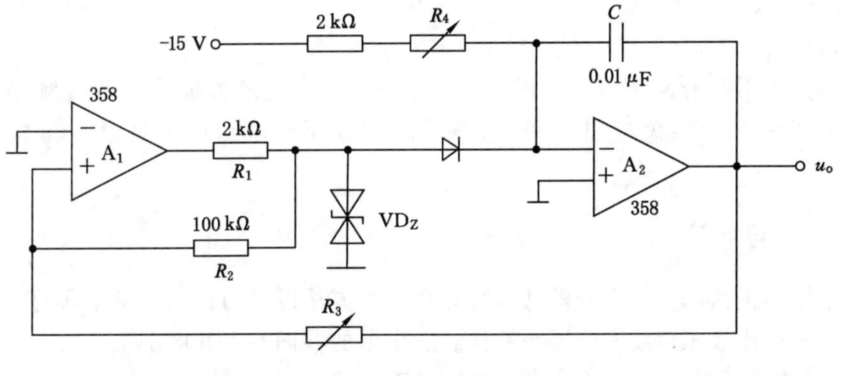

图 3-7-6　锯齿波发生器

(1) 分析图 3-7-6 电路，弄懂下列问题：

① 图中运放 A_1 和 A_2 的同相输入端与反相输入端应怎样连接该电路才能产生锯齿波形振荡？试在图中用“+、−”符号表示。

② 电容 C 的充电回路和放电回路各是什么？充电和放电的时间常数是否相同？

③ 设电阻 R_4 的阻值比 R_1 大得多，试定性画出 u_o 的波形。

④ 若将电阻 R_4 所接的电源由 −15 V 改为 +15 V，并将图中的二极管反接，u_o 的波形将如何变化？

⑤ 若希望 u_o 的波形是峰-峰值为 2 V、周期为 1 ms 的锯齿波，电阻 R_3 和 R_4 的阻值各应为多少？

(2) 按实验任务自拟实验步骤。

① 调整图 3-7-6 所示电路中的电阻 R_3 和 R_4，使 u_o 的波形是峰-峰值为 2 V、周期为 1 ms 的锯齿波，然后关断电源，测出电阻 R_3 和 R_4 的阻值。

② 将电阻 R_4 所接的电源由 −15 V 改为 +15 V，并将二极管反接，观察 u_o 的波形。

五、实验报告

(一) 方波发生器

(1) 列表整理实验数据，在同一坐标纸上，按比例画出方波和三角波的波形图(标出时间和电压幅值)。

(2) 分析 R_W 变化对 u_o 波形的幅值及频率的影响。

(3) 讨论 VD_Z 的限幅作用。

(二) 三角波和方波发生器

(1) 整理实验数据，把实测频率与理论值进行比较。

(2) 在同一坐标纸上，按比例画出三角波及方波的波形，并标明时间和电压幅值。

(3) 分析电路参数变化(R_1、R_2 和 R_W)对输出波形频率及幅值的影响。

六、预习要求

(1) 复习有关三角波及方波发生器的工作原理，并估算图 3-7-1、图 3-7-2 所示电路的振荡频率。

(2) 设计实验表格。

(3) 电路参数变化对图 3-7-1、图 3-7-2 所示电路产生的方波和三角波频率及电压幅值有什么影响？(或者：怎样改变图 3-7-1、图 3-7-2 所示电路中方波及三角波的频率及幅值？)

七、分析与讨论

(1) 小结非正弦波形发生器的共同特点和分析方法以及与正弦波发生器的区别。

(2) 试分析比较三角波发生器与锯齿波发生器的共同特点和区别。

(3) 试判断下面关于波形发生器的说法是否正确：

① 波形发生器都没有输入端。

② 波形发生器不需要调零。

③ 正弦波发生器中的运放工作在线性范围内。

④ 非正弦波发生器中至少有一只运放工作在非线性范围内。

⑤ 计算正弦波发生器的振荡频率及三角波、锯齿波发生器输出电压的峰-峰值，主要抓住工作在非线性范围的运放输出电压改变状态的临界条件。

实验八　*RC* 正弦波振荡器

一、实验目的

（1）进一步理解 *RC* 正弦波振荡器的组成及其振荡条件。

（2）学会测量、调试振荡器。

二、实验原理

RC 正弦波振荡器的主要特征是用 *R*、*C* 元件组成选频网络，主要类型有 *RC* 移相振荡器、*RC* 串并联网络振荡器、双 *T* 选频网络振荡器等，本实验主要讨论由两级放大器与 *RC* 串并联网络组成的 *RC* 振荡器和由运放与 *RC* 串并联网络组成的 *RC* 振荡器。

（一）*RC* 串并联网络振荡器（一）

实验电路如图 3-8-1 所示，该电路由选频网络（反馈网络）和两级放大电路组成。

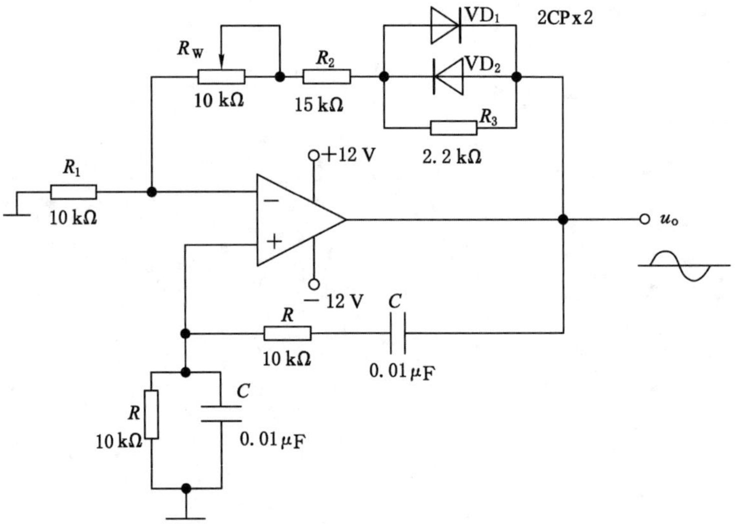

图 3-8-1　RC 桥式正弦波振荡器

振荡频率为

$$f_0=\frac{1}{2RC}$$

起振条件

$$|A|>1$$

（二）RC 串并联网络振荡器（二）

实验电路如图 3-8-1 所示，其中 RC 串、并联电路构成正反馈支路，同时兼作选频网络，R_1、R_2、R_W 及二极管等元件构成负反馈和稳幅环节。

振荡频率为

$$f_0=\frac{1}{2RC}$$

起振条件

$$\frac{R_F}{R_1}>2$$

（三）双 T 网络 RC 正弦波振荡器

实验电路如图 3-8-2 所示，具体原理请参阅相关资料。

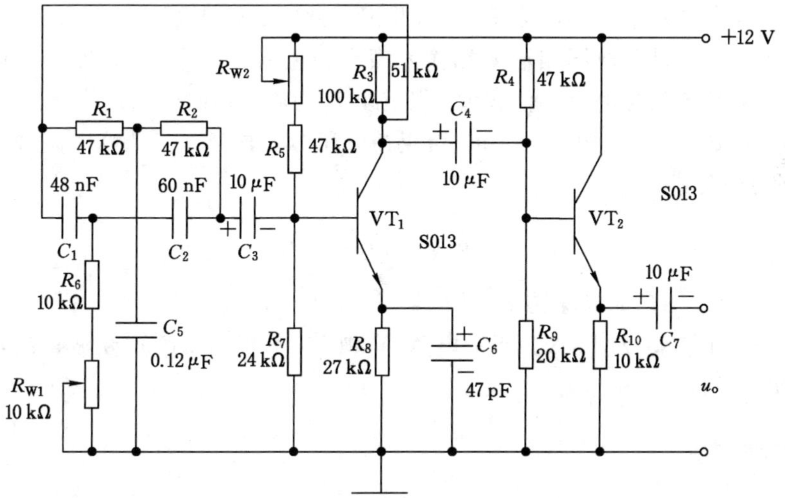

图 3-8-2　双 T 网络 RC 正弦波振荡器

三、实验设备与器件

（1）±12 V 直流电源。

（2）函数信号发生器。

（3）双踪示波器（另配）。

（4）频率计。

（5）直流电压表。

（6）3DG12×或 9013×2，μA741×1 电阻、电容、电位器等。

四、实验内容

（一）RC 串并联选频网络振荡器（一）

（1）按图 3-8-1 连接线路。

（2）接通电源，断开 RC 串并联网络，测量放大器静态工作点及电压放大倍数。

（3）接通 RC 串并联网络，并使电路起振，用示波器观测输出电压 u_o 波形，调节 R_w 获得满意的正弦信号,记录波形及其参数。

(4) 测量振荡频率,并与计算值进行比较。

(5) 改变 R 或 C 值,观察振荡频率变化情况。

(二) RC 串并联网络振荡器(二)

按图 3-8-1 在实验台面板适当位置连好线路。

(1) 接通±12 V 电源,调节电位器 R_W,使输出波形从无到有,直至正弦波出现失真。记下临界起振、正弦波输出及失真情况下的 R_W 值,分析负反馈强弱对起振条件及输出波形的影响。

(2) 调节电位器 R_W,使输出电压 u_o 幅值最大且不失真,用交流毫伏表分别测量输出电压 U_o、反馈电压 U_+ 和 U_-,分析振幅平衡条件。

(3) 用示波器或频率计测量振荡频率 f_0,并与理论值进行比较。

(4) 调节电位器 R_W,使输出为正弦波,并记下此时的输出幅度。断开正反馈网络与同相输入端的连接点。从运放同相输入端输入频率为振荡频率 f_0 的正弦信号(从函数信号发生器得到),并调节信号的大小使放大器输出幅度为原振荡时的输出幅度。用毫伏表测量放大器的输入电压 U_i,输出电压 U_o、正、负反馈电压 U_{F+} 与 U_{F-}。计算增益 A_V 及反馈系数 F_+ 与 F_-。验证公式

$$A_V=\frac{1}{F_+}=3$$

(三) 双 T 网络 RC 正弦振荡器

根据以上两个实验及图 3-8-2 所示电路,自拟“双 T 网络 RC 正弦波振荡器”的实验步骤,并记录实验数据。

五、实验报告

(1) 由给定电路参数计算振荡频率,并与实测值比较,分析误差产生的原因。

(2) 总结 RC 振荡器的特点。

六、预习要求

(1) 复习教材有关 RC 振荡器的结构与工作原理。

(2) 如何用示波器来测量振荡电路的振荡频率。

实验九　应用实验:温度监测及控制电路

一、实验目的

(1) 学习由双臂电桥和差动输入集成运放组成的桥式放大电路。

(2) 掌握滞回比较器的性能和调试应用方法。

(3) 学会系统测量和调试。

二、实验原理与说明

实验电路如图 3-9-1 所示,它是由负温度系数电阻特性的热敏电阻(NTC 元件)R_t 为一臂组成测温电桥,其输出经测量放大器放大后由滞回比较器输出加热与停止信号,经三极管放大后控制加热器加热与停止。改变滞回比较器的比较电压 U_R 即改变控温的范围,而控温的精度则由滞回比较器的滞回宽度确定。

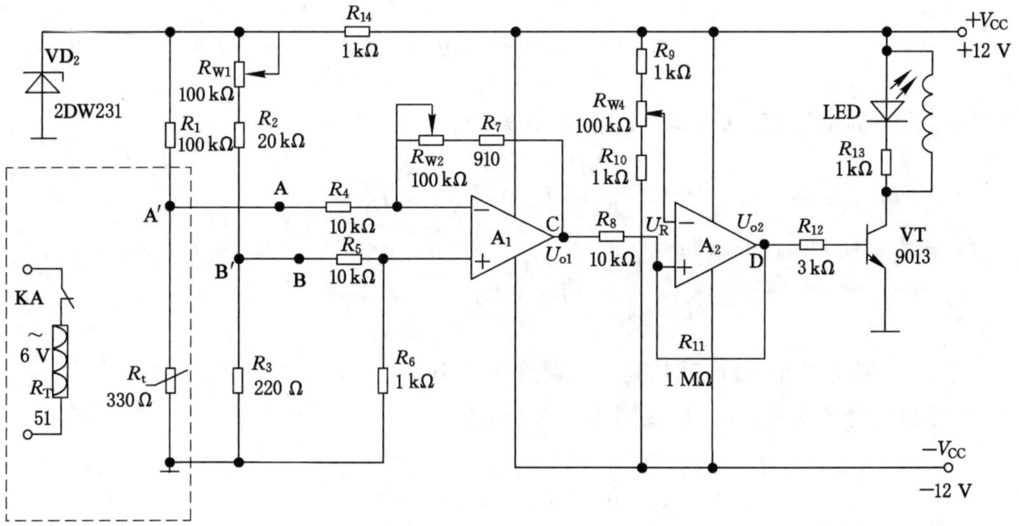

图 3-9-1　温度监测及控制电路

(一) 测温电桥

由 R_1、R_2、R_3、R_{W1} 及 R_t 组成测温电桥,其中 R_t 是温度传感器。其呈现出的阻值与温度呈线性变化关系且具有负温度系数,而温度系数又与流过它的工作电流有关。为了稳定 R_t 的工作电流,达到稳定其温度系数的目的,设置了稳压管 VD_2。R_{W1} 可决定测温电桥的平衡。

(二) 差动放大电路

由 A_1 及外围电路组成的差动放大电路,将测温电桥输出电压 ΔU 按比例放大。其输出电压为

$$U_{o1}=-(\frac{R_7+R_W}{R_4})U_A+\left(\frac{R_4+R_7+R_{W2}}{R_4}\right)\left(\frac{R_6}{R_5+R_6}\right)U_B$$

当 $R_4=R_5$、$(R_7+R_{W2})=R_6$ 时,有

$$U_{o1}=\frac{R_7+R_{W2}}{R_4}(U_B-U_A)$$

由此可见,差动放大电路的输出电压 U_{o1} 仅取决于两个输入电压之差和外部电阻的比值。

(三) 滞回比较器

差动放大器的输出电压 U_{o1} 输入由 A_2 组成的滞回比较器。

滞回比较器的单元电路如图 3-9-2 所示,设比较器输出高电平为 U_{oH},输出低电平为 U_{oL},参考电压 U_R 加在反相输入端。

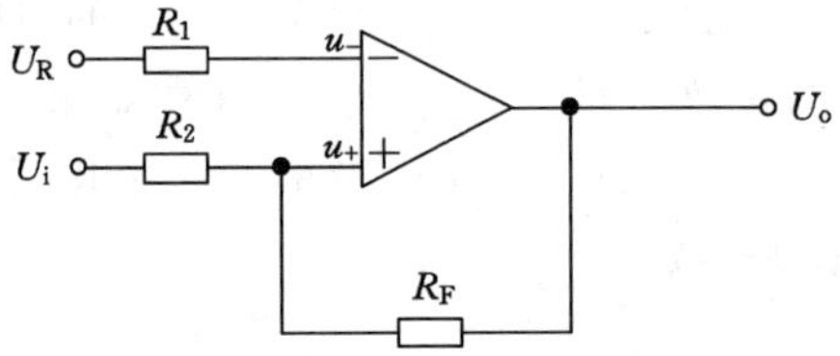

图 3-9-2 滞回比较器的单元电路

当输出为高电平 U_{oH} 时,运放同相输入端电位

$$U_{+H}=\frac{R_F}{R_2+R_F}U_i+\frac{R_2}{R_2+R_F}U_{oH}$$

U_i 减小到使 $U_{+H}=U_R$,即

$$U_i=U_{\pi}=\frac{R_2+R_F}{R_F}U_R-\frac{R_2}{R_F}U_{oH}$$

此后,U_i 稍有减小,输出就从高电平跳变为低电平。

当输出为低电平 U_{oL} 时,运放同相输入端电位为

$$U_{+L}=\frac{R_F}{R_2+R_F}U_i+\frac{R_2}{R_2+R_F}U_{oL}$$

U_i 增大到使 $U_{+L}=U_R$,即

$$U_i=U_{TH}=\frac{R_2+R_F}{R_F}U_R-\frac{R_2}{R_F}U_{oL}$$

此后,U_i 稍有增加,输出又从低电平跳变为高电平。

因此 U_{TL} 和 U_{TH} 为输出电平跳变时对应的输入电平,常称 U_{TL} 为下门限电平,U_{TH} 为上门限电平,而两者的差值

$$\Delta U_T=U_{TR}-U_{TI}=\frac{R_2}{R_F}(U_{oH}-U_{oL})$$

称为门限宽度，它们的大小可通过调节 R_2/R_F 的比值来调节。

图 3-9-3 所示为滞回比较器的电压传输特性。

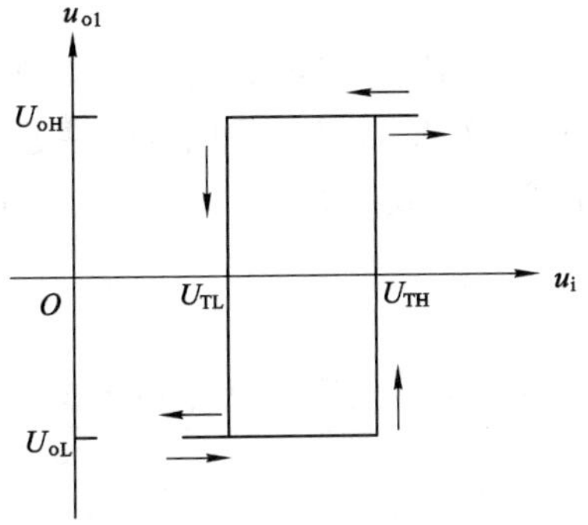

图 3-9-3　滞回比较器的电压传输特性

由上述分析可见，差动放大器输出电压 u_{o1} 经分压后经 A_2 组成的滞回比较器，与反相输入端的参考电压 U_R 相比较。当同相输入端的电压大于反相输入端的电压时，A_2 输出正饱和电压，三极管 VT 饱和导通。通过发光二极管 LED 的发光情况，可见负载的工作状态为加热。反之，当同相输入电压小于反相输入电压时，A_2 输出负饱和电压，三极管 VT 截止，LED 熄灭，负载的工作状态为停止。调节 R_{W4} 可改变参考电平，也同时调节了上下门限电平，从而达到设定温度的目的。

三、实验设备

本实验所需设备及元器件如表 3-9-1 所示。

表 3-9-1　所需实验设备

名称	数量	型号或规格
双路可调直流电源	1 台	30121046
低频信号发生器	1 台	学校自备
示波器	1 台	学校自备
交流毫伏表	1 台	学校自备
电子秒表	1 块	学校自备
万用表	1 块	学校自备
单相调压器(0～36 V)	1 台	30121058
温控电路模块	11 块	15004272
温控电路模块	21 块	15004273
短接桥和连接导线	若干	P8-1 和 50148
实验用 9 孔插件方板	1 块	300 mm×298 mm

四、实验步骤

（一）接线

将两块电路板分别接入电路中，各级之间暂不连通，分别进行调试。（测温电桥模块中的加热装置用一个 51 Ω/2 W 的电阻 R_T 模拟，将此电阻靠近 R_t 即可。实验过程中，元件排列既要紧凑，又不能相碰，尽量缩短连线，防止引入干扰。在电路调零未完成之前，不要将 R_t 加热，即在室温条件下调零。）

（二）差动放大器

差动放大电路如图 3-9-4 所示，它可实现差动比例运算。

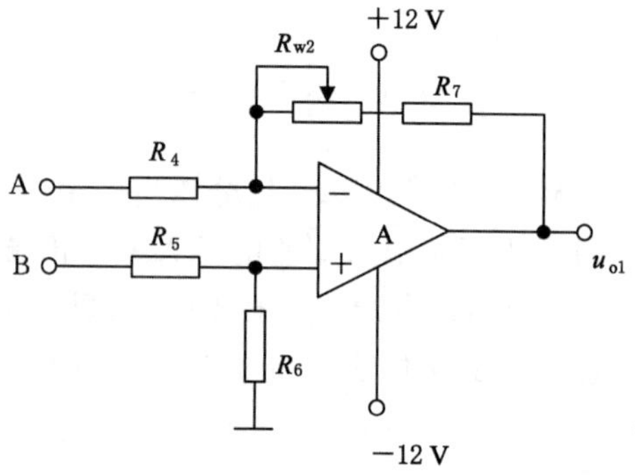

图 3-9-4　差动放大电路

本实验采用双运放 LM358 模块，故无须对芯片进行调零。从 A、B 端分别加入不同的两个直流电平。当电路中 $R_7+R_{W2}=R_6$、$R_4=R_5$ 时，其输出电压为

$$U_o=\frac{R_7+R_{W2}}{R_4}(U_B-U_A)$$

在测试时，要注意加入的输入电压不能太大，以免放大器输出进入饱和区。

将 B 点对地短路，把频率为 100 Hz、有效值为 10 mV 的正弦波加入 A 点。用示波器观察输出波形。在输出波形不失真的情况下，用交流毫伏表测出 U_i 和 U_o 的值。算得此差动放大电路的电压放大倍数 A，改变 R_{W2} 即改变差动放大电路的电压放大倍数。根据实际情况，可将放大倍数调节为 100，即令 $U_o=100U_i$。

（三）桥式测温放大电路

将差动放大电路的 A、B 端与测温电桥的 A′、B′端相连，构成一个桥式测温放大电路。

1. 在室温下使电桥平衡

在实验室室温条件下，调节 R_{W1}，使差动放大器输出 $U_{o1}=0$。

2. 温度测量

由于温度改变与电压变化之间存在较复杂的函数关系，在本次实验中无论我们以正比例还是反比例函数来替代，都是不严谨的。为使实验简便可操作，我们以加热时间（ΔT_1）的长短来代替温度上升的大小。另外，设定温度，以电压 U_R 来替代。

滞回比较器电路如图 3-9-5 所示。

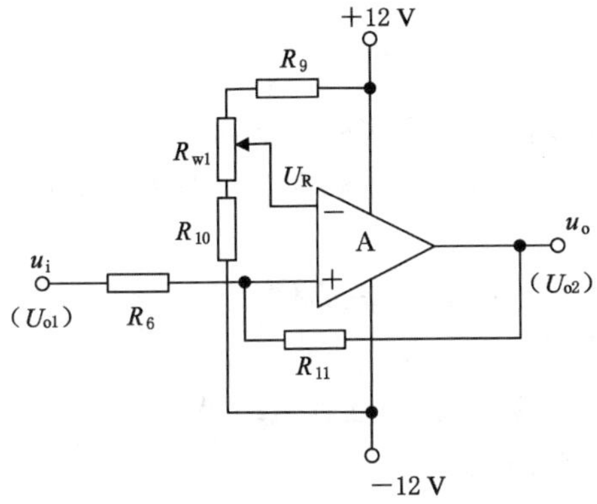

图 3-9-5　滞回比较器电路

(1) 直流法测量比较器的上下门限电平。首先确定参考电平 U_R 值。然后将可变的直流电压 U_{o1} 加入比较器的输入端，改变输入电压 U_{o1} 的值，观察发光二极管的状态并测量 U_{o2} 的值，发光二极管由灭到亮动作时的电压 U_{o2} 为下门限电平；反之即为上门限电平。测量不同 U_R 值时上下门限的电压值，将测量数据填入表 3-9-2 中。

表 3-9-2　测量比较器的上下门限电平

U_R					
U_{oH}					
U_{oL}					

(2) 检测控制电路整机工作状况。

① 按图 3-9-1 连接各级电路。注意：可调元件 R_{W1}、R_{W2} 不能随意变动。如有变动，必须重新在室温条件下进行校准。

② 用加热器升温，观察温升情况，直至报警电路动作报警(在实验电路中当 LED 发光时即为报警)，记下对应的 LED 由灭到亮的 ΔT_1 与 U_{o1}。

③ 用自然降温法使热敏电阻降温，记下电路解除时所对应的 ΔT_2 与 U_{o1}'。

④ 设定温度，我们用 U_R 来代替(U_R 值尽量确定在 1.2 V 以内，避免继电器不动作或者需要加热时间 ΔT_1 过长，实验效率降低)。

⑤ 改变 U_R，重做②、③、④、⑤的内容，把测试结果记入表 3-9-3。

表 3-9-3　检测控制电路整机工作状况

设定温度值 U_R					
ΔT_2/s					
U_{o1}'/V					
ΔT_1/s					
U_{o1}/V					

注：在测量时，应先测量 ΔT_2，再测量 ΔT_1。

五、分析和讨论

(1) 画出元件排列及布线图。整理实验数据,画出有关曲线、数据表格以及实验线路。

(2) 用方格纸画出测温放大电路设定温度值与加热时间的曲线及比较器电压传输特性曲线。

(3) 若想改变温度的控制范围应该怎么做?

(4) 实验中的故障排除情况及体会。

(5) 如果放大器不进行调零,将会引起什么结果?

(6) 如何设定温度检测控制点?

(7) 为何在继电器断开之后,测温电桥输出的电压(即温度)还要继续上升一段时间?如果想得到特定的温度,该怎么做?根据所学知识,有什么办法可以解决这个问题?

实验十　使用运算放大器组成万用电表的设计与调试

一、实验目的

(1) 设计由运算放大器组成的万用电表。

(2) 组装与调试。

二、设计要求

(1) 直流电压表:满量程±10 V。

(2) 直流电流表:满量程 1 mA。

(3) 交流电压表:满量程 10 V,50 Hz～1 kHz。

(4) 交流电流表:满量程 1 mA。

(5) 欧姆表:满量程分别为 1 kΩ,10 kΩ,100 kΩ。

三、万用电表工作原理及参考电路

在测量中,电表的接入应不影响被测电路的原工作状态,这就要求电压表应具有无穷大的输入电阻,电流表的内阻应为零。但实际上,万用电表表头的可动线圈总有一定的电阻。例如 100 μA 的表头,其内阻约为 1 kΩ,用它进行测量时将影响被测量,引起误差。此外,交流电表中的整流二极管的压降和非线性特性也会产生误差。如果在万用电表中使用运算放大器,就能大大降低这些误差,提高测量精度。在欧姆表中采用运算放大器,不仅能得到线性刻度,还能实现自动调零。

(一) 直流电压表

图 3-10-1 为同相端输入、高精度直流电压表电路原理图。

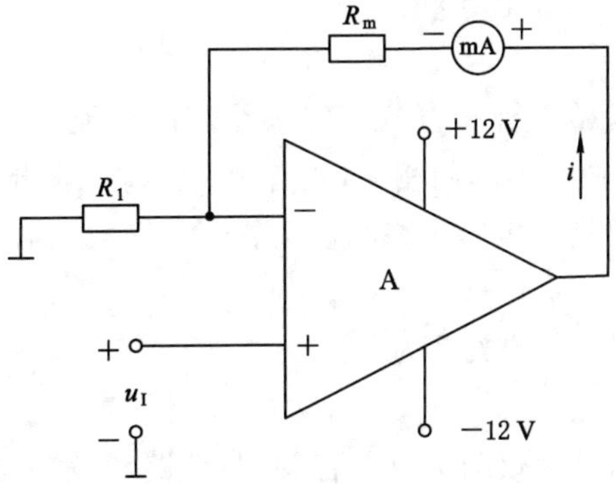

图 3-10-1　直流电压表电路

为了减小表头参数对测量精度的影响，将表头置于运算放大器的反馈回路中。这时，流经表头的电流与表头的参数无关，只要改变 R_1，就可进行量程的切换。

表头电流 i 与被测电压 u_I 的关系为

$$I=\frac{1}{R_1}u_I$$

应当指出：图 3-10-1 适用于测量电路与运算放大器共地的有关电路。此外，当被测电压较高时，在运放的输入端应设置衰减器。

（二）直流电流表

图 3-10-2 是浮地直流电流表的电原理图。在电流测量中，浮地电流的测量是普遍存在的。例如，被测电流无接地点就属于这种情况。为此，应把运算放大器的电源也对地浮动。按此种方式构成的电流表就可像常规电流表那样，串联在任何电流通路中测量电流。

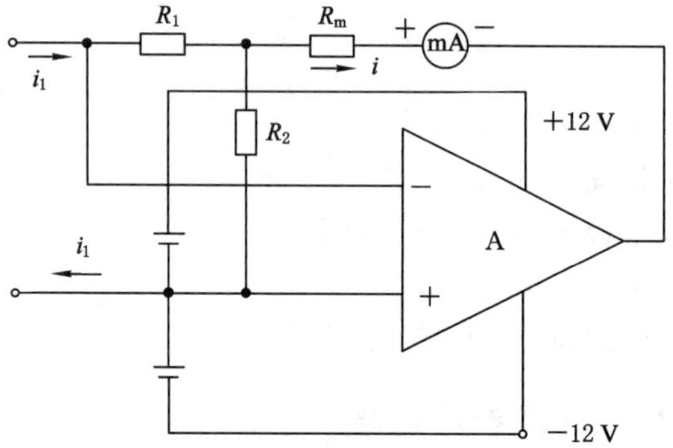

图 3-10-2　直流电流表电路

表头电流 i 与被测电流 i_1 间关系为

$$-i_1R_1=(i_1-i)R_2$$

则

$$i=(-i+\frac{R_1}{R_2})i_1$$

可见，改变电阻比（R_1/R_2），可调节流过电流表的电流，以提高灵敏度。如果被测电流较大时，应给电流表表头并联分流电阻。

（三）交流电压表

由运算放大器、二极管整流桥和直流毫安表组成的交流电压表电路如图 3-10-3 所示。被测交流电压u_I 加到运算放大器的同相端，故有很高的输入阻抗。又因为负反馈能减小反馈回路中的非线性影响，故把二极管桥路和表头置于运算放大器的反馈回路中，以减小二极管本身非线性的影响。

表头电流 i 与被测电压 u_I 的关系为

$$i=u_I/R_1$$

电流 i 全部流过桥路，其值仅与u_I/R_1 有关，与桥路和表头参数（如二极管的死区等非线性参数）无关。表头中电流与被测电压u_I 的全波整流平均值成正比，若u_I 为正弦波，则表头可按有效值来刻度。被测电压的上限频率决定于运算放大器的频带和上升速率。

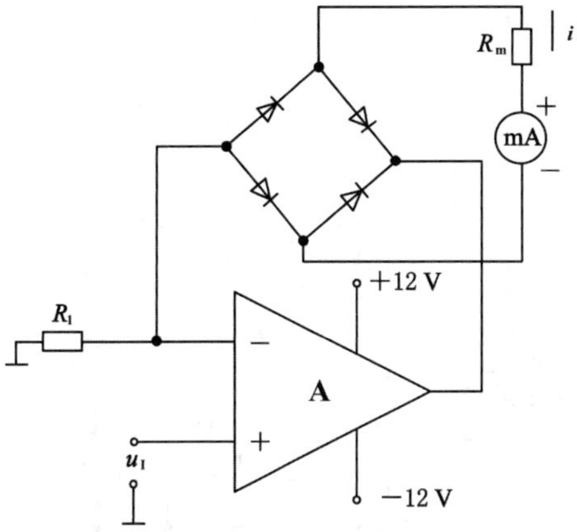

图 3-10-3　交流电压表电路

（四）交流电流表

图 3-10-4 所示为浮地交流电流表电路，表头读数由被测交流电流 i 的全波整流平均值 I_{1AV} 决定，即

$$i=(1+\frac{R_1}{R_2})I_{1AV}$$

如果被测电流 i 是正弦电流，即

$$i_1=\sqrt{2}I_1\sin\omega t$$

则上式可写为

$$i=0.9(1+\frac{R_1}{R_2})R_1$$

故表头可按有效值来刻度。

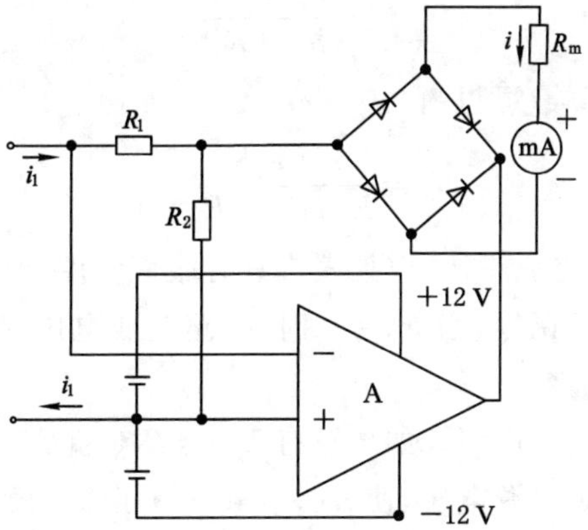

图 3-10-4　交流电流表电路

（五）欧姆表

图 3-10-5 所示为多量程的欧姆表电路。

在此电路中，运算放大器改由单电源供电，被测电阻R_X 跨接在运算放大器的反馈回路中，同相端加基准电压U_{REF}。

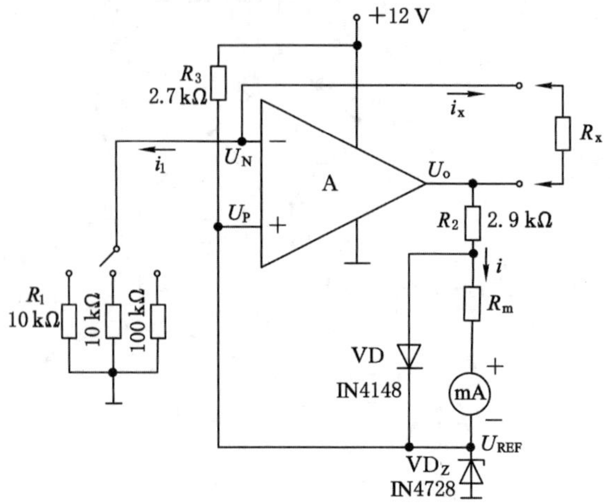

图 3-10-5　欧姆表电路

因为

$$U_P = U_N = U_{REF}$$

$$i_1 = i_X$$

$$\frac{U_{REF}}{R_1} = \frac{U_o - U_{REF}}{R_X}$$

即

$$R_X = \frac{U_{REF}}{R_1}(U_o - U_{REF})$$

则流经表头的电流 i 为

$$i = \frac{U_o - U_{REF}}{R_2 + R_X}$$

由上两式消去($U_o - U_{REF}$)可得

$$i = \frac{U_{REF} R_X}{R_1 (R_m + R_2)}$$

可见,电流 i 与被测电阻成正比,而且表头具有线性刻度,改变 R_1 的值,可改变欧姆表的量程。这种欧姆表能自动调零,当 $R_X = 0$ 时,电路变成电压跟随器,$U_o = U_{REF}$,故表头电流为零,从而实现了自动调零。

二极管 VD 起保护电表的作用。如果没有 VD,当R_X 超量程时,特别是当$R_X \to \infty$时,运算放大器的输出电压将接近电源电压,使表头过载。有了 VD 就可使输出钳位,防止表头过载。调整R_2,可实现满量程调节。

四、电路设计

(1) 万用电表的电路是多种多样的,建议用参考电路设计一只较完整的万用电表。

(2) 万用电表用于电压、电流或电阻测量,进行量程切换时,应用开关切换,但实验时可用引接线切换。

五、实验元器件选择

(1) 表头:灵敏度为 1 mA,内阻为 100 Ω。

(2) 运算放大器:μA741。

(3) 电阻器:均采用 1/4W 的金属膜电阻器。

(4) 二极管:IN4007。

(5) 稳压管:2CW51。

六、注意事项

(1) 在连接电源时,正、负电源连接点上均接大容量的滤波电容器和 0.01～0.1 μF 的小容器,以消除通过电源产生的干扰。

(2) 万用电表的电性能测试要用标准电压表、电流表校正,欧姆表用标准电阻校正。考虑实验要求不高,建议用数字式 $4\frac{1}{2}$位万用电表作为标准表。

七、报告要求

(1) 画出完整的万用电表的设计电路原理图。

(2) 将万用电表与标准表做测试比较,计算万用电表各功能挡的相对误差,分析误差原因。

(3) 电路改进建议。

实验十一　直流稳压电路

一、实验目的

(1) 掌握整流、滤波、稳压电路工作原理及各元件在电路中的作用。

(2) 学习多功能交直流电源的安装、调整和测试方法。

(3) 熟悉和掌握线性集成稳压电路的工作原理。

(4) 学习线性集成稳压电路技术指标的测量方法。

二、电路原理简述

多功能交直流电源是电子设备中最基本、最常用的仪器之一。它作为能源，可保证电子设备的正常运行。

多功能交直流电源一般由整流电路、滤波电路和稳压电路三部分组成，如图 3-11-1 所示。

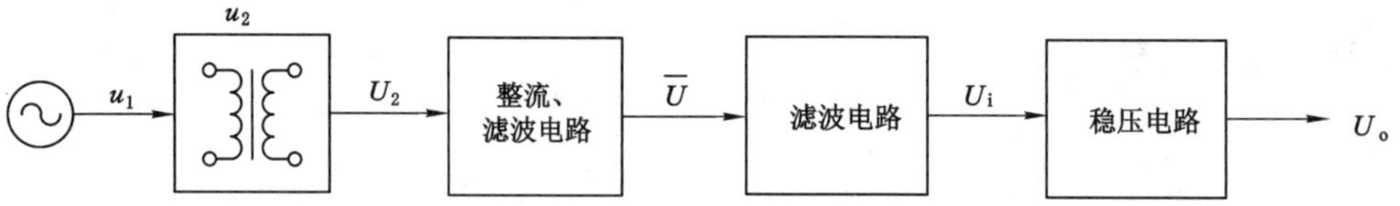

图 3-11-1　多功能交直流电源组成框图

整流电路是利用二极管的单相导电性，将交流电转变为脉动的直流电；滤波电路是利用电抗性元件(电容、电感)的储能作用，以平滑输出电压；稳压电路的作用是保持输出电压的稳定，使输出电压不随电网电压、负载和温度的变化而变化。

在小功率多功能交直流电源中，多采用桥式整流、电容滤波，常用三端集成稳压器。为便于观测滤波电路时间常数的改变对其输出电压的影响，本实验采用半波整流，如图 3-11-2 所示。在图 3-11-2 中，Tr_1 为调压器，以便观测电网电压波动时稳压电路的稳压性能。

本章我们讨论由 317 和 7812 组成的直流稳压电路。

图 3-11-3 所示为三端可调式集成稳压器，其管脚分为调整端、输入和输出端，调节电位器 R_p 的阻值便可以改变输出电压的大小，由于它的输出端和可调端之间具有很强的维持 1.25 V 电压不变的能力，所以 R_1 上的电流值基本恒定，而调整端的电流非常小，且恒定，故将其忽略，那么输出电压为

$$U_o = (1 + R_P/R_1) \times 1.25\ (\text{V})$$

线性集成稳压电路组成的稳压电源如图 3-11-4 所示，其工作原理与由分立元件组成的串联型稳压电源基本相仿，只是稳压电路部分由三端稳压块代替，整流部分由硅桥式整流器所代替，使电路的组装与调试工作大为简化。

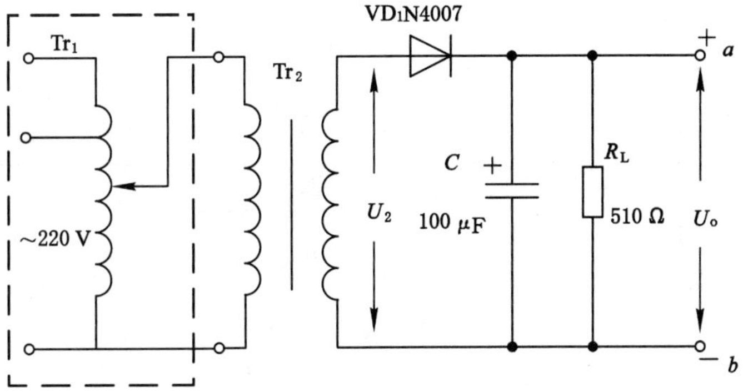

图 3-11-2　采用半波整流的交直流电源

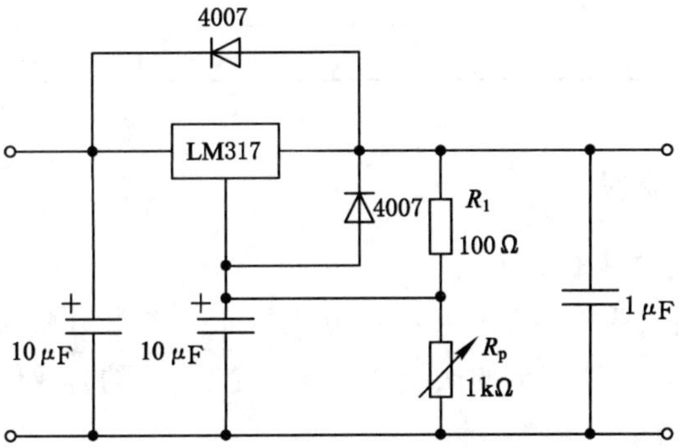

图 3-11-3　三端可调式集成稳压器

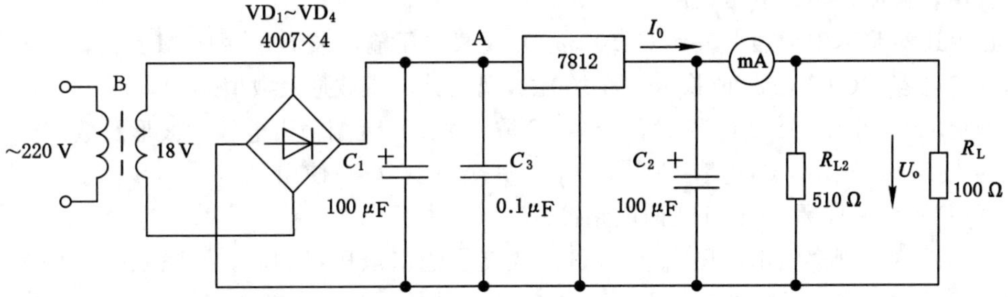

图 3-11-4　线性集成稳压电路组成的稳压电源

三、实验设备

本实验所需设备及元器件如表 3-11-1 所示。

表 3-11-1 实验用设备及元器件

名称	数量	型号或规格
交流电源	1台	19500001
示波器	1台	学校自备
万用表	1只	学校自备
稳压块	2只	317×1 7812×1
二极管	2只	1N4007×2
整流桥	1只	KBPC610×1
电容	6只	0.1μF×1 1μF×1 10μF＊2 100μF×2
电阻	2只	100 Ω/0.25 W×1 510 Ω/0.25 W×1
电位器	1只	1 kΩ×1
短接桥和连接导线	若干	P8-1 和 50148
实验用9孔插件方板		297 mm×300 mm

四、实验内容与步骤

(一) 由317组成的直流稳压电路

(1) 按图3-11-2接入调压器 Tr_1 和降压变压器 Tr_2，组装好整流滤波电路。

① 调整调压器，使调压器 Tr_1 的次级绕组输出电压 u_2 的有效值为10 V(用万用表交流挡监测)。

② 进行下列测试:将整流二极管VD短路，滤波电容 C 断路(拔掉)，用示波器观察负载电阻 R_L 两端的电压波形(R_L 取510 Ω)，并用万用表直流挡测其电压数值。

去掉二极管VD的短路，电容 C 仍断路，用示波器观测负载电阻 R_L 两端的电压波形，并用万用表直流挡测其电压数值。

在上述实验基础上插上电容 C(100 μF)，观察电压输出波形，并测出其数值。

固定电容 C(100 μF)，改换 R_L 为100 Ω，观测其电压波形及数值。

固定 R_L(510 Ω)，改变电容 C 的数值(C 取10 μF)，观测输出电压的波形及数值。

③ 固定 R_L 为510 Ω，电容 C 为100 μF，其余不变，以备使用。

(2)将图3-11-2和图3-11-3两电路接好。

① 调节 R_P，观察输出电压 U_o 是否可以改变。输出电压可调时，分别测出 U_o 的最大值和最小值及对应稳压部分的输入电压 U_i 与输入端和输出端之间的压降。

② 调节 R_P，使 U_o 为6 V并测出此时 a、b 两端的电压 U 值。

③ 调节调压器，使电网电压(220 V)变换±10%时，测量出输出电压相应的变化值 ΔU_o 及输入电压相应的变化值 ΔU_i，求稳压系数

$$S=\frac{\Delta U_o/U_o}{\Delta U_i/U_i}$$

④ 用示波器或真空管毫伏表测出输出电压中的纹波成分 U_{oW}。

输出电压中的纹波成分U_{oW}既可用交流毫伏表测出，也可用灵敏度较高的示波器测出。但是由于纹波电压已不再是正弦波电压，毫伏表的读数并不能代表纹波电压的有效值，因此，在实际测试中，最好用示波器直接测出纹波电压的峰值ΔU_{oW}。

（二）由 7812 组成的直流稳压电路

（1）接线。按图 3-11-4 连接电路，电路接好后在 A 点处断开，测量并记录U_i的波形（即U_A的波形），然后接通 A 点后面的电路，观察U_o的波形。

（2）观察纹波电压。用示波器观察稳压电路输入电压U_i的波形，并记录纹波电压的大小，再观察输出电压U_o的纹波，将两者进行比较。

五、分析与讨论

（1）列表整理所测的实验数据，绘出所观测到的各部分波形。

（2）按实验内容分析所测的实验结果与理论值的差别，分析产生误差的原因。简要叙述实验中所发生的故障及排除方法。

第四部分

数字电子技术实验

实验一　TTL 集成逻辑门的逻辑功能测试

一、实验目的

(1) 熟悉 TTL 集成逻辑门电路的识别方法和使用规则。

(2) 掌握常用 TTL 集成逻辑门的功能测试方法。

二、实验原理

(一) 门电路的引脚识别方法

集成门电路的每一个引脚各对应一个脚码，每个脚码所表示的阿拉伯数字(如 1，2，3，…)是该集成电路物理引脚的排列次序。使用器件时，应在手册中了解每个引脚的作用和每个引脚的物理位置，以保证正确地使用和连线。每个双列直插式集成电路都有定位标识，以帮助使用者确定脚码为 1 的引脚。定位标识有半圆和圆点两种表达形式，常用的为半圆。最靠近定位标识的引脚规定为物理引脚的第 1 脚，脚码为 1，其他引脚的排列次序及脚码按逆时针方向依次加 1 递增，如图 4-1-1 所示。

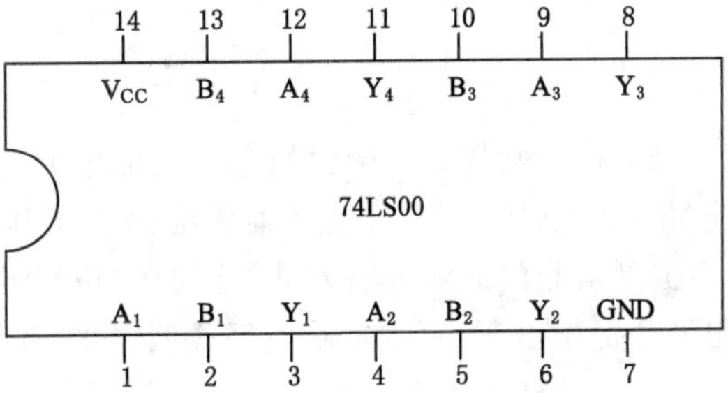

图 4-1-1　74LS00 引脚排列图

(二) TTL 集成逻辑门的逻辑功能测试

为了验证某一种门电路功能，首先选定元件型号，并正确连接好元件的工作电压端。选定某种“逻辑电平输出”电路，该电路应具有多个输出端，每个端都可以独立提供逻辑“0”和“1”两种状态，将被测门电路的每个输入端分别连接到“逻辑电平输出”电路的每个输出端。选定某种具有可以显示逻辑状态“0”或“1”的电路，将被测门电路的输出端连接到这种电路的输入端上。确定连线无误后，可以上电实验，并记录实验数据，分析结果。例如，74LS00 与非门的逻辑功能是：当输入端中有一个或一个以上是低电平时，输出端为高电平；只有当输入端全部为高电平时，输出端才是低电平。

三、实验设备、部件与器件

(1) +5 V 直流电源及地线。

(2) 逻辑开关。

(3) 电平显示 LED。

(4) 74LS00、74LS04 、74LS51、74LS86。

四、实验内容

(一) 验证 TTL 集成与非门 74LS00 的逻辑功能

步骤:在实验台上以测试 74LS00 与非门功能为例,测试 74LS00 与非门功能就是验证该门电路的真值表。测试电路如图 4-1-2 所示。首先将实验台上输入输出装置的"+5 V"和"⊥"端分别对应接至实验台的 5 V 直流电源输出端的"+5 V"和"⊥"端处,保证输入输出装置被提供 5 V 工作电压。

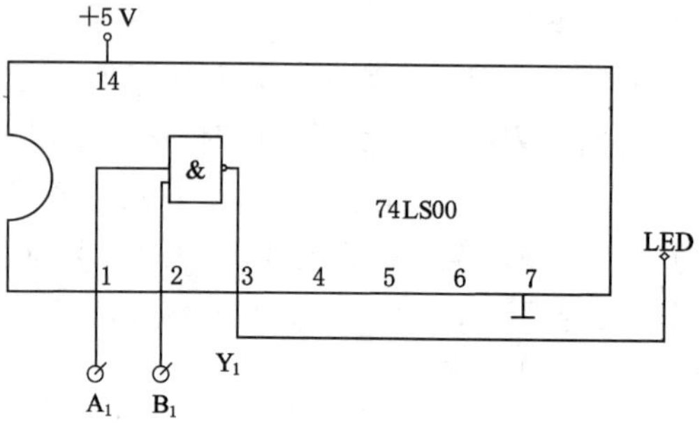

图 4-1-2 门电路功能验证连线图

74LS00 的 14 脚和 7 脚同样分别接到实验台的 5 V 直流电源输出端的"+5 V"和对应"⊥"端处,连接好集成电路工作电压。TTL 数字集成电路的工作电压为 5 V(实验允许±5%的误差)。A_1、B_1 为被测与非门的两个输入端,分别接"逻辑开关"端,该板有 16 个逻辑电平输出端,每个端均可分别输出 TTL 逻辑高电平或低电平,使用时可以任选两个输出端。Y 为与非门输出端,接"电平显示 LED"输入端,用于显示门电路的输出状态。由于 A_1、B_1 共有四种开关位置的组合,对应了被测电路的四种输入逻辑状态,即 00、01、10、11,观察"电平显示 LED"电路中 LED 的亮(表示"1")和灭(表示"0"),以真值表的形式记录被测门电路的输出逻辑状态。

数据:实验数据填入表 4-1-1。

表 4-1-1 74LS00 测试数据

输入		输出
A	B	Y
0	0	
0	1	
1	0	
1	1	

结论：

比较实测值与理论值，比较结果一致，说明被测门的功能是正确的，门电路完好。如果实测值与理论值不一致，应检查集成电路的工作电压是否正常、实验连线是否正确，判断门电路是否损坏。

（二）验证 TTL 集成非门 74LS04 的逻辑功能

步骤：同上。引脚图如 4-1-3 所示。

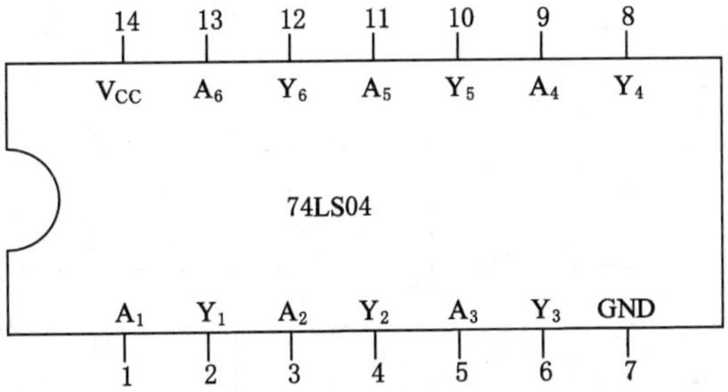

图 4-1-3　74LS04 引脚图

数据：实验数据填入表 4-1-2。

表 4-1-2　74LS04 测试数据

输入	输出
A	Y
0	
1	

结论：

（三）验证 TTL 集成与或非门 74LS51 的逻辑功能

步骤：同上。引脚图如 4-1-4 所示。

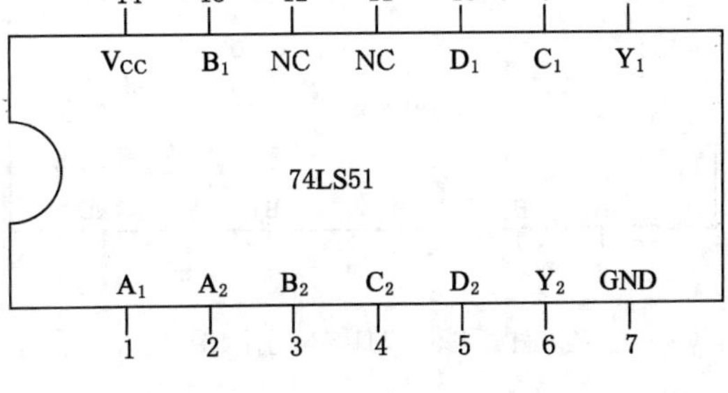

图 4-1-4　74LS51 引脚图

数据:实验数据填入表 4-1-3。

表 4-1-3　74LS51 测试数据

输入				输出
A	*B*	*C*	*D*	*Y*
0	0	0	0	
0	0	0	1	
0	0	1	0	
0	0	1	1	
0	1	0	0	
0	1	0	1	
0	1	1	0	
0	1	1	1	
1	0	0	0	
1	0	0	1	
1	0	1	0	
1	0	1	1	
1	1	0	0	
1	1	0	1	
1	1	1	0	
1	1	1	1	

结论:

(四) 验证 TTL 集成异或门 74LS86 的逻辑功能

步骤:同上。引脚图如图 4-1-5 所示。

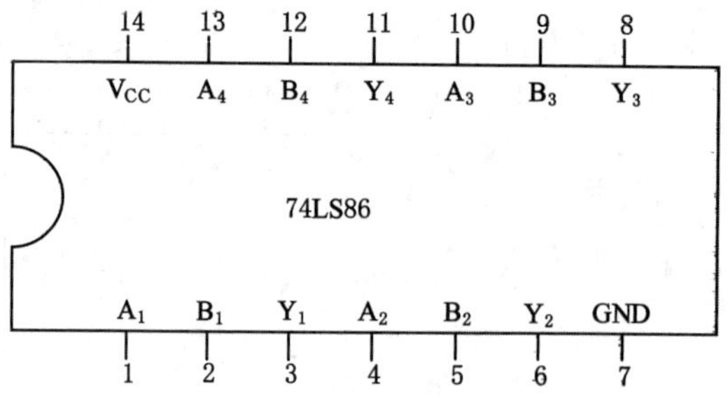

图 4-1-5　74LS86 引脚图

数据:实验数据填入表 4-1-4。

表 4-1-4　74LS86 测试数据

输入		输出
A	B	Y
0	0	
0	1	
1	0	
1	1	

结论：

五、实验报告

(1) 记录、整理实验结果，并对结果进行分析，写出实验结论。

在门电路组成的组合电路中，若输入一组固定不变的逻辑状态，则电路的输出端应按照电路的逻辑关系输出一组正确结果。若存在输出状态与理论值不符的情况，则必须进行查找和排除故障的工作，方法如下：

首先用万用表(直流电压挡)测所使用的集成电路的工作电压，确定工作电压是否为正常的电源电压(TTL 集成电路的工作电压为 5 V，实验中 4.15～5.25 V 也算正常)，工作电压正常后再进行下一步工作。根据电路输入变量的个数，给定一组固定不变的输入状态，用所学的知识正确判断此时该电路的输出状态，并用万用表逐一测量输入、输出各点的电压。逻辑“1”或逻辑“0”的电平必须在规定的逻辑电平范围内才算正确，如果不符，则可判断故障所在。通常出现的故障有集成电路无工作电压，连线接错位置，连线短路、断路。

(2) TTL 集成电路的使用注意事项。

① 接插集成块时，认清定位标识，不允许插错。

② 工作电压 5 V，电源极性绝对不允许反接。

③ 闲置输入端处理。

a. 悬空。相当于正逻辑“1”，TTL 门电路的闲置端允许悬空处理。中规模以上电路和 CMOS 电路不允许悬空。

b. 根据对输入闲置端的状态要求，可以在 V_{CC} 与闲置端之间串入一个 1～10 kΩ 电阻或直接接 V_{CC}，此时相当于接逻辑“1”。也可以直接接地，此时相当于接逻辑“0”。

c. 输入端通过电阻接地，电阻值的大小将直接影响电路所处的状态。当 $R\leqslant 680\ \Omega$(关门电阻)时，输入端相当于接逻辑“0”；当 $R\geqslant 4.7\ k\Omega$(开门电阻)时，输入端相当于接逻辑“1”。对于不同系列器件，其开门电阻 R_{ON} 与关门电阻 R_{OFF} 的阻值是不同的。

d. 除三态门(TS)和集电极开路(OC)门之外，输出端不允许并联使用。

e. 输出不允许直接接地和接电源，但允许经过一个电阻 R 后，再接到直流 +5 V，R 取 3～5.1 kΩ。

实验二　CMOS 集成逻辑门的逻辑功能测试

一、实验目的

(1) 掌握 CMOS 集成逻辑门电路的逻辑功能和器件的使用规则。

(2) 掌握门电路主要参数的测试方法。

二、实验原理

本实验所用主要门电路芯片包括 CD4011(四 2 输入与非门)、CD4071(四 2 输入或门)、CD4082(四 2 输入与门)、CD4030(四异或门)。其引脚排列如图 4-2-1 所示。

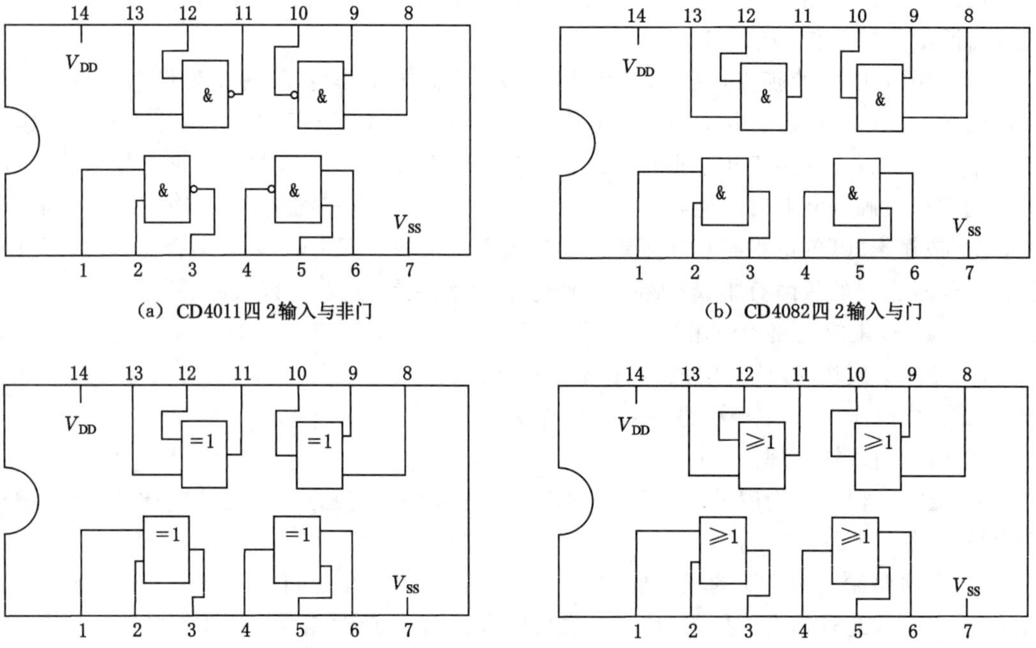

(a) CD4011四 2输入与非门　(b) CD4082四 2输入与门

(c) CD4030四异或门　(d) CD4071四 2输入或门

图 4-2-1　各种门电路的引脚排列

(一)“与非门”的逻辑功能

“与非门”的逻辑功能是:当输入端中有一个或一个以上是低电平时,输出端为高电平;只有当输入端全部为高电平时,输出端才是低电平。CD4011(四 2 输入与非门)的逻辑函数表达式为 $Y=\overline{AB}$。

（二）“与门”的逻辑功能

“与门”的逻辑功能是，当输入端中有一个或一个以上是低电平时，输出端为低电平；只有当输入端全部为高电平时，输出端才是高电平。CD4082（四 2 输入与门）的逻辑函数表达式为 $Y=AB$。

（三）“或门”的逻辑功能

“或门”的逻辑功能是：当输入端中有一个或一个以上是高电平时，输出端为高电平；只有当输入端全部为低电平时，输出端才是低电平。CD4071（四 2 输入或门）的逻辑函数表达式为 $Y=A+B$。

（四）“异或门”的逻辑功能

“异或门”的逻辑功能是：当两个输入端输入不同电平时，输出端为高电平；当两个输入端输入相同电平时，输出端为低电平。CC4030（四异或门）的逻辑函数表达式为 $Y=A\overline{B}+\overline{A}B$。

（五）CMOS 与非门的主要参数

1. 电压传输特性

CMOS 与非门的输出电压 V_o 随输入电压 V_i 变化的曲线 $V_o=f(V_i)$ 称为其电压传输特性。并通过电压传输特性，得到有关描述门电路性能的部分参数，如输出高电平 V_{oH}、输出低电平 V_{oL}、阈值电压 V_{TH}、噪声容限 V_{NH}、V_{NL} 等。

2. 扇出系数 N_0

由于 CMOS 门有很高的输入阻抗，要求驱动电流很小，因而在同类门电路串联使用时，其扇出系数非常大。本实验不测量。

三、实验设备、部件与器件

(1) +5 V 直流电源。

(2) 双踪示波器(另配)。

(3) 连续脉冲源。

(4) 逻辑开关。

(5) 电平显示 LED。

(6) 直流数字电压表。

(7) 直流毫安表。

(8) 直流微安表。

(9) 逻辑笔。

(10) CD4011、CD4001、CD4071、CD4082、CD4030、电位器 100 kΩ、电阻 1 kΩ。

四、实验内容

(1) CMOS 与非门 CD4011 参数测试。

①测试 CD4011 与非门的传输特性（一个输入端用于信号输入，另一个输入端接逻辑高电平），测试电路如图 4-2-2 所示。

② 将 CD4011 的三个门串接成振荡器，用示波器观测输入、输出波形，并计算 t_{pd} 值。

(2) 验证 CD4011（与非门）、CD4071（或门）、CD4001（或非门）、CD4082（与门）及 CD4030（异或门）的逻辑功能。（5 种门电路各选一种进行验证。）

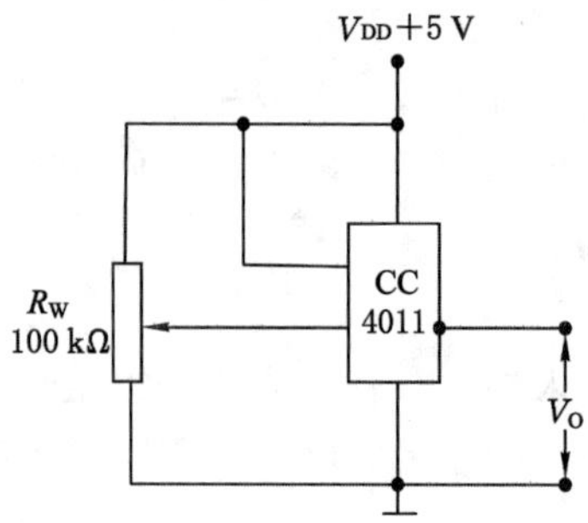

图 4-2-2　与非门传输特性测试

如图 4-2-3 所示，其输入端 A、B 接逻辑开关中的两个输出端，相应的输出端接至逻辑笔的输入。按动逻辑开关的按键(灯亮输出为高电平，灯灭输出为低电平)，使输入端得到所需的各种逻辑电平组合，测试相应输出端的逻辑状态并填入表 4-2-1 中。

表 4-2-1

输入		输出 Z	
A	B	电位/V	逻辑状态
0	0		
0	1		
1	0		
1	1		

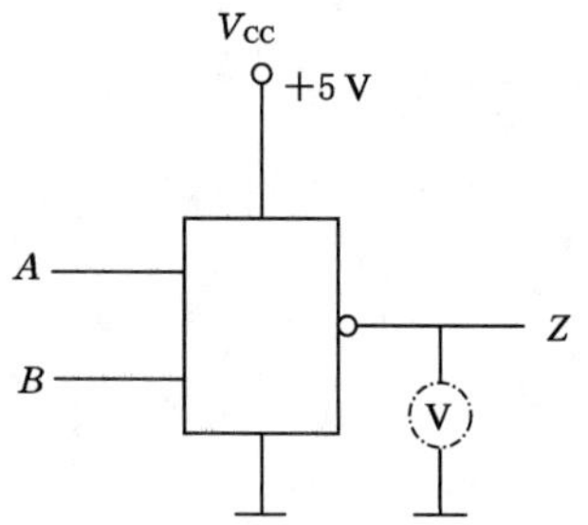

图 4-2-3　与非门逻辑功能测试

五、实验报告

(1) 整理实验结果，用坐标纸画出传输特性曲线。

(2) 根据实验结果，写出各门电路的逻辑表达式，并判断被测电路功能的好坏。

六、预习要求

(1) 复习 CMOS 门电路的工作原理。

(2) 熟悉实验用各集成门电路引脚功能。

(3) 画出各实验内容的测试电路与数据记录表格。

(4) 画好实验用各门电路的真值表表格。

(5) 各 CMOS 门电路闲置输入如何处理?

(6) CMOS 电路使用中的注意事项。由于 CMOS 电路有很高的输入阻抗,这给使用者带来一定的麻烦,即外来的干扰信号很容易在一些悬空的输入端上感应出很高的电压,甚至损坏器件。CMOS 电路的使用规则如下:

① V_{DD} 接电源正极,V_{SS} 接电源负极(通常接地),不得接反。CD4000 系列的电源允许电压在+3～+18 V 范围内选择,实验中一般要求使用+5～+15 V。

② 所有输入端一律不准悬空。闲置输入端的处理方法:

a. 按照逻辑要求,直接接 V_{DD}(与非门)或 V_{SS}(或非门)。

b. 在工作频率不高的电路中,允许输入端并联使用。

③ 输出端不允许直接与 V_{DD} 或 V_{SS} 连接,否则将导致器件损坏。

④ 在装接电路,改变电路连接或插、拔元器件时,均应切断电源,严禁带电操作。

⑤ 焊接、测试和储存时的注意事项:

a. 电路应存放在导电的容器内,有良好的静电屏蔽。

b. 焊接时必须切断电源,电烙铁外壳必须良好接地,或拔下烙铁,靠其余热焊接。

c. 所有的测试仪器必须良好接地。

实验三　译码器、编码器、数据选择器

一、实验目的

(1) 掌握常用的几种中规模集成电路的逻辑功能和使用方法。

(2) 应用译码器进行设计。

二、实验原理

(1) 译码是将每个代码的特定含义“翻译”出来的过程,即将二进制码译成高或低电平的过程。能完成译码功能的逻辑电路称为译码器。

(2) 编码器是实现编码操作的电路,即将输入的每一个高或低电平信号编成对应的二进制代码,实际上是与译码器相反的操作过程。

(3) 数据选择器:从一组数据中选择一个数据的电路。

三、实验设备与器件

(1) +5 V 直流电源。

(2) 逻辑开关。

(3) 电平显示 LED。

(4) 74LS138×2,74LS147,74LS151。

四、实验内容

(1) 74LS138 译码器逻辑功能测试。本实验讨论二进制译码器 74LS138(3 线-8 线译码器),其引脚图如图 4-3-1 所示。

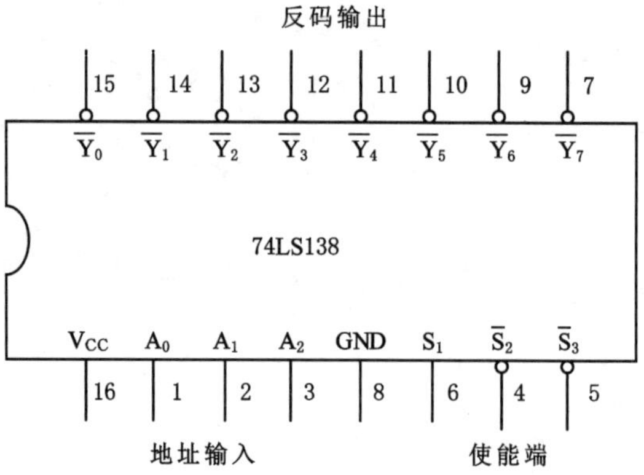

图 4-3-1　74LS138 引脚图

当 $S_1=0$、$\overline{S}_2+\overline{S}_3=\times$（$\times$代表任意，下同）时，或 $S_1=\times$、$\overline{S}_2+\overline{S}_3+C=1$ 时，译码器被禁止，所有输出同时为 1。当 $S_1=1$、$\overline{S}_2+\overline{S}_3=0$ 时，译码器工作。将译码器使能端 S_1、$\overline{S}_2$、$\overline{S}_3$ 及地址端 A_2、A_1、A_0 分别接至逻辑电平开关输出口，八个输出端 $\overline{Y}_7\sim\overline{Y}_0$ 连接在逻辑电平显示器的八个输入口上，拨动逻辑电平开关，按表 4-3-1 逐项测试 74LS138 的逻辑功能。

表 4-3-1 3 线-8 线译码器逻辑功能测试

输入					输出							
S_1	$\overline{S}_2+\overline{S}_3$	A_2	A_1	A_0	$\overline{Y}_0$	$\overline{Y}_1$	$\overline{Y}_2$	$\overline{Y}_3$	$\overline{Y}_4$	$\overline{Y}_5$	$\overline{Y}_6$	$\overline{Y}_7$
0	×	×	×	×								
×	1	×	×	×								
1	0	0	0	0								
1	0	0	0	1								
1	0	0	1	0								
1	0	0	1	1								
1	0	1	0	0								
1	0	1	0	1								
1	0	1	1	0								
1	0	1	1	1								

结论：

（2）用两片 74LS138 组合成一个 4 线-16 线译码器，如图 4-3-2 所示，并验证其功能。合理地利用使能端能方便地将两个 3/8 译码器组合成一个 4/16 译码器，它能将输入的 4 位二进制数表示的十进制数译成十进制数。按表 4-3-2 逐项验证其功能。

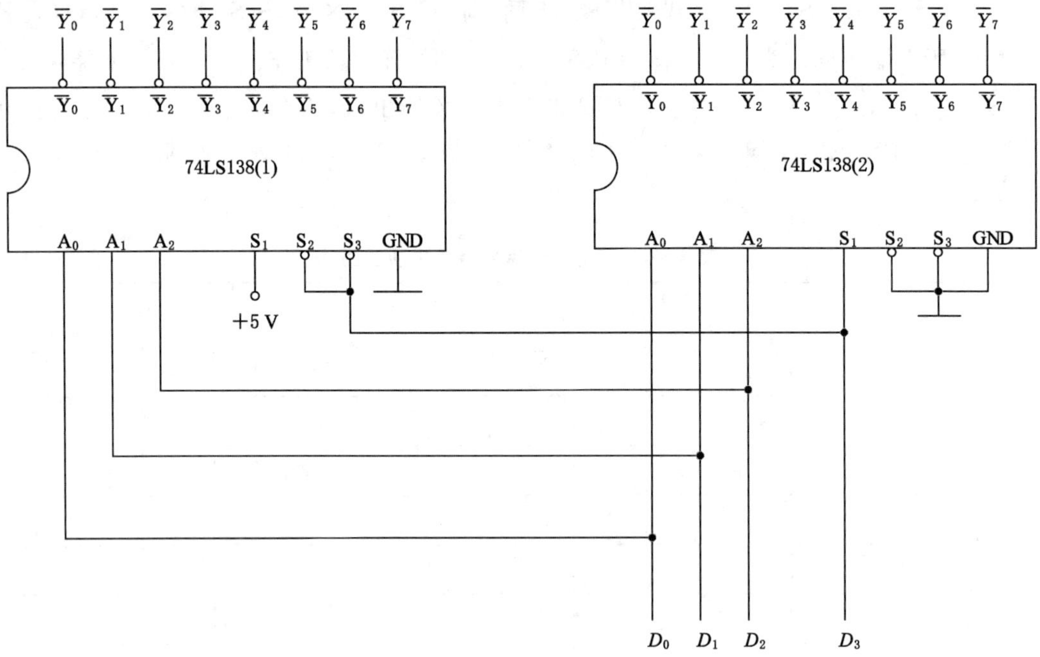

图 4-3-2　4 线-16 线译码器接线图

表 4-3-2　4 线-16 线译码器功能验证

输入				输出															
D_3	D_2	D_1	D_0	$\overline{Y}_0$	$\overline{Y}_1$	$\overline{Y}_2$	$\overline{Y}_3$	$\overline{Y}_4$	$\overline{Y}_5$	$\overline{Y}_6$	$\overline{Y}_7$	$\overline{Y}_8$	$\overline{Y}_9$	$\overline{Y}_{10}$	$\overline{Y}_{11}$	$\overline{Y}_{12}$	$\overline{Y}_{13}$	$\overline{Y}_{14}$	$\overline{Y}_{15}$
0	0	0	0																
0	0	0	1																
0	0	1	0																
0	0	1	1																
0	1	0	0																
0	1	0	1																
0	1	1	0																
0	1	1	1																
1	0	0	0																
1	0	0	1																
1	0	1	0																
1	0	1	1																
1	1	0	0																
1	1	0	1																
1	1	1	0																
1	1	1	1																

结论：

(3) 74LS147 逻辑功能测试。按图 4-3-3 接线并完成表 4-3-3。

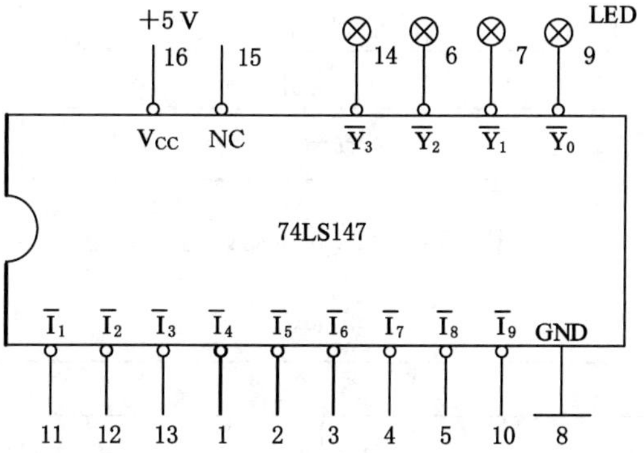

图 4-3-3　74LS147 测试电路

表 4-3-3

输入									输出			
$\overline{I}_1$	$\overline{I}_2$	$\overline{I}_3$	$\overline{I}_4$	$\overline{I}_5$	$\overline{I}_6$	$\overline{I}_7$	$\overline{I}_8$	$\overline{I}_9$	$\overline{Q}_3$	$\overline{Q}_2$	$\overline{Q}_1$	$\overline{Q}_0$
1	1	1	1	1	1	1	1	1				
×	×	×	×	×	×	×	×	0				
×	×	×	×	×	×	×	0	1				
×	×	×	×	×	×	0	1	1				
×	×	×	×	×	0	1	1	1				
×	×	×	×	0	1	1	1	1				
×	×	×	0	1	1	1	1	1				
×	×	0	1	1	1	1	1	1				
×	0	1	1	1	1	1	1	1				
0	1	1	1	1	1	1	1	1				

结论：

(4) 验证数据选择器 74LS151 的逻辑功能。按图 4-3-4 接线,完成表 4-3-4。

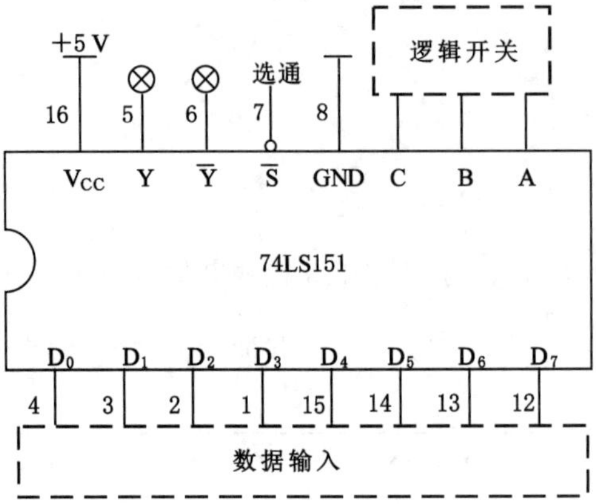

图 4-3-4　74LS151 测试电路图

表 4-3-4

输入												输出	
$\overline{S}$	C	B	A	D_0	D_1	D_2	D_3	D_4	D_5	D_6	D_7	Y	$\overline{Y}$
1	×	×	×	0	1	0	1	0	1	0	1		
0	0	0	0	0	1	0	1	0	1	0	1		
0	0	0	1	0	1	0	1	0	1	0	1		
0	0	1	0	0	1	0	1	0	1	0	1		
0	0	1	1	0	1	0	1	0	1	0	1		
0	1	0	0	0	1	0	1	0	1	0	1		
0	1	0	1	0	1	0	1	0	1	0	1		
0	1	1	0	0	1	0	1	0	1	0	1		
0	1	1	1	0	1	0	1	0	1	0	1		

结论:

五、实验报告

对实验结果进行分析、讨论。

实验四　触发器及其应用

一、实验目的

(1) 掌握基本 RS、JK、D 和 T 触发器的逻辑功能及测试方法。

(2) 掌握集成触发器 74LS112 及 74LS74 的使用方法。

(3) 进一步理解触发器之间相互转换的方法。

二、实验原理

触发器是时序电路的基本构成单元,能够存储一个二进制数,通常有两个互补的输出端,根据输入状态不同能够保持、置"0"、置"1"。触发器具有两个稳定状态,用以表示逻辑状态"1"和"0",在一定的外界信号作用下,可以从一个稳定状态转变为另一个稳定状态,它是一个具有记忆功能的二进制信息存储器,是构成各种时序电路的最基本逻辑单元。

(一) 基本 RS 触发器

基本 RS 触发器由两个与非门交叉耦合构成,如图 4-4-1 所示,它是无时钟控制低电平直接触发的触发器。它具有置"0"、置"1"和"保持"三种功能。通常称 $\overline{S}$ 为置"1"端,因为 $\overline{S}=0$ 时触发器被置"1";$\overline{R}$ 为置"0"端,因为 $\overline{R}=0$ 时触发器被置"0";当 $\overline{S}=\overline{R}=1$ 时触发器保持状态。

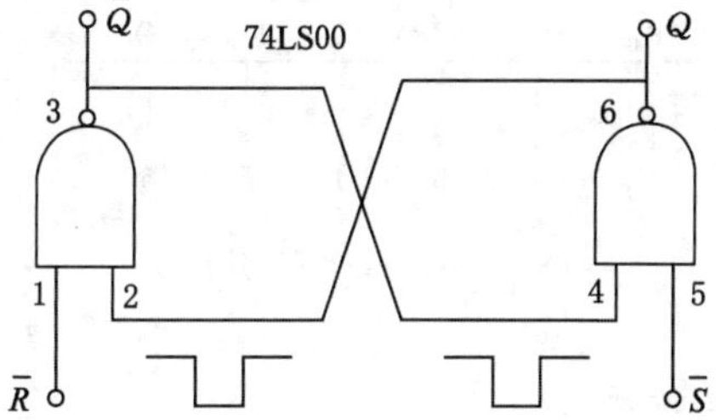

图 4-4-1　基本 RS 触发器

基本 RS 触发器也可以由或非门组成,此时为高电平触发有效。

(二) JK 触发器

在输入信号为双端的情况下,JK 触发器是功能完善、使用灵活和通用性较强的一种触发器。本实验采用 74LS112 双 JK 触发器,它是下降沿触发的边沿触发器,如图 4-4-2 所示。JK 触发器的状态方程为 $Q^{*}=J\overline{Q^{n}}+\overline{K}Q^{n}$,$J$ 和 K 是数据输入端,如果 J、K 有两个以上的输入端,则这些输入端组成与的关系。Q 与 $\overline{Q}$ 为两个互补输出端。通常把 $Q=1$、$\overline{Q}=1$ 的状态定为触发器的"0"状态;而把 $Q=1$,$\overline{Q}=0$ 定为"1"状态。JK 触发器常被用作缓冲存储器、移位寄存器和计数器。

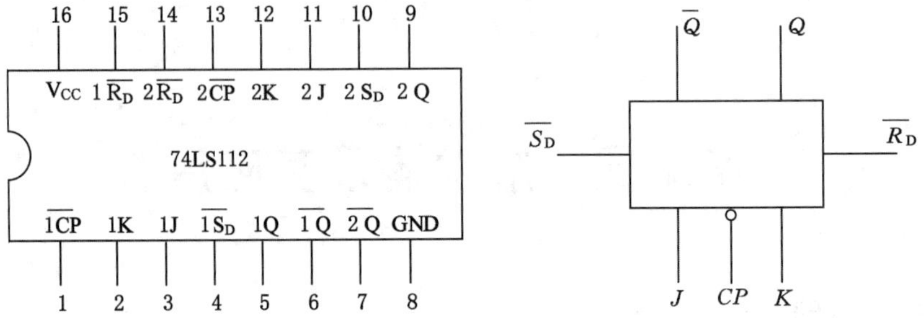

图 4-4-2　74LS112 双 JK 触发器引脚功能及逻辑符号

（三）D 触发器

在输入信号为单端的情况下，D 触发器用起来最方便，它的状态方程为：$Q^{n+1}=D^n$。它的输出状态的改变发生在 CP 脉冲的上升沿，又被称为上升沿触发的边沿触发器，触发器的状态只取决于时钟到来前 D 端的状态，D 触发器的应用很广，可用于数字信号的寄存、移位寄存、分频和波形发生等。它有很多型号以供各种应用。如双 D（74LS74、CC4013）、四 D（74LS175，CC4042），六 D（74LS174、CC14174），八 D（74LS374）等，74LS74 的引脚排列如图 4-4-3 所示。

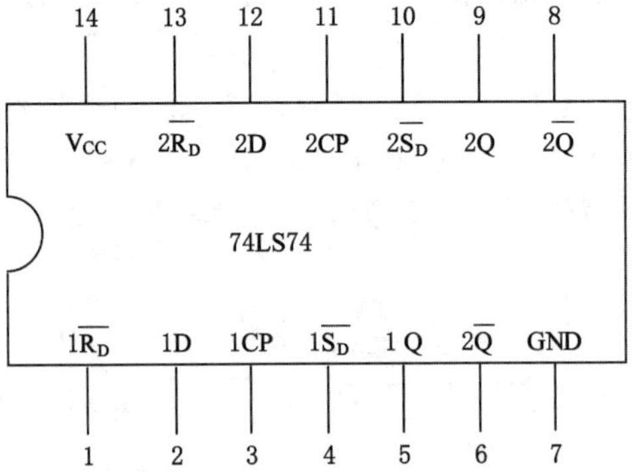

图 4-4-3　74LS74 引脚图

（四）触发器之间的相互转换

在集成触发器的产品中，每一种触发器都有自己固定的逻辑功能，但可以利用转换的方法获得具有其他功能的触发器。如图 4-4-4 所示，将 JK 触发器的 J、K 两端接在一起，并认它为 T 端，就得到所需的 T 触发器。它的状态方程为 $Q^{n+1}=T\overline{Q}^n+\overline{T}Q^n$，$T$ 触发器的逻辑功能如下：当 $T=0$ 时，时钟脉冲作用后，其状态保持不变；当 $T=1$ 时，时钟脉冲作用后，触发器状态翻转。所以，若将 T 触发器的 T 端置 1，即得 T' 触发器。在 T' 触发器的 CP 端每来一个 CP 脉冲信号，触发器的状态就翻转一次，故称之为反转触发器，它广泛用于计数电路中。

同样，如果将 D 触发器的 $\overline{Q}$ 端与 D 端相连，便转换成触发器。JK 触发器也可转换成 D 触发器。

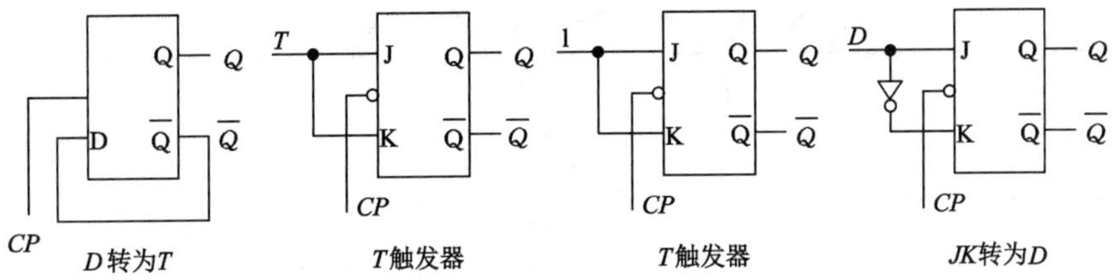

图 4-4-4　触发器之间的相互转换

三、实验设置与器件

(1) ＋5 V 直流电源。

(2) 双踪示波器。

(3) 连续脉冲源。

(4) 单次脉冲源。

(5) 逻辑开关。

(6) 电平显示 LED。

(7) 74LS00、74LS112、74LS04、74LS74。

四、实验内容

74LS04、74LS00 的引脚排列如图 4-4-5 所示。

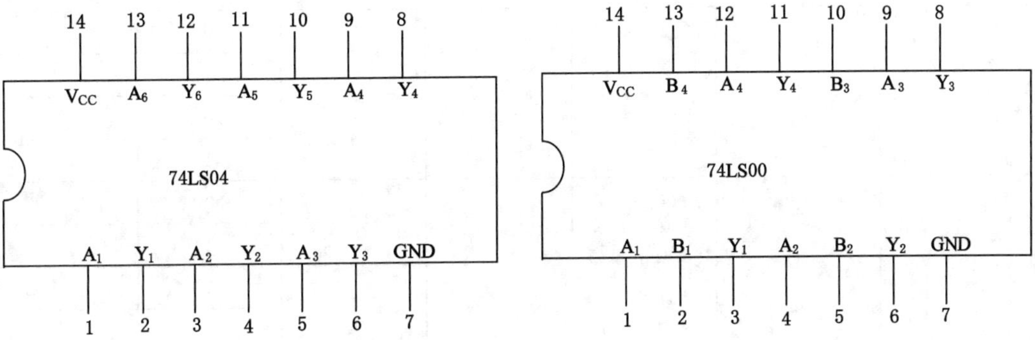

图 4-4-5　实验用芯片引脚图

(一) 测试基本 RS 触发器的逻辑功能

用两个与非门组成基本 RS 触发器，输入端 $\overline{R}$、$\overline{S}$ 接逻辑开关的输出插口，输出端 Q、$\overline{Q}$ 接逻辑电平显示的输入插口，将结果填入表 4-4-1。

(二) 测试双 JK 触发器 74LS112 的逻辑功能

(1) 测试 R_D、S_D 的复位、置位功能。任取一 JK 触发器，$\overline{R}_D$、$\overline{S}_D$、J、K 端接逻辑开关的输出插口，CP 端接单次脉冲源，Q 端接逻辑电平显示输入插口。要求改变 $\overline{R}_D$、$\overline{S}_D$(J、K、CP 处于任意状态)，并在 $\overline{R}_D=0$($\overline{S}_D=1$)或 $\overline{S}_D=0$($\overline{R}_D=1$)作用期间任意改变 J、K 及 CP 的状态，观察 Q 的状态，将结果填入表 4-4-2。

表 4-4-1　基本 *RS* 触发器逻辑功能验证

$\overline{RD}$	$\overline{SD}$	Q	$\overline{Q}$

表 4-4-2　*JK* 触发器置数功能验证

$\overline{RD}$	$\overline{SD}$	CP	J	K	Q
0	1	×	×	×	
1	0	×	×	×	

注：×代表任意。

（2）测试 JK 触发器的逻辑功能。设置 J、K 的各种组合状态并改变相应的 CP 状态，观察 Q 的状态变化，注意它的状态变化是否发生在 CP 脉冲的下降沿，将结果填入表 4-4-3。

表 4-4-3　*JK* 触发器逻辑功能验证

J	K	$\overline{RD}$	$\overline{SD}$	CP	Q	Q^*
1	1	0	0	↑	0	
					1	
				↓	0	
					1	
1	1	0	1	↑	0	
					1	
				↓	0	
					1	
1	1	1	0	↑	0	
					1	
				↓	0	
					1	
1	1	1	1	↑	0	
					1	
				↓	0	
					1	

（三）测试双 D 触发器 74LS74 的逻辑功能

测试 D 触发器的逻辑功能，即测试 CP 在 D 处于不同状态时的变化对输出的影响，并将结果填入表 4-4-4。

表 4-4-4　*D* 触发器逻辑功能验证

<table>
<tr><th>$\overline{RD}$</th><th>$\overline{SD}$</th><th>D</th><th>CP</th><th>Q</th><th>Q^*</th></tr>
<tr><td rowspan="4">1</td><td rowspan="4">1</td><td rowspan="4">0</td><td rowspan="2">↑</td><td>0</td><td></td></tr>
<tr><td>1</td><td></td></tr>
<tr><td rowspan="2">↓</td><td>0</td><td></td></tr>
<tr><td>1</td><td></td></tr>
<tr><td rowspan="4">1</td><td rowspan="4">1</td><td rowspan="4">1</td><td rowspan="2">↑</td><td>0</td><td></td></tr>
<tr><td>1</td><td></td></tr>
<tr><td rowspan="2">↓</td><td>0</td><td></td></tr>
<tr><td>1</td><td></td></tr>
</table>

（四）触发器之间的相互转换

将 D 触发器转换为 T' 触发器，观察其翻转功能，将结果填入表 4-4-5，观察与表 4-4-4 有何不同。

表 4-4-5　*D* 转换为 T′

输入单次脉冲个数	Q(初值设置为零)
0	0
1	
2	
3	
4	
5	
6	
⋮	

五、实验报告

(1) 整理各类触发器的逻辑功能。

(2) 总结观察到的波形，说明触发器的触发方式。

(3) 体会触发器的应用。

六、思考题

(1) 基本 RS 触发器"不定"的含义是什么？

(2) JK 与 D 触发器都是边沿触发，其触发特性有何不同？

(3) 触发器转换 $JK \rightarrow D$、$D \rightarrow T'$ 是如何实现的？是前沿触发还是后沿触发？

实验五　计数器及其应用

一、实验目的

(1) 熟悉用集成触发器组成计数器的方法。
(2) 熟悉中规模集成计数器的使用方法及功能测试方法。

二、实验原理

计数器是一个用于实现计数功能的时序器件，它不仅可以实现脉冲计数，还常被用于数字系统的定时、分频和执行数字运算及其他一些逻辑处理。

计数器的种类很多，按组成计数器的各种触发器使用时钟脉冲源的个数来分，可分为同步计数器和异步计数器。根据计数制的不同，可分为二进制计数器、十进制计数器和任意进制计数器。根据计数的增减趋势，又分为加法计数器、减法计数器和可逆计数器。还有可预置数和可编程功能计数器等。目前，无论 TTL 还是 CMOS 集成电路，都有品种较齐全的中规模集成计数电路，使用者只要借助于器件手册提供的功能表和工作波形图以及引出端的排列就能正确地使用这些器件。图 4-5-1 所示是 74SL74 的引脚排列。

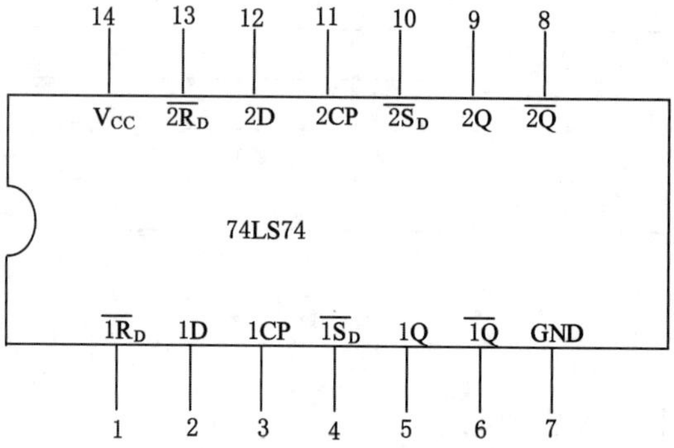

图 4-5-1　74LS74 引脚图

(一) 用 D 触发器构成异步二进制加/减计数器

我们可以利用四只 D 触发器构成四位二进制加法计数器，具体构成是先将每只 D 触发器接成 T' 触发器，再把低位触发器的 Q' 端和高一位的 CP 端相连，如图 4-5-2 所示。如果把低位触发器的 Q 端和高一位的 CP 端相连就构成了四位二进制减法计数器。

(二) 中规模十进制计数器

74LS192 是同步十进制可逆计数器，具有双时钟输入，并具有清除和置数等功能，其引脚排列如图 4-5-3 所示。

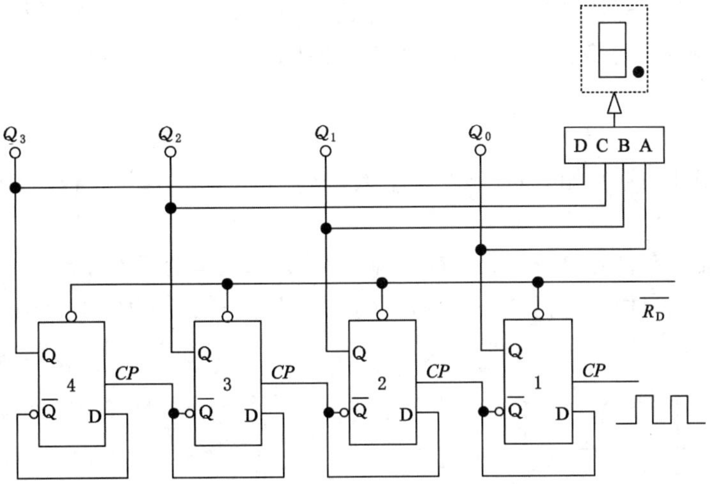

图 4-5-2　四位二进制加法计数器

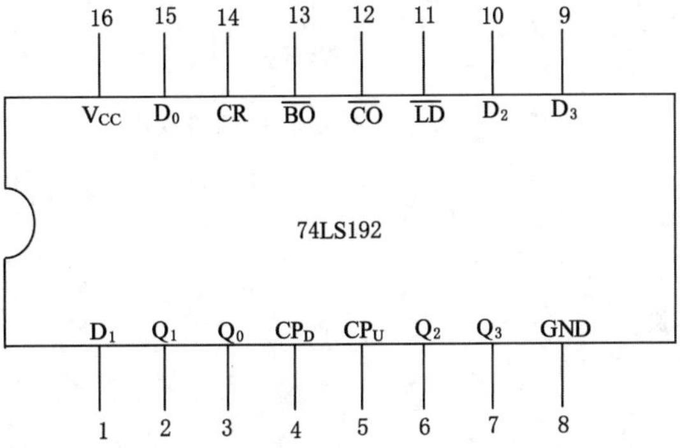

$\overline{LD}$—置数端；CP_U—加计数端；CP_D—减计数端；$\overline{CO}$—非同步进位输出端；$\overline{BO}$—非同步借位输出端；

D_0、D_1、D_2、D_3—计数器输入端；Q_0、Q_1、Q_2、Q_3—数据输出端；CR—清除端。

图 4-5-3　74LS192 引脚图

74LS192 的功能表如表 4-5-1 所示，部分引脚功能如下：

CR：清除端。CR 为“1”时，计数器直接清零；置“0”时则执行其他功能。

$\overline{LD}$：置数端。$\overline{LD}$ 为低电平，CR 也为低电平时，数据直接从置数端 D_0、D_1、D_2、D_3 置入计数器；$\overline{LD}$ 为高电平时，执行计数功能。

表 4-5-1　74LS192 功能表

输入								输出			
CR	$\overline{LD}$	CP_U	CP_D	D_3	D_2	D_1	D_0	Q_3	Q_2	Q_1	Q_0
1	×	×	×	×	×	×	×	0	0	0	0
0	0	×	×	d	c	b	a	d	c	b	a
0	1	↑	1	×	×	×	×	加计数			
0	1	1	↑	×	×	×	×	减计数			

加计数时，减计数端 CP_D 接高电平，计数脉冲由 CP_U 输入；在计数脉冲上升沿进行8421码的十进制加法计数。执行减法计数时，加计数端 CP_U 接高电平，计数脉冲由减计数端 CP_D 输入。

（三）计数器的级联使用

一个十进制计数器只能表示0～9十个数，为了扩大计数器范围，常用多个十进制计数器级联使用。

同步计数器一般设有进位（借位）输出端，故可以选用其进位（或借位）输出信号驱动下一级计数器。我们利用74LS192进位输出 $\overline{CO}$ 控制高一位的 CP_U 端实现加计数级联，如图4-5-4所示。

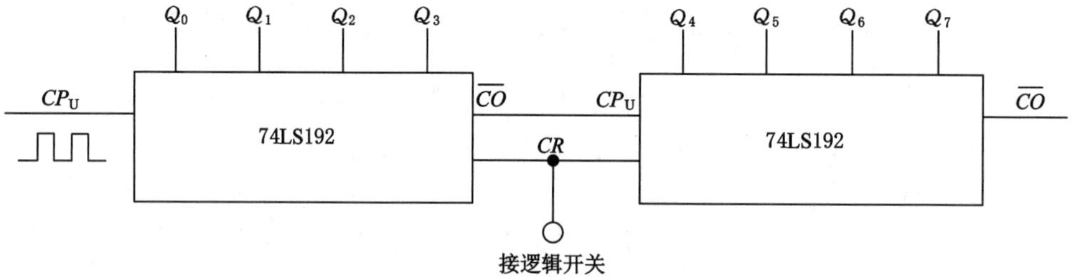

图4-5-4　74LS192百进制级联图

三、实验器材

(1) +5 V直流电源。

(2) 连续脉冲源。

(3) 单次脉冲源。

(4) 逻辑开关。

(5) 电平显示LED。

(6) 译码显示器。

(7) 74LS74×2、74LS192×2、74LS00。

四、实验内容

(1) 用74LS74 D 触发器构成四位二进制异步加法计数器，如图4-5-2所示。

第一步，$\overline{R}_D$ 接至逻辑开关输出插口，将低位 CP_D 端接单次脉冲源，输出端 Q_0、Q_1、Q_2、Q_3 接逻辑电平显示输入插口，并将结果分别接到七段译码器的 A、B、C、D 端。

第二步，清零后，逐个输入单次脉冲，观察并列表记录 Q_3～Q_0 的状态。记录译码器输出字形。

第三步，将单次脉冲改为1 Hz的连续脉冲，观察 Q_3～Q_0 的状态。记录译码器输出字形。

第四步：将电路中低位触发器的 Q 端与高一位的 CP 端连接构成减法计数器，重复如上操作。（选做）

表 4-5-2　译码器输出字形

输入脉冲数	输出				
CP	Q_3	Q_2	Q_1	Q_0	字形
0	0	0	0	0	
1					
2					
3					
4					
5					
6					
7					
8					
9					
10					
11					
12					
13					
14					
15					

(2) 测试 74LS192 同步十进制可逆计数器的逻辑功能。计数脉冲由单次脉冲源提供，清零端、置数端 $\overline{LD}$、数据输入端 D_0、D_1、D_2、D_3 分别接逻辑开关插口，输出端 $Q_0 \sim Q_3$ 分别接试验设备的一个译码器显示的输入插口 A、B、C、D。测试并判断该集成块功能是否正常。

第一步，清除，令 $CR=1$，其他输入任意，此时 $Q_3 \sim Q_0$ 各自为零，译码数字显示为零。清除功能完成后，置 $CR=0$。

第二步，置数，$CR=0$，CP_D 和 CP_U 任意，数据输入端输入任意一组二进制数，令 $\overline{LD}=0$，观察计数译码显示输出，预置功能完成，此后置 $\overline{LD}=1$。

第三步，加计数，$CR=0$，$CP_U=CP_D=1$，CP_U 接单次脉冲源。清零后输入 10 个单次脉冲，观察输出状态变化是否发生在 CP_U 的上升沿并将结果填入表 4-5-3。

表 4-5-3　加计数功能测试表

输入加计数脉冲数(CP_U)		0	1	2	3	4	5	6	7	8	9
输出	Q_3	0									
	Q_2	0									
	Q_1	0									
	Q_0	0									
	字形										

第四步,减计数,$CR=0$,$\overline{LD}=CP_U=1$,CP_D 接单次脉冲源,仿照上一步进行实验,将结果填入表 4-5-4。

表 4-5-4　减计数功能测试表

输入减计数脉冲数(CP_D)		0	1	2	3	4	5	6	7	8	9
输出	Q_3	0									
	Q_2	0									
	Q_1	0									
	Q_0	0									
	字形										

(3) 用两片 74LS192 组成两位十进制加法计数器(图 4-5-4),输入 1 Hz 连续脉冲,进行 00～99 累加计数,并记录(用文字说明即可)。

结论:

五、实验报告

画出实验线路,记录、整理实验现象。对实验结果进行分析。

六、思考题

如何实现任意进制计数?

当我们已经有了 N 进制计数器,而需要一个 M 进制计数器时,在 M 小于 N 的情况下,可以用复位法使计数器计数 M 时置"0",即可获得 M 进制计数器。图 4-5-5 为十进制改六进制计数器电路图。

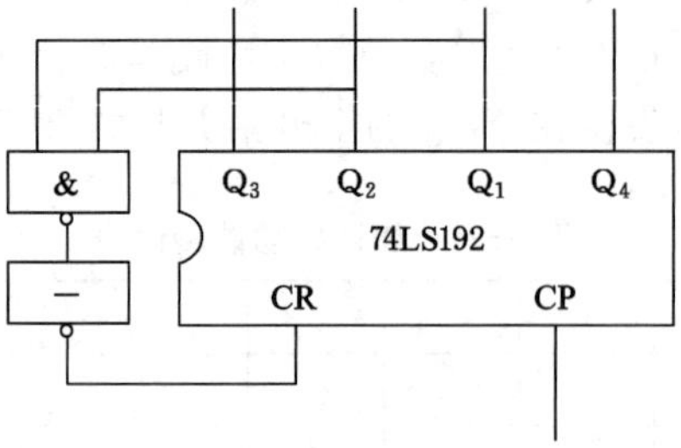

图 4-5-5　十进制改六进制计数器电路图

实验六　移位寄存器及其应用

一、实验目的

(1) 熟悉中规模四位双向移位寄存器的逻辑功能及使用方法。

(2) 熟悉移位寄存器的应用——构成串行累加器和环行计数器。

二、实验原理

移位寄存器是一个具有移位功能的寄存器，是指寄存器中所存的代码能够在移位脉冲的作用下依次左移或右移。既能左移又能右移的称为双向移位寄存器，只需要改变左、右移的控制信号便可实现双向移位要求。根据移位寄存器存取信息的方式不同可分为串入串出、串入并出、并入串出、并入并出四种形式。

实验中所选用的器件为四位双向通用移位寄存器 74LS194，它的引脚排列如图 4-6-1 所示，其逻辑符号含义为：D_3、D_2、D_1、D_0 为并行输入端；Q_3、Q_2、Q_1、Q_0 为并行输出端；S_R 为右移串行输入端；S_L 为左移串行输入端；S_1、S_0 为操作模式控制端；$\overline{CR}$ 为直接清零端；CP 为时钟脉冲输入端。

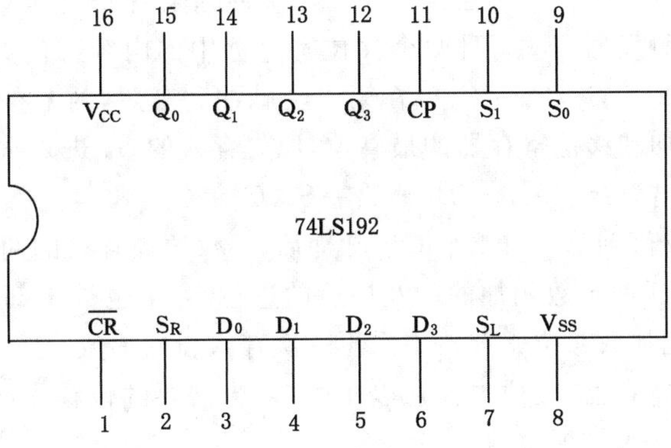

图 4-6-1　74LS194 引脚图

74LS194 有 5 种操作模式，即并行送数寄存、右移（由 $Q_3 \sim Q_0$）、左移（由 $Q_0 \sim Q_3$）、保持和清零。S_1、S_0 和 $\overline{CR}$ 端的控制作用如表 4-6-1 所示。

表 4-6-1　S_1、S_0 和 $\overline{CR}$ 的控制作用

CP	$\overline{CR}$	S_1	S_0	功能	Q_3、Q_2、Q_1、Q_0
×	0	×	×	清除	0、0、0、0

表1-1(续)

CP	$\overline{CR}$	S_1	S_0	功能	Q_3、Q_2、Q_1、Q_0
↑	1	1	1	送数	D_3、D_2、D_1、D_0(S_R、S_L 禁止)
↑	1	0	1	右移	D_{SR}、Q_3、Q_2、Q_1
↑	1	1	0	左移	Q_2、Q_1、Q_0、D_{SL}
↑	1	0	0	保持	Q_3、Q_2、Q_1、Q_0
↓	1	×	×	保持	Q_3、Q_2、Q_1、Q_0

移位寄存器应用很广,它可构成移位寄存器型计数器、顺序脉冲发生器、串行累加器,也可用于数据交换,即把串行数据转换为并行数据,或把并行数据转换为串行数据等。现在让我们来看看由移位寄存器构成的环形计数器和串行累加器的原理。

对于环形计数器来说,把移位寄存器的输出反馈到它的串行输入端,就可以进行循环移位,即把输出端 Q_0 和右移输入端 S_R 相连,设初始状态 Q_3、Q_2、Q_1、Q_0=1、0、0、0,则在时钟脉冲作用下输出端将依次变为 0100—0010—0001—1000→…,可见它是一个有四个有效状态的计数器,这种类型的计数器通常叫作环形计数器。它也可以作为顺序脉冲发生器。

累加器是由移位寄存器和全加器组成的一种求和电路,其功能是将本来寄存的数和另一个输入数相加,并存放在累加器中。串行累加器可以由两个右向移位寄存器、一个全加器和一个进位触发器组成。

设开始时被加数 $A=A_{N-1}\cdots A_0$ 和加数 $B=B_{N-1}\cdots B_0$ 分别存入 $N+1$ 位被加数移位寄存器和加数移位寄存器。再设进位触发器 D 已被清零。

在第一个 CP 脉冲到来之前,全加器各输入、输出端的情况为:$A_n=A_0$,$B_n=B_0$,$C_{n-1}=0$,$S_n=A_0+B_0+0=S_0$,$C_n=C_0$。当第一个 CP 脉冲到来后,S_0 存入累加和移位寄存器的最高位,C_0 存入进位触发器 D 端,且两个移位寄存器中的内容都向右移动一位,全加器输出为 $S_n=A_1+B_1+C_0=S_1$,$C_n=C_1$。在第二个脉冲到来后,两个移位寄存器中的内容又右移一位,S_1 存入累加和移位寄存器的最高位,原先存入的 S_0 进入次高位,C_1 存入进位触发器 Q 端,全加器输出为:$S_n=A_2+B_2+C_1=S_2$,$C_n=C_2$。

按照如此顺序进行,到第 $N+1$ 个 CP 脉冲后,不仅原先存入的两个移位寄存器中的数已被全部移出,且 A、B 两个数相加的和及最后的进位 C_{n-1} 也被全部存入累加和移位寄存器中。若继续累加,则加数移位寄存器中需再一次存入新的加数。

中规模集成移位寄存器,其位数往往以 4 居多,当需要的位移多于 4 位时,可把几块移位寄存器用级联的方法来扩展位数。

三、实验器材

(1) 数字电子实验系统。

(2) 74LS194×2、74LS74、74LS183。

四、实验内容

(一) 测试 74LS194 的逻辑功能

$\overline{CR}$、S_1、S_0、S_L、S_R、D_3、D_2、D_1、D_0 分别接至逻辑开关的输出插口;Q_3、Q_2、Q_1、Q_0 接

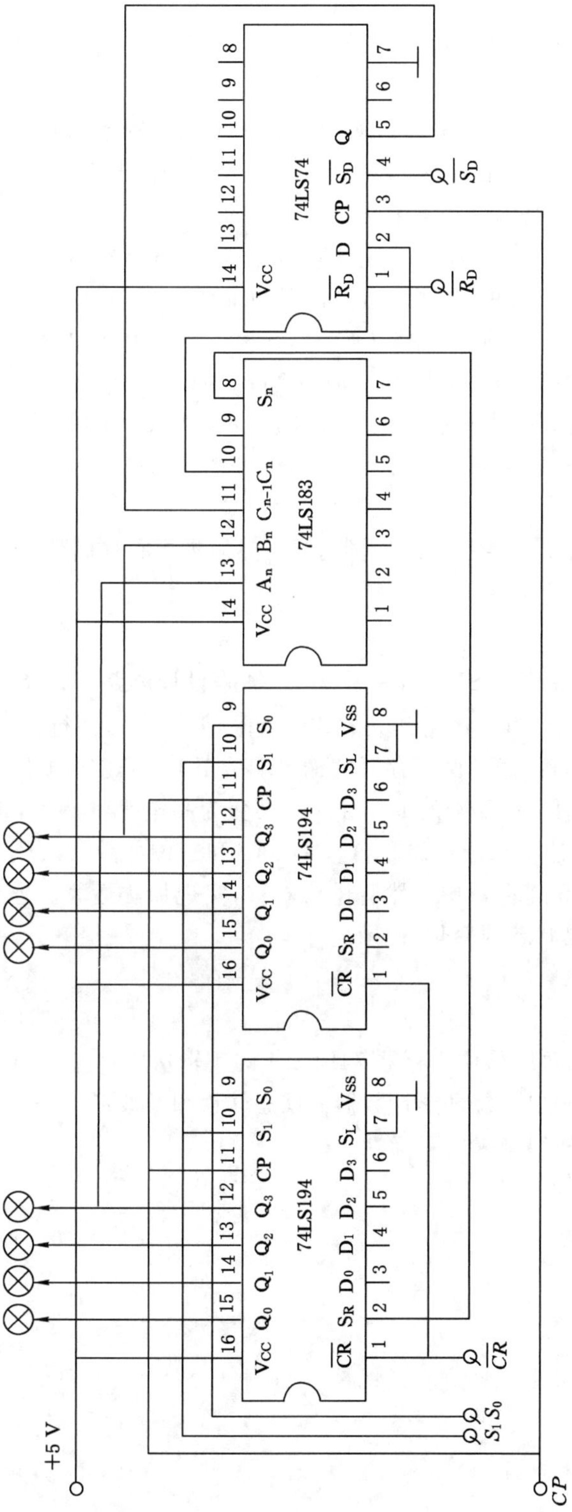

图4-6-2　累加运算器链接线路图

至 LED 逻辑电平显示输入插口。CP 接单次脉冲源输出插口。改变它的输入状态，逐项进行测试。

第一步，清除。令$\overline{CR}=0$，其他输入均为任意态，此时寄存器输出应全部为零。清除后置$\overline{CR}=1$。

第二步，送数。令 $\overline{CR}=S_1=S_0=1$，输入任意 4 位二进制数，如 $D_3D_2D_1D_0=ABCD$，加 CP 脉冲，观察 $CP=0$、CP 由 0→1 及 CP 由 1→0 三种情况下寄存器输出状态的变化，并观察寄存器的输出状态变化是否发生在 CP 脉冲的上升沿。

第三步，右移。清零后，令 $\overline{CR}=1$、$S_1=0$、$S_0=1$，由右移输入端 S_R 输入二进制数如 0100，由 CP 端连续加 4 个脉冲，观察输出的情况，并记录。

第四步，左移。先清零或预制，再令 $\overline{CR}=1$、$S_1=1$、$S_0=0$，由左移输入端 S_L 输入二进制数如 1111，连续加入 4 个 CP 脉冲，观察输出情况，并记录。

第五步，保持。寄存器任意预制 4 位二进制数 $DCBA$，令 $\overline{CR}=1$、$S_1=S_0=0$，加 CP 脉冲，观察寄存器输出状态，并记录。

（二）循环移位

用并行输入数法预置寄存器某位二进制数码，然后进行右移循环，观察计数器输出状态的变化。

（三）累加运算

用两片 74LS194、一片 74LS183 和一片 74LS74 来设计电路，$\overline{CR}$、S_1、S_0 接逻辑开关输出插口，CP 接单次脉冲源，由于逻辑开关的数量有限，两寄存器并行输入端 $D_3D_2D_1D_0$ 根据实验设备现有条件进行接线。两寄存器的输出端接至 LED 逻辑电平显示输入插口。

首先，触发器置零，使 74LS74 的 $\overline{R}_D$ 由低电平变为高电平。然后，进行送数，令 $\overline{CR}=S_1=S_0=1$，用并行送数法把三位被加数 A_2、A_1、A_0 和三位加数 B_2、B_1、B_0 分别送入累加和移位寄存器和加数移位寄存器中。然后进行右移，实现加法运算。连续输入 4 个 CP 脉冲，观察两个寄存器输出状态的变化，记录。

五、实验报告

(1) 分析实验结果，总结移位寄存器 74LS194 的逻辑功能。

(2) 根据实验结果画出 4 位环形计数器的状态转换图及波形。

(3) 分析累加运算所得结果的正确性。

实验七　时序逻辑电路设计及应用

一、实验目的

(1) 了解同步时序逻辑电路的设计过程。

(2) 进一步掌握时序逻辑电路的测试方法。

二、实验原理

设计时序逻辑电路时,要求设计者根据给出的具体逻辑问题,求出实现这一逻辑功能的逻辑电路。设计同步时序逻辑电路的一般步骤如下:

(1) 逻辑抽象,得出电路的状态转换图或状态转换表。

① 分析给定的逻辑问题,确定输入变量、输出变量以及电路的状态数。通常都是取原因(或条件)作为输入逻辑变量,取结果作为输出逻辑变量。

② 定义输入、输出逻辑状态和各个电路状态的含义,并将电路状态顺序编号。

③ 按照题意列出电路的状态转换表或画出电路的状态转换图。

(2) 状态化简。若两个电路状态在相同的输入下有相同的输出,并且转换到同样一个状态去,则称这两个状态为等价状态。等价状态可以合并为一个。

(3) 状态分配。状态分配又称状态编码。时序逻辑电路的状态是用触发器状态的不同组合来表示的,即需要确定触发器的数目 $Q_3=0$。

(4) 选定触发器的类型,求出电路的状态方程、驱动方程和输出方程。

(5) 根据得到的方程式,画出逻辑图。

(6) 检查设计的电路能否自启动。

图 4-7-1 所示为某一三相步进电机的驱动电路示意图。

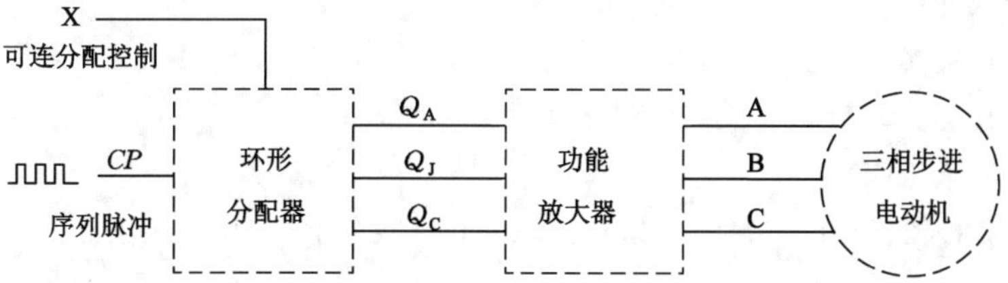

图 4-7-1　三相步进电机的驱动电路

A、B、C 分别表示步进电机的三相绕组。步进电机按三相六拍方式运行,步进电机正转时,电机三相绕组的通电顺序为

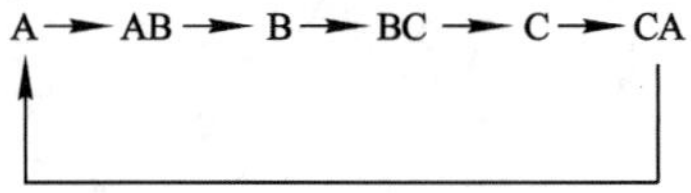

步进电机反转时，三相绕组的通电顺序改为

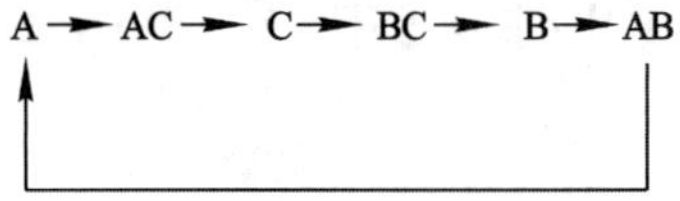

按照同步时序逻辑电路的设计方法，可得图 4-7-2 所示的由三个 JK 触发器构成的电路，用于产生按六拍通电方式（正转）的脉冲序列。

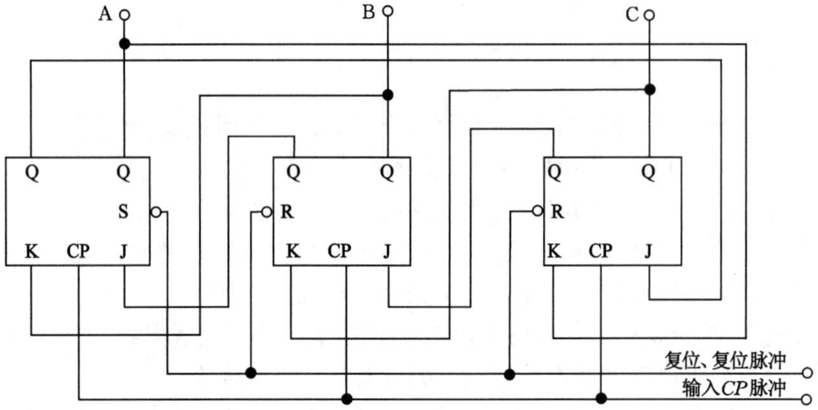

图 4-7-2　六拍通电方式的脉冲环形分配器逻辑图

要使步进电机反转，脉冲分配器应如何连线？请自行考虑。通常应加有正转脉冲输入控制端和反转脉冲输入控制端。

三、实验设备、部件与器件

(1) +5 V 直流电源。
(2) 双踪示波器(另配)。
(3) 连续脉冲源。
(4) 单次脉冲源。
(5) 逻辑开关。
(6) 电平显示 LED。
(7) CC4013×2、CC4027×2、CC4011×2、CC4082×3、CC4071×2。

四、实验内容

按照图 4-7-2 连接实验电路。CP 输入端接单次脉冲源。三个 JK 触发器的 Q 输出端接逻辑电平显示输入端。在 CP 输入端逐个加入脉冲观察三个触发器输出端的状态。并记入表 4-7-1 中。

表 4-7-1

脉冲个数	A(Q_3)	B(Q_2)	C(Q_1)
1			
2			
3			
4			
5			
6			

五、实验报告

（1）画出完整的实验线路。

（2）总结分析实验结果。

实验八　脉冲信号产生电路的研究

一、实验目的

(1) 掌握使用门电路构成脉冲信号产生电路的基本方法。

(2) 进一步了解影响输出脉冲波形的参数与电路参数的关系。

(3) 学习石英晶体稳频原理和使用石英晶体构成振荡器的方法。

二、实验原理

(一) 利用与非门组成脉冲信号产生电路

与非门作为一个开关倒相器件,可用以构成各种脉冲波形的产生电路。电路的基本工作原理是利用电容器的充放电,当输入电压达到与非门的阈值电压 V_T 时,门的输出状态即发生变化。因此,电路输出的脉冲波形参数直接取决于电路中阻容元件的数值。

(二) 非对称型多谐振荡器

如图 4-8-1 所示,它的输出波形是不对称的,输出脉冲宽度(TTL 与非门)$t_{W1}=RC$、$t_{W2}=1.2RC$、$T=2.2RC$,调节 R 和 C 值,可改变输出信号的振荡频率,通常是改变 C 实现输出频率的粗调、改变 R 实现输出频率的细调。

(三) 对称型多谐振荡器

如图 4-8-2 所示,由于电路完全对称,电容器的充放电时间常数相同,故输出为对称的方波。改变 R 和 C 的值,可以改变输出振荡频率。如输出端加一非门,可实现输出波形整形。

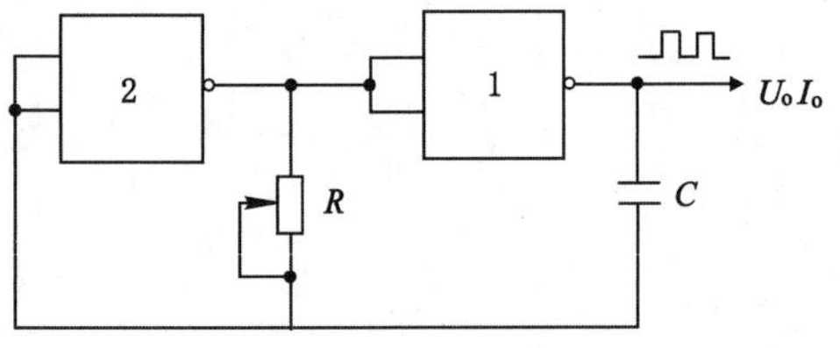

图 4-8-1　非对称型振荡器

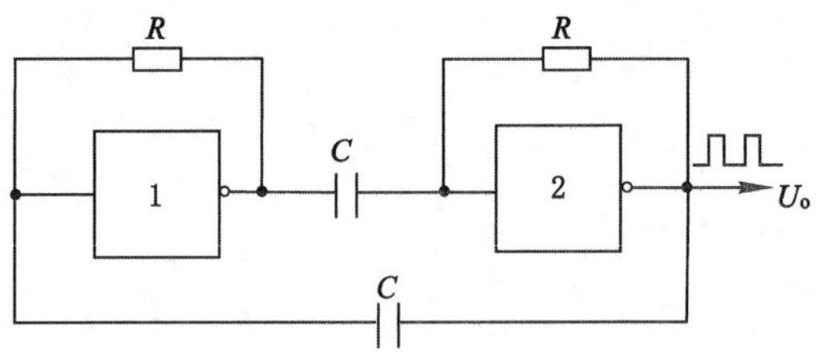

图 4-8-2　对称型振荡器

一般取 $R \leqslant 1\ \text{k}\Omega$,当 $R=1\ \text{k}\Omega$、$C=100\ \text{pF} \sim 100\ \mu\text{F}$ 时,f 为几 Hz～几 MHz,脉冲宽度 $t_{W1}=t_{W2}=0.7RC$,$T=1.4RC$。

(四) 带 RC 电路的环形振荡器

电路如图 4-8-3 所示。非门 4 用于输出波形整形,R 为限流电阻,一般取 100 Ω,电位器 R_W 要求小于等于 1 kΩ。电路利用电容 C 的充放电过程,控制 D 点电压 V_D,从而控制与非门的自动启闭，形成多谐振荡，电容 C 的充电时间 t_{W1}、放电时间 t_{W2} 和总的振荡周期 T 分别为 $t_{W1} \approx 0.94RC$、$t_{W2} \approx 1.26RC$、$T \approx 2.2RC$，调节 R 和 C 的大小可改变电路输出的振荡频率。

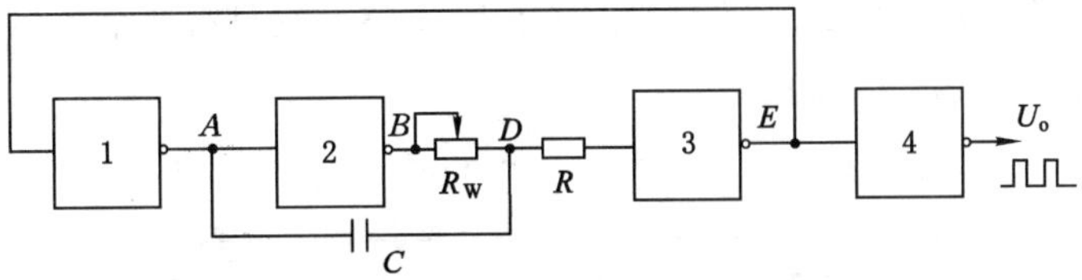

图 4-8-3　带有 RC 电路的环形振荡器

以上这些电路的状态转换都发生在与非门输入电平达到门的阈值电平 V_T 的时刻。在 V_T 附近电容器的充放电速度已经缓慢，而且 V_T 本身也不够稳定，易受温度、电源电压变化等因素以及干扰的影响。因此，电路输出频率的稳定性较差。

（五）石英晶体稳频的多谐振荡器

当要求多谐振荡器的工作频率稳定性很高时，上述几种多谐振荡器的精度已不能满足要求，为此常用石英晶体作为信号频率的基准。用石英晶体与门电路构成的多谐振荡器常用来为微型计算机等提供时钟信号。

图 4-8-4 所示为常用的晶体稳频多谐振荡器。图(a)、图(b)所示为由 TTL 器件组成的晶体振荡电路；图(c)、图(d)所示为由 CMOS 器件组成的晶体振荡电路，一般用于电子表中，其中晶体的 $f_0 = 32\ 768$ Hz。

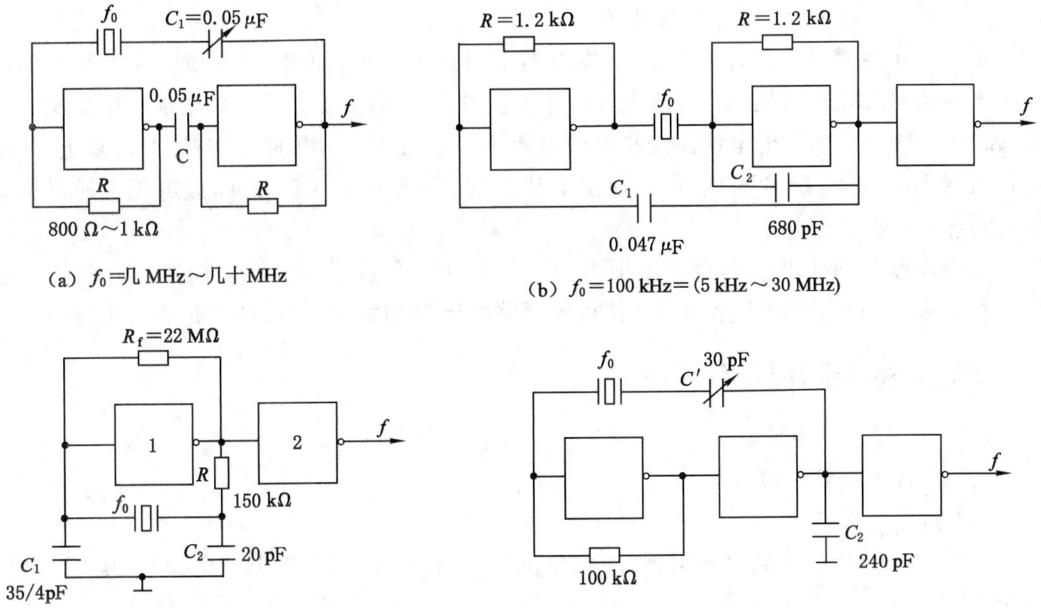

(a) f_0=几 MHz～几十 MHz

(b) f_0=100 kHz=(5 kHz～30 MHz)

(c) f_0=32 768 Hz=2^{15} Hz

(d) f_0=100 kHz

图 4-8-4　常用的晶体振荡电路

图 4-8-4(c)中，门 1 用于振荡，门 2 用于缓冲整形。R_f 是反馈电阻，通常在几十兆欧范

围选取，一般选 22 MΩ。R 起稳定振荡作用，通常取十至几百千欧。C_1 是频率微调电容器，C_2 用于温度特性校正。

（六）利用晶体管组成多谐振荡器

图 4-8-5 所示为由晶体管组成的自激多谐振荡电路。它只有两个暂稳态（即 VT_1 饱和、VT_2 截止，VT_1 截止、VT_2 饱和）。

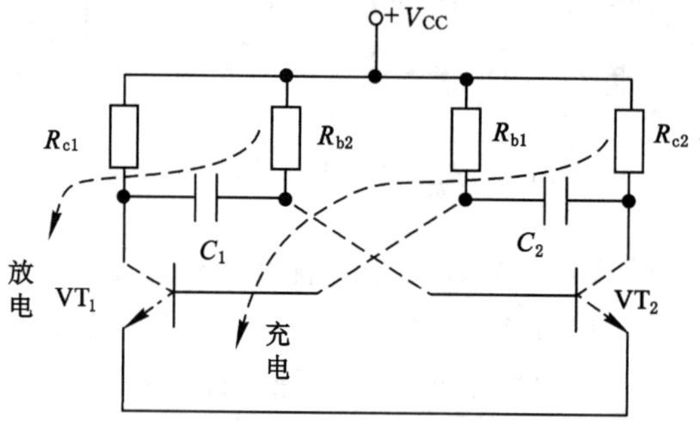

图 4-8-5　晶体管自激多谐振荡电路

设 t_1 时刻电路翻转成 VT_1 饱和、VT_2 截止，这时电容 C_1 通过 R_{b2} 和饱和管 VT_1 的集电极放电，同时电源 V_{CC} 沿 R_{C2} 和 VT_1 的基极对 C_2 进行充电，一旦 V_{be2} 达到 V_T 时，电路又翻转成 VT_2 饱和、VT_1 截止，电路进入另一个暂稳态。这时 C_2 通过 R_{b1} 和 VT_2 的集电极放电，同时 V_{CC} 经 R_{C1}、VT_2 的基极对 C_1 充电，当 V_{be1} 达到 V_T 时，电路又返回第一个暂稳态，形成振荡。$t_{W1}=0.7R_{b2}C_1$、$t_{W2}=0.7R_{b1}C_2$、$T=t_{W1}+t_{W2}$，若电路对称，$C_1=C_2=C$，$R_{b1}=R_{b2}=R_b$，则 $T=1.4R_bC$，输出方波。

如果要求改善输出脉冲上升沿，就需要对电路进行改进，如图 4-8-6 所示。因为电容的充电电流流经集电极电阻 R_C 是造成输出脉冲上升沿 t_r 的主要原因。现增加一个隔离二极管 VD，以避免 C_2 的充电电流流经集电极电阻 R_{C2}''。在 C_2 充电时，二极管 VD 截止，充电电流流经 R_{C2}'，集电极电压 V_A 可以很快上升。在 C_2 放电时，VD 导通，放电仍可通过饱和管进行。

对电路参数的要求是 $\tau_{放}\gg\tau_{充}$，即 $R_{b2}C_1\gg R_{c2}'C_2$、$R_{b1}C_2\gg R_{c1}C_1$，在放电的同时，充电要尽快结束。另外，要求 $R_b<\beta_0R_c$，使得导通管处于饱和状态，以保证电路的工作稳定。

三、实验设备、部件与器件

（1）+5 V 直流电源。

（2）双踪示波器（另配）。

（3）数字频率计。

（4）74LS00（或 CC4011），3DK2×2，2CK15 晶振频率 32 768 Hz，电位器、电阻、电容若干。

四、实验内容

（1）用与非门 74LS00 按图 4-8-1 构成多谐振荡器，其中 R 为 10 kΩ 电位器，C 为 0.01 μF。

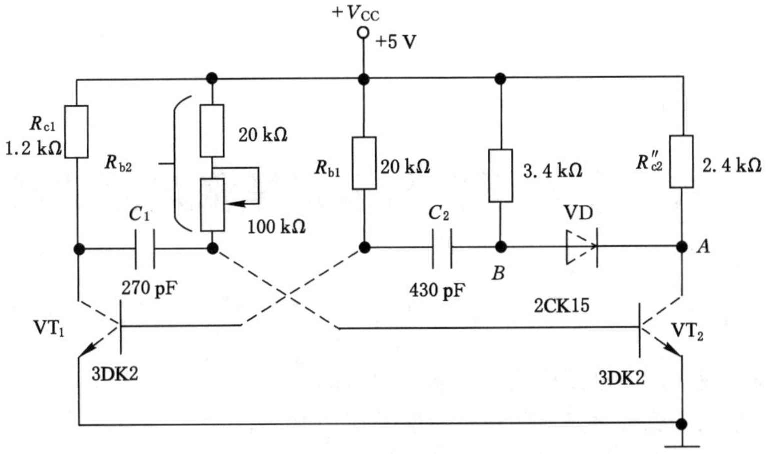

图 4-8-6　改善 VA 上升沿的晶体管自激多谐振荡电路

① 用示波器观察输出波形及电容 C 两端的电压波形，列表记录之。

② 调节电位器观察输出波形的变化，测出最高和最低频率。

③ 用一只 100 μF 电容器跨接在 74LS00 的 14 脚与 7 脚的最近处，观察输出波形的变化及电源上纹波信号的变化，记录之。

(2) 用 74LS00 按图 4-8-2 接线，取 $R=1$ kΩ、$C=0.047$ μF，用示波器观察输出波形并记录。

(3) 用 74LS00 按图 4-8-3 接线，其中定时电阻 R_W 用一个 510 Ω 与一个 1 kΩ 的电位器串联，取 $R=100$ Ω、$C=0.1$ μF。

① R_W 调到最大时，观察并记录 A、B、D、E 及 V_0 各点电压的波形，测出 V_o 的周期 T 和负脉冲宽度（电容 C 的充电时间）并与理论计算值比较。

② 改变 R_W 值，观察输出信号 V_o 波形的变化情况。

(4) 按图 4-8-4(c) 接线，晶振频率选用电子表晶振频率 32 768 Hz，与非门选用 CC4011，用示波器观测输出波形，用频率计测量输出信号频率，记录之。

五、实验报告

(1) 画出实验电路，整理实验数据与理论值进行比较。

(2) 用方格纸画出实验观测到的工作波形图，对实验结果进行分析。

实验九　脉冲延时与波形整形电路的研究

一、实验目的

(1) 掌握使用集成门电路构成单稳态触发器的基本方法。

(2) 熟悉集成单稳态触发器的逻辑功能及使用方法。

(3) 熟悉集成施密特触发器的性能及应用。

二、实验原理

在数字电路中除了常用到自激振荡器外(它是不需要外加信号触发的矩形波发生器)，还常常用到单稳态触发器(它需要在外加触发信号的作用下输出具有一定宽度的矩形脉冲波)和施密特触发器(整形电路，它对外加输入的正弦波等波形进行整形，使电路输出矩形脉冲波)。

(一) 用与非门组成单稳态触发器

利用与非门作开关，依靠定时元件 RC 电路的充放电来控制与非门的启闭。单稳态电路有微分型与积分型两大类，这两类触发器对触发脉冲的极性与宽度有不同的要求。

(1) 微分型单稳态触发电路如图 4-9-1 所示，其中 R_1、C_1 构成输入端微分隔直电路。R、C 构成微分型定时电路，定时元件 R、C 的取值不同，输出脉宽 t_W 也不同。$t_P \approx (0.7 \sim 1.3)RC$。该电路为负脉冲触发，适用于触发脉冲宽度小于输出脉冲宽度的情况。稳态时 G_1 导通、G_2 截止(G_3 仅起整形倒相作用)。V_i 负极性时，$V_A \downarrow \rightarrow V_B \uparrow$，由于电容端电压不能跃变，故 $V_D \uparrow \rightarrow V_E \downarrow$，该低电平使 V_B 高电平得以维持，电路进入暂稳态，此时电容 C 充电，随着 $I_{充} \downarrow \rightarrow V_D \downarrow$，当 $V_D = V_T$ 时，电路又翻转成 G_1 导通、G_2 截止的稳定状态。若 V_i 的脉宽较小时，则输入端就不必加 R_1C_1 微分电路了。

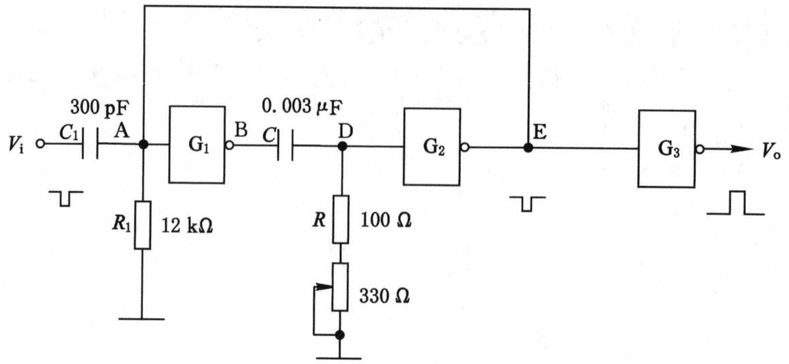

图 4-9-1　微分型单稳态触发电路

(2) 积分型单稳态触发电路如图 4-9-2 所示。电路采用正脉冲触发,适用于触发脉冲宽度大于输出脉冲宽度的情况,其工作波形如图 4-9-3 所示。电路的稳定条件是 $R<1\ \text{k}\Omega$,输出脉冲宽度,$t_W \approx 1.1RC$。

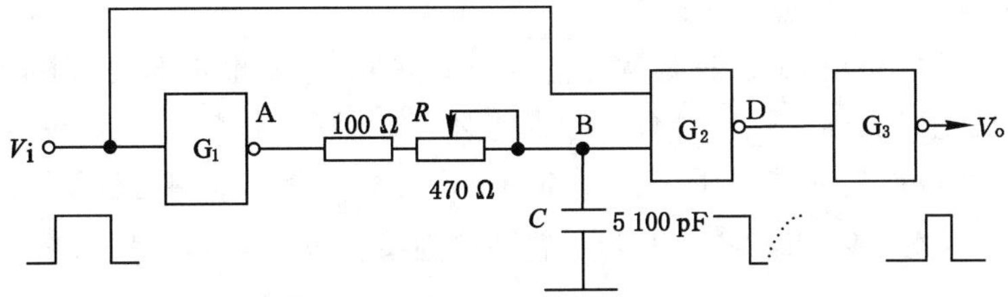

图 4-9-2　积分型单稳态触发电路

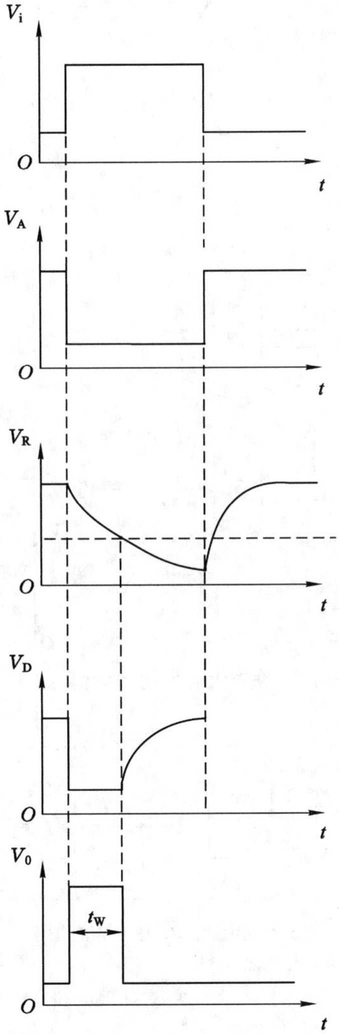

图 4-9-3　积分型单稳态触发电路工作波形

单稳态触发器的共同特点是：触发脉冲未加入前，电路处于稳态。此时，可以测得各门的输入和输出电位。触发脉冲加入后，电路立刻进入暂稳态，暂稳态的时间，即输出脉冲的宽度 t_W，只取决于 RC 数值的大小，与触发脉冲无关。

（二）用与非门组成施密特触发器

施密特触发器能对正弦波、三角波等信号进行整形，并输出矩形波，图 4-9-4(a)、(b)所示是两种典型的电路。(a)图中，门 G_1、G_2 是基本 RS 触发器，门 G_3 是反相器，二极管 VD 起电平偏移作用，以产生回差电压，其工作情况如下：设 $V_i=0$，G_3 截止，$R=1$、$S=0$，$Q=1$、$\overline{Q}=0$，电路处于原态。V_i 由 OV 上升到电路的接通电位 V_T 时，G_3 导通，$R=0$、$S=1$，触发器翻转为 $Q=0$、$\overline{Q}=1$ 的新状态。此后 V_i 继续上升，电路状态也不变。当 $V_i \leqslant V_T$ 时，G_3 由导通变为截止，而 $V_S=V_T+V_D$ 为高电平，因而 $R=1$、$S=1$，触发器状态仍保持。只有 V_i 降至使 $V_S=V_T$ 时，电路才翻回到 $Q=1$、$\overline{Q}=0$ 的原态。电路回差 $\Delta V=V_D$。图 4-9-4(b)所示是由电阻 R_1、R_2 产生回差的电路。

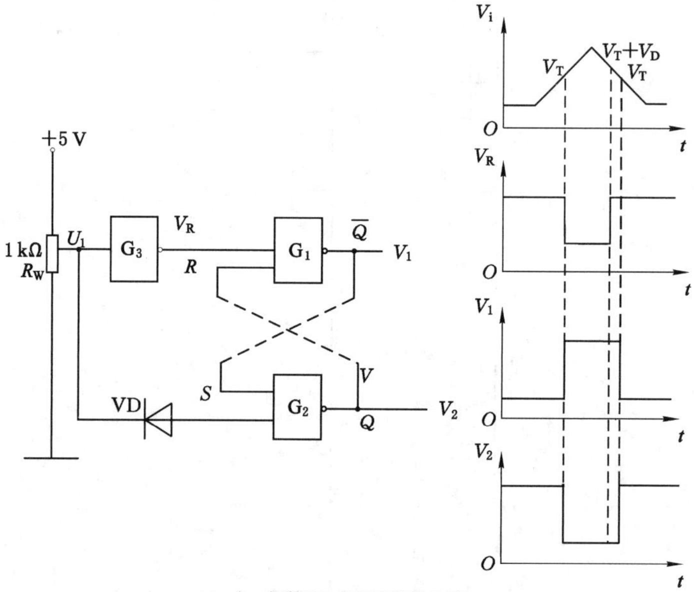

(a) 由二极管VD产生回差的电路

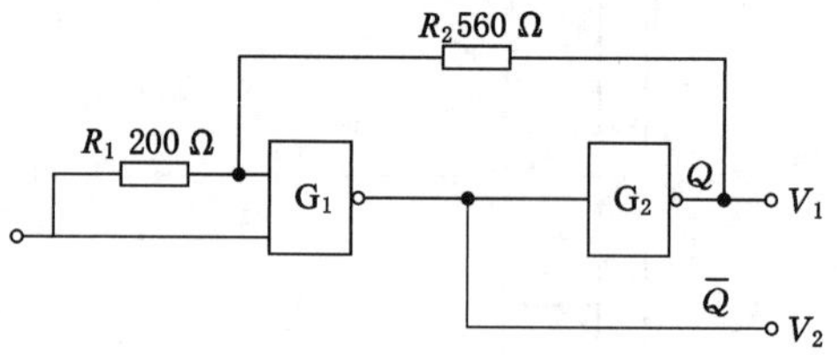

(b) 由电阻R_1、R_2产生回差的电路

图 4-9-4　回差典型电路

三、实验设备、部件与器件

(1) +5 V 直流电源。

(2) 双踪示波器(另配)。

(3) 连续脉冲源。

(4) 数字频率计。

(5) CD4011,CD14528,CD40106,2CK15 电位器,电阻、电容若干。

四、实验内容

(1) 按图 4-9-1 接线,输入 1 kHz 连续脉冲,用双踪示波器观测 V_i、V_A、V_B、V_D、V_E 及 V_o 的波形,记录之。

(2) 改变 C 或 R 之值,重复(1)的实验内容。

(3) 按图 4-9-2 接线,重复(1)的实验内容。

(4) 按图 4-9-4(a)接线,令 V_i 由 0→5 V 变化,测量 V_1、V_2 之值。

五、实验报告

(1) 绘出实验线路图,用方格纸记录波形。

(2) 分析各次实验结果的波形,验证有关的理论。

(3) 总结单稳态触发器及施密特触发器的特点及应用。

实验十　555 时基电路及其应用

一、实验目的

(1) 熟悉 555 型时基电路的电路结构、工作原理及特点。
(2) 掌握 555 型集成时基电路的基本应用。

二、实验原理

集成时基电路称为集成定时器，是一种数字、模拟混合型的中规模集成电路，其应用十分广泛。它是一种产生时间延迟和多种脉冲信号的电路，由于内部电压标准使用了三个 5 kΩ 电阻，故取名为 555 电路。其电路类型有双极型和 CMOS 型两大类，二者的结构和工作原理类似。几乎所有的双极型产品型号最后的三位数码都是 555 或 556；所有的 CMOS 产品型号的最后四位数码都是 7555 或 7556，二者的逻辑功能和引脚排列完全相同，易于互换。555 和 7555 是单定时器。556 和 7556 是双定时器。双极型的电源电压 $V_{CC}=+5\sim+15$ V，输出的最大电流可达 200 mA，CMOS 型的电源电压为 $+3\sim+18$ V。

(一) 555 电路的工作原理

555 定时器的内部电路框图如图 4-10-1 所示。它含有两个电压比较器。一个基本 RS 触发器，一个放电开关管 VT，比较器的参考电压由三只 5 kΩ 电阻器构成的分压器提供。

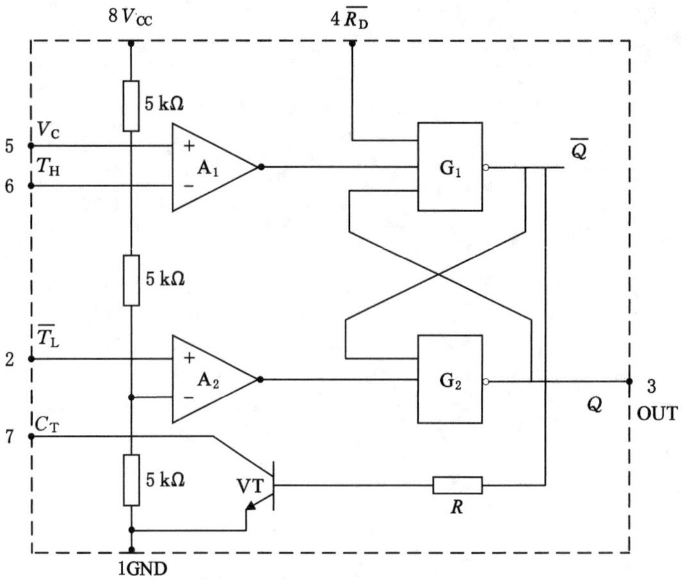

图 4-10-1　555 定时器内部电路框图

引脚排列定义如下：

1(GND)——地；2(T_L)——触发输入；3(OUT)——输出端；4($\overline{R}_D$)——复位端；5(V_C)——控制电压；6(T_H)——阈值输入；7(C_T)——放电端；8(V_{CC})——电源端。

555 定时器的基本功能如表 4-10-1 所示。

表 4-10-1　555 定时器功能表

输入			输出	
阈值输入 T_H	触发输入 T_L	复位 $\overline{R}_D$	输出 OUT	放电管 VT
×	×	0	0	导通
$<\frac{2}{3}V_{CC}$	$<\frac{1}{3}V_{CC}$	1	1	截止
$>\frac{2}{3}V_{CC}$	$>\frac{1}{3}V_{CC}$	1	0	导通
$<\frac{2}{3}V_{CC}$	$>\frac{1}{3}V_{CC}$	1	不变	不变

（二）用 555 定时器构成单稳态触发器

单稳态触发器可以由 555 定时器外接定时元件 R、C 构成，其电路如图 4-10-2 所示。触发器由 C_1、R_1、VD 构成，其中 VD 为钳位二极管。稳态时 555 电路输入端处于电源电平，内部放电开关管 VT 导通，输出端 F 输出低电平，当有一个外部负脉冲触发信号经由 C_1 加到二号引脚，并使二端电位瞬时低于 1/3 V_{CC}，低电平比较器动作，单稳态电路即开始一个暂态过程，电容 C 开始充电，V_C 按指数规律增长。当 V_C 充电到 $2/3V_{CC}$ 时，高电平比较器动作，比较器 A_1 翻转，输出 V_o 从高电平返回低电平，放电开关管 VT 重新导通，电容 C 上的电荷很快经放电开关管放电，暂态结束，恢复稳态，为下个触发脉冲的到来做好准备。

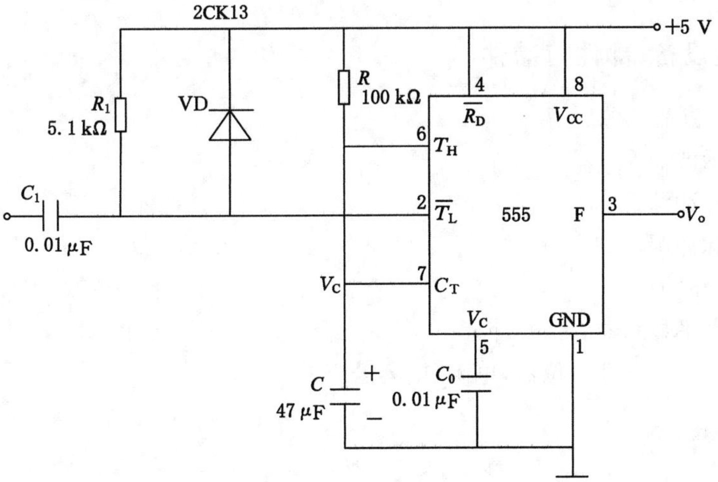

图 4-10-2　单稳态触发电路

暂稳态的持续时间 t_W（延迟时间）由外接元件 R、C 的大小决定，$t_W=1.1RC$。

通过改变 R、C 的大小，可使延迟时间在几个微秒到几十分钟之间变化。当这种单稳态电路作为计数器时，可直接驱动小型继电器，并可以使用复位端(4 脚)接地的方法来终止暂态，重新计时。此外尚需一个续流二极管与继电器的线圈并接，以防继电器线圈反电势损坏内部功率管。

(三) 用 555 定时器构成多谐振荡器

由 555 定时器和外接元件 R_1、R_2、C 构成多谐振荡器，它的引脚 2 和引脚 6 直接相连，其电路如图 4-10-3 所示。这时，电路没有稳态，只有暂稳态，电路也不需要外加触发信号，利用电源通过 R_1、R_2 向 C 充电，及利用 C 通过 R_2 向 C_t 放电，就可使电路产生振荡。电容 C 在 $1/3V_{CC}$ 和 $2/3V_{CC}$ 之间进行充放电。输出信号的时间参数是 $T=t_{w1}+t_{w2}$，$t_{w1}=0.7(R_1+R_2)C$，$t_{w2}=0.7R_2C$。

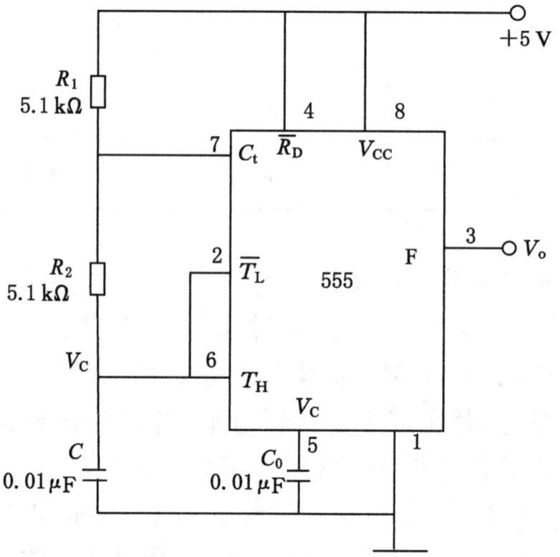

图 4-10-3 多谐振荡器

三、实验设备、部件与器件

(1) +5 V 直流电源。

(2) 双踪示波器。

(3) 连续脉冲源。

(4) 单次脉冲源。

(5) 低频信号源。

(6) 逻辑电平显示器。

(7) 555，2CK13×2 电位器，电阻、电容若干。

四、实验内容

(1) 按图 4-10-3 接线，构成多谐振荡器，观察波形。

(2) 模拟声响电路，如图 4-10-4 所示，组合两个多谐振荡器，调节定时元件，使Ⅰ输出较低频率，Ⅱ为高频振荡器，连好线后接通电源，试听音响效果。调换外接阻容元件再试听音响效果。

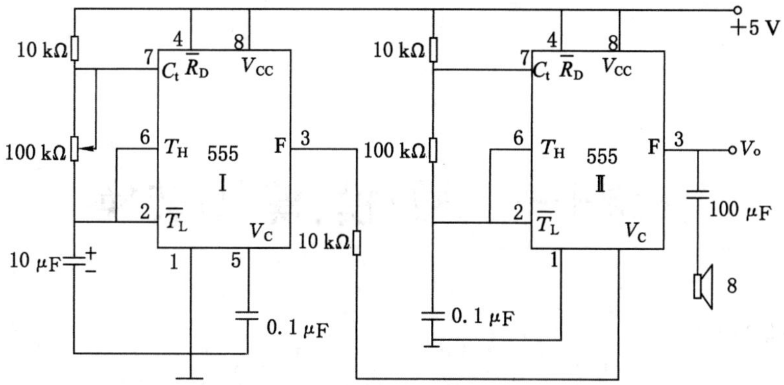

图 4-10-4　模拟声响电路

五、实验报告

(1) 绘出详细的实验线路图，用方格纸记录波形。

(2) 分析、总结实验结果。

六、思考题

如图 4-10-5 所示，只要将引脚 2、6 连在一起来作为信号输入端，即可得到施密特触发器。设被整形变换的电压为正弦波 V_S，其正半波通过二极管 VD，同时也加到 555 定时器的引脚 2、6，得到 V_i 为半波整流波。当 V_i 上升到 $2/3V_{CC}$ 时，V_o 从高电平翻转为低电平；当 V_i 下降到 $1/3V_{CC}$ 时，V_o 又从低电平翻转为高电平。

按图 4-10-5 接线构成施密特触发器，预先调好 V_i 的频率，接通电源后逐渐加大 V_S 的幅度，观察波形，算出回差电压。

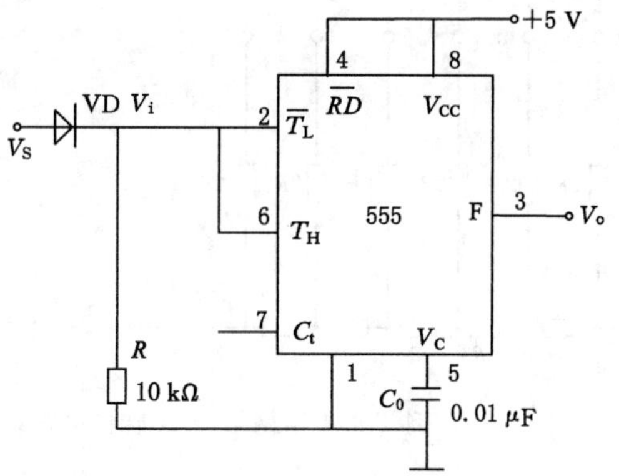

图 4-10-5　施密特触发器

实验十一　数/模、模/数转换

一、实验目的

(1) 了解 D/A 和 A/D 转换器的基本工作原理和基本结构。

(2) 掌握大规模集成 D/A 和 A/D 转换器的功能及使用方法。

二、实验原理

在数字电子技术的很多应用场合往往需要完成模/数之间的相互转换，A/D 转换器用于完成模/数转换，D/A 转换器用于完成数/模转换。

(一) D/A 转换器 DAC0832

DAC0832 是采用 CMOS 工艺制成的单片电流输出型 8 位数/模转换器，器件的核心部分为采用倒 T 形电阻网络的 8 位 D/A 转换器，如图 4-11-1 所示。

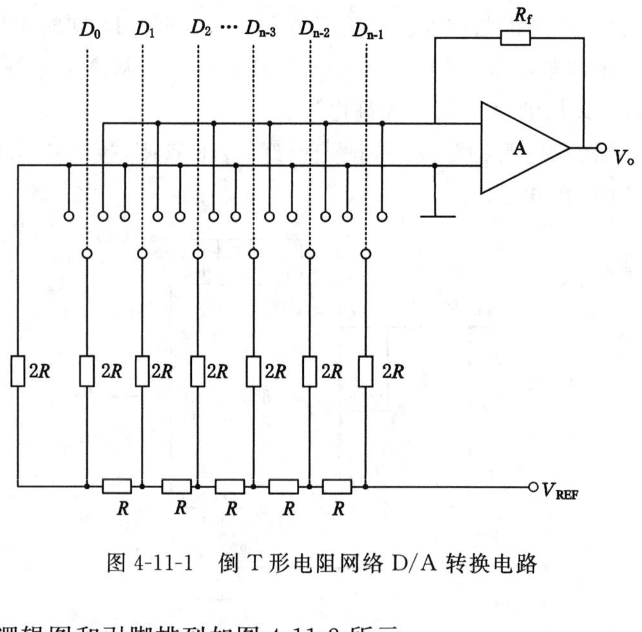

图 4-11-1　倒 T 形电阻网络 D/A 转换电路

DAC0832 的逻辑图和引脚排列如图 4-11-2 所示。

DAC0832 输出的是电流，要转换为电压，还必须经过一个外接的运算放大器，实验线路如图 4-11-3 所示。

(二) A/D 转换器 ADC0809

ADC0809 是采用 CMOS 工艺制成的单片 8 位 8 通道逐次逼近型模/数转换器，其引脚排列如图 4-11-4 所示。

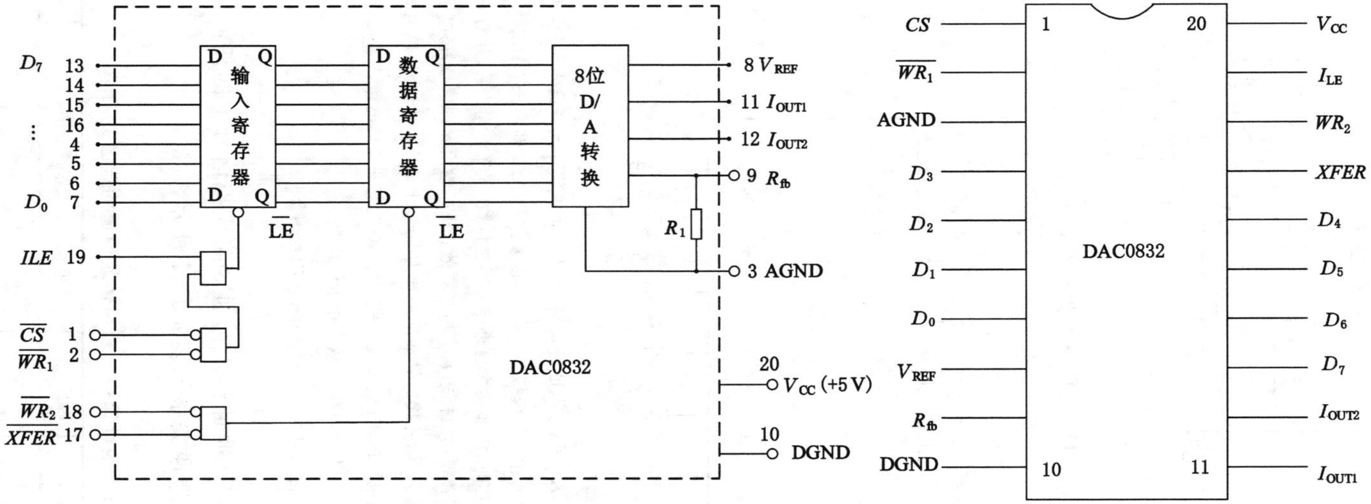

$D_0 \sim D_7$—数字信号输入端；ILE—输入寄存器锁存允许，高电平有效；$\overline{CS}$—片选信号，低电平有效；$\overline{WR_1}$—写信号1，低电平有效；$\overline{XFER}$—传送控制信号，低电平有效；$\overline{WR_2}$—写信号2，低电平有效；I_{OUT1}，I_{OUT2}—DAC电流输出端；R_{fb}—反馈电阻，是集成在片内的外接运放的反馈电阻；V_{REF}—基准电压（−10 V　+5 V）；V_{CC}—电源电压（+5 V　+15 V）；AGND—模拟地；DGND—数字地（与模拟地可接在一起使用）。

图4-11-2 DAC0832的逻辑图和引脚排列

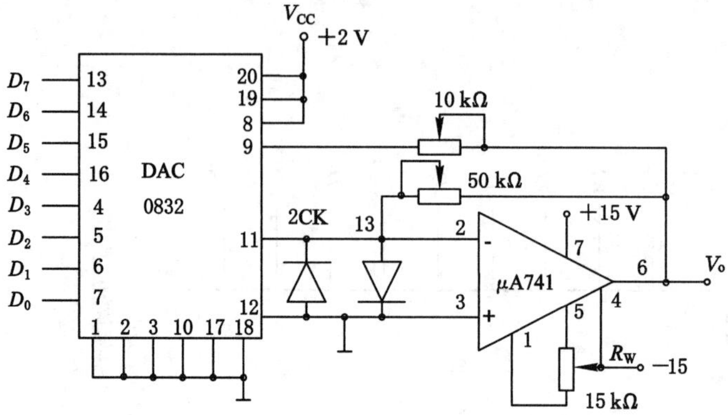

图 4-11-3　D/A 转换器实验线路

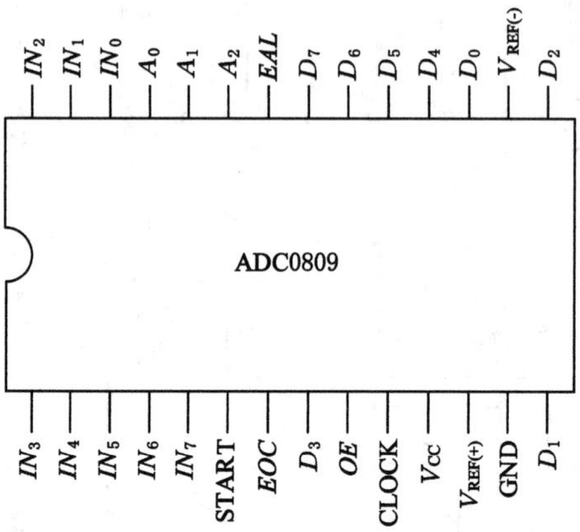

$IN_0 \sim IN_7$—8 路模拟信号输入端；A_2，A_1，A_0—地址输入端；ALE—地址锁存允许输入信号，在此脚施加正脉冲，上升沿有效，此时锁存地址码，从而选通相应的模拟信号通道，以便进行 A/D 转换；$START$—启动信号输入端，应在此脚施加正脉冲，当上升沿到达时，内部逐次逼近寄存器复位，在下降沿到达后，开始 A/D 转换过程；EOC—转换结束输出信号(转换结束标志)，高电平有效；OE—输出允许信号，高电平有效；$CLOCK(CP)$—时钟信号输入端，外接时钟频率一般为 500 kHz；V_{CC}—+5 V 单电源供电；$V_{REF}(+)$，$V_{REF}(-)$—基准电压的正极、负极，一般 $V_{REF}(+)$接+5 V 电源，$V_{REF}(-)$接地；$D_7 \sim D_{10}$—数字信号输出端。

图 4-11-4　ADC0809 引脚排列

8 路模拟开关由 A_2、A_1、A_0 三地址输入选通 8 路模拟信号中的任何一路进行 A/D 转换，地址译码与模拟输入通道的选通关系如表 4-11-1 所示。

表 4-11-1　地址译码与模拟输入通道的选通关系

被选模拟通道		IN_0	IN_1	IN_2	IN_3	IN_4	IN_5	IN_6	IN_7
地址	A_2	0	0	0	0	1	1	1	1
	A_1	0	0	1	1	0	0	1	1
	A_0	0	1	0	1	0	1	0	1

三、实验设备、部件及器件

(1) +5 V、±15 V 直流电源。

(2) 双踪示波器(另配)。

(3) 计数脉冲源。

(4) 逻辑电平开关。

(5) 逻辑电平显示器。

(6) 直流数字电压表。

(7) DAC0832，ADC0809，μA741，电位器、电阻、电容若干。

四、实验内容

按图 4-11-3 接线，$D_0 \sim D_7$ 接至逻辑开关的输出插口，输出端 V_o 接直流数字电压表。

(1) 令 $D_0 \sim D_7$ 全置零，调节运放的电位器使 μA741 输出为零。

(2) 按表 4-11-2 所列的输入数字信号，用数字电压表测量运放的输出电压 V_o，并将测量结果填入表中。

表 4-11-2　D/A 转换实验

输入数字量								输出模拟量 V_o/V	
D_7	D_6	D_5	D_4	D_3	D_2	D_1	D_0	$V_{CC}=+5$ V	$V_{CC}=+15$ V
0	0	0	0	0	0	0	0		
0	0	0	0	0	0	0	0		
0	0	0	0	0	0	1	0		
0	0	0	0	0	1	0	0		
0	0	0	0	1	0	0	0		
0	0	0	1	0	0	0	0		
0	0	1	0	0	0	0	0		
0	1	0	0	0	0	0	0		
1	0	0	0	0	0	0	0		
1	0	0	1	0	0	0	0		
1	1	1	1	1	1	1	1		

按图 4-11-5 连接线路，转换结果 $D_0 \sim D_7$ 接逻辑电平显示输入插口，CP 时钟脉冲由脉冲信号源提供，$f=1$ kHz；$A_0 \sim A_2$ 地址端“0”电平接地，“1”电平通过 1 kΩ 电阻接+5 V 电源，$START$、ALE 接单脉冲源的输出。$IN_0 \sim IN_7$ 的模拟信号电压按图 4-11-5(b)的方式获得。按表 4-11-3 的要求进行测试，记录 $IN_0 \sim IN_7$ 共八路模拟信号的转换结果，并将转换结果换算成十进制表。

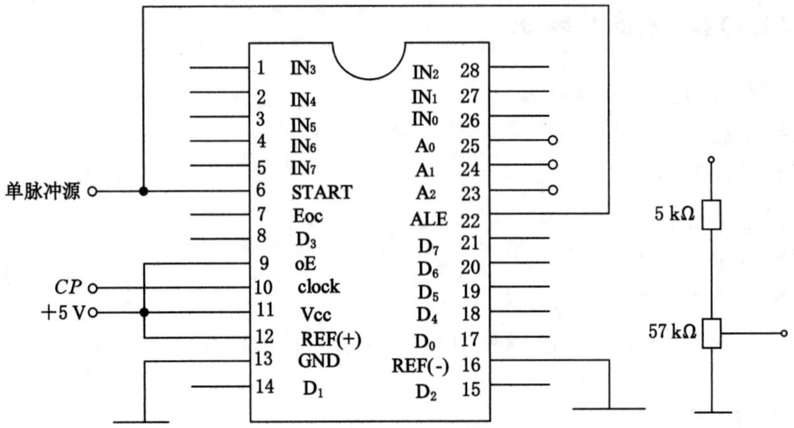

图 4-11-5　A/D 转换实验电路

表 4-11-3　A/D 转换实验

被选模拟通道	输入模拟量	地址	输出数字量								
IN	V_i/V	A2A1A0	D_7	D_6	D_5	D_4	D_3	D_2	D_1	D_0	十进制
IN_0	4.5	000									
IN_1	4.0	001									
IN_2	3.5	010									
IN_3	3.0	011									
IN_4	2.5	100									
IN_5	2.0	101									
IN_6	1.5	110									
IN_7	1.0	111									

五、实验报告

整理实验数据，分析实验结果。

实验十二　组合逻辑电路的设计与测试

一、实验目的

掌握组合逻辑电路的设计与测试方法。

二、实验原理

使用中、小规模集成电路来设计组合电路的一般步骤是：

(1) 根据设计任务的要求，列出真值表。

(2) 用卡诺图或代数化简法求出简化的逻辑表达式。

(3) 根据逻辑表达式，用标准器件构成逻辑电路。

(4) 最后，用实验来验证设计的正确性。

三、实验设备与器件

(1) +5 V 直流电源。

(2) 逻辑开关。

(3) 电平显示 LED。

(4) 直流数字电压表。

(5) 74LS00、74LS04、74LS10、74LS51、74LS86。

四、实验内容

(1) 设计一个三人无弃权表决电路(多数赞成则提案通过)，本设计要求采用“与非门”实现。要求按本书所述的设计步骤进行，直到测试电路逻辑功能符合设计要求为止。

① 根据题意列出真值表如表 4-12-1 所示。

表 4-12-1　三人无弃权表决电路真值表

输入	A	0	0	0	0	1	1	1	1
	B	0	0	1	1	0	0	1	1
	C	0	1	0	1	0	1	0	1
输出	Y								

② 列出逻辑表述式并化简得：

$Y=$

③ 最后画出用“与非门”构成的逻辑电路：

④ 验证结论：

(2) 用“异或门”“与或非门”“非门”设计一全加器逻辑电路，对其进行测试，并记录测试结果。

① 真值表如表 4-12-2 所示。

表 4-12-2　全加器逻辑电路真值表

输入			输出	
A	B	C_i	CO	S
0	0	0		
0	0	1		
0	1	0		
0	1	1		
1	0	0		
1	0	1		
1	1	0		
1	1	1		

② 列出逻辑表达式并化简得：

$S=$

$CO=$

③ 画出逻辑电路图：

④ 验证结论：

(3) 设某医院有三间病房，病人按照病情轻重依次住进1、2、3号病房。为照顾重症病人设计一优先级呼唤电路，即在每个病房装有一个呼唤按钮分别为 A、B、C，按下为"1"，此时值班室对应的指示灯 Y_1、Y_2、Y_3 亮——为"1"。现要求病房 A 按钮优先级最高，B 按钮次之，C 按钮最低。按此要求列出真值表，写出表达式并化简，最后设计电路并验证结果。(要求用"与非门"和"非门"实现)

① 真值表如表4-12-3所示。

表4-12-3 优先级呼唤电路真值表

输入			输出		
A	B	C	Y_1	Y_2	Y_3
1	×	×			
0	1	×			
0	0	1			

② 列出逻辑表达式并化简：

$Y_1=$

$Y_2=$

$Y_3=$

③ 画出逻辑电路图：

④ 验证结论：

五、实验报告

（1）列写实验任务的设计过程，画出设计的电路图。

（2）对所设计的电路进行实验测试，记录测试结果。

（3）实验用芯片的引脚排列如下。

① 非门，$Y=\overline{A}$（6 组），如图 4-12-1 所示。

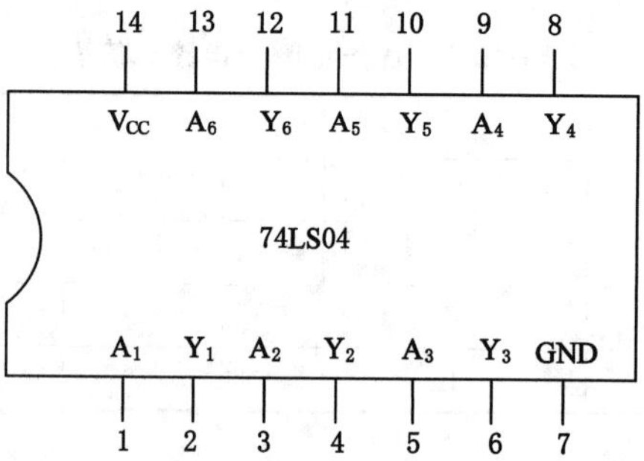

图 4-12-1　非门(74LS04)

② 双输入与非门，$Y=\overline{AB}$（4 组），如图 4-12-2 所示。

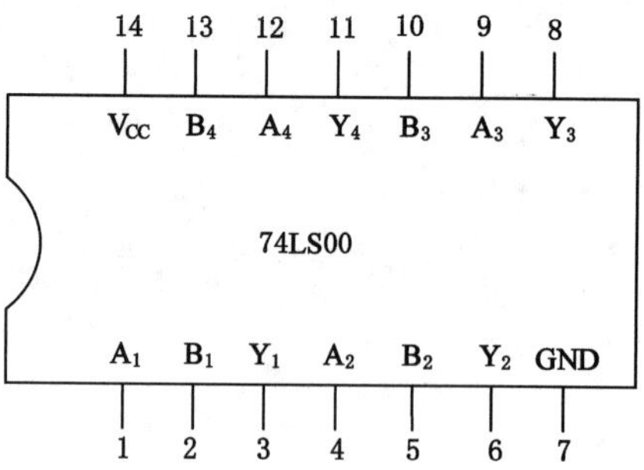

图 4-12-2　双输入非门(74LS00)

③ 三输入与非门，$Y=\overline{ABC}$(3 组)，如图 4-12-3 所示。

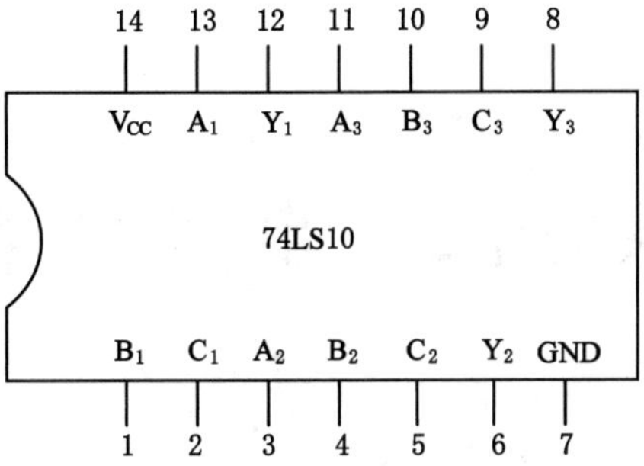

图 4-12-3　三输入与非门(74LS10)

④ 与或非门，$Y=\overline{AB+CD}$(2 组)，如图 4-12-4 所示。

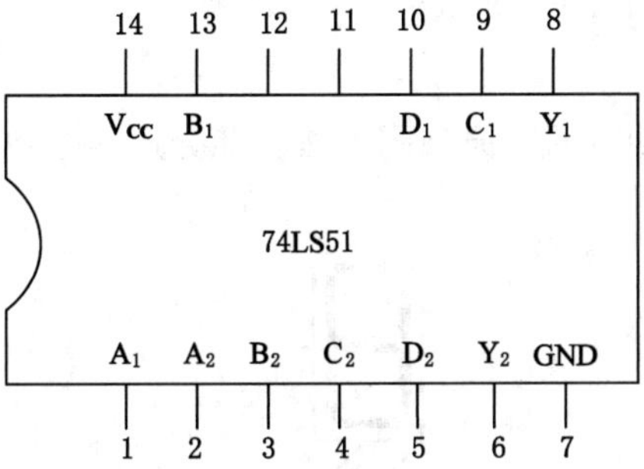

图 4-12-4　与或非门(74LS51)

⑤ 异或门，$Y=A\oplus B$(4 组)，如图 4-12-5 所示。

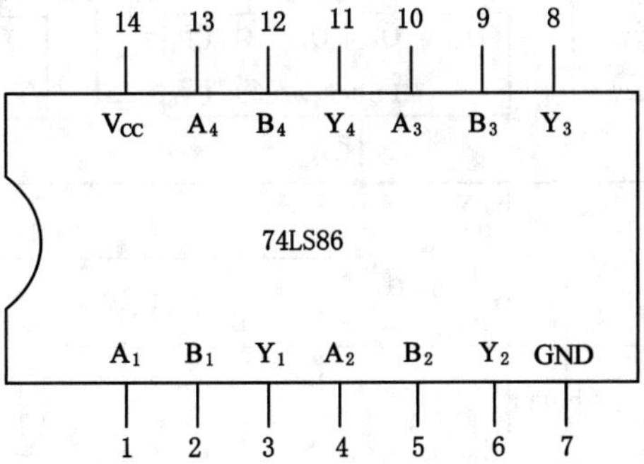

图 4-12-5　异或门(74LS86)

实验十三　电子秒表

一、实验目的

(1) 学习数字电路中基本 RS 触发器、单稳态触发器、时钟发生器及计数、译码显示等单元电路的综合应用。

(2) 学习电子秒表的调试方法。

二、实验原理

图 4-13-1 所示为电子秒表的电原理图。按功能分成四个单元电路进行分析。

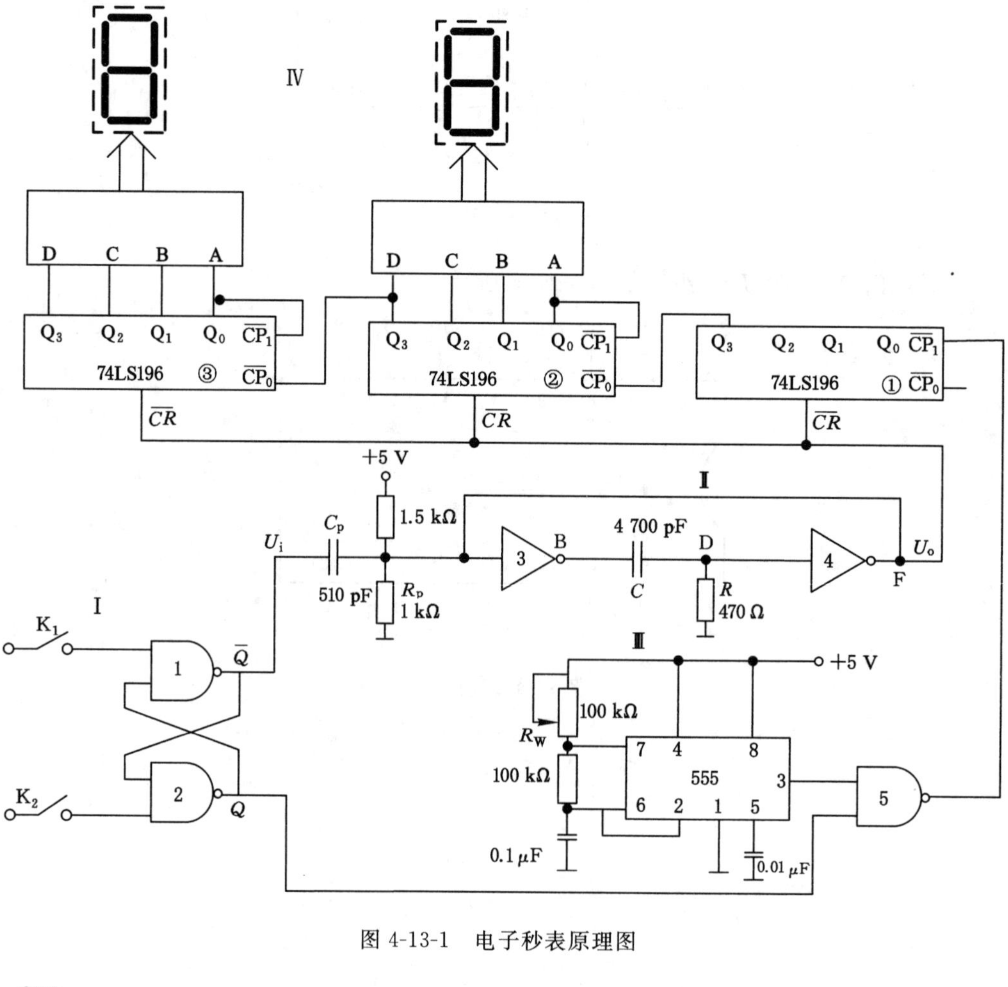

图 4-13-1　电子秒表原理图

（一）基本 RS 触发器

图 4-13-1 中单元Ⅰ为用集成与非门构成的基本 RS 触发器，属低电平触发的触发器，有直接置位、复位的功能。它的一路输出 $\overline{Q}$ 作为单稳态触发器的输入，另一路输出 Q 作为与非门 5 的输入控制信号。按动按钮开关 K_2（接地），则门 1 输出 $\overline{Q}=1$；门 2 输出 $Q=0$，K_2 复位后 Q、$\overline{Q}$ 状态保持不变。再按动按钮开关 K_1，则 Q 由 0 变为 1，门 5 开启，为计数器启动后做好准备。$\overline{Q}$＝由 1 变 0，送出负脉冲，启动单稳态触发器工作。

基本 RS 触发器在电子秒表中的职能是启动和停止秒表的工作。

（二）单稳态触发器

图 4-13-1 中单元Ⅱ为用集成与非门构成的微分型单稳态触发器，图 4-13-2 为各点波形图。

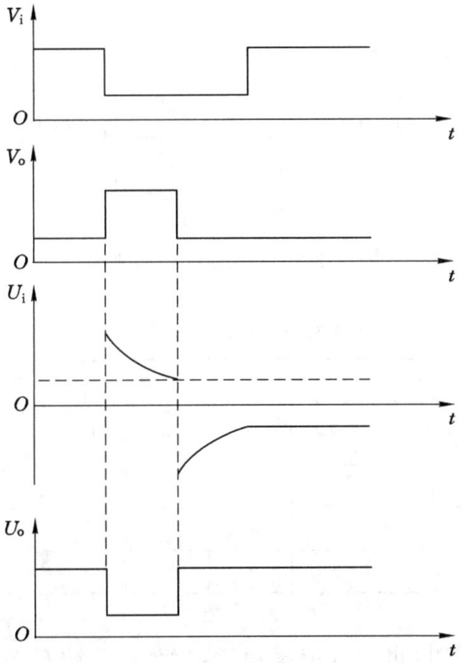

图 4-13-2　单稳态触发器波形图

单稳态触发器的输入触发脉冲信号 V_i 由基本 RS 触发器 $\overline{Q}$ 端提供，输出负脉冲 V_o 通过非门加到计数器的清除端 CR。

静态时，门 4 应处于截止状态，故电阻 R 必须小于门的关门电阻 R_{off}。定时元件 RC 取值不同，输出脉冲宽度也不同。当触发脉冲宽度小于输出脉冲宽度时，可以省去输入微分电路的 R_p 和 C_p。

单稳态触发器在电子秒表中的职能是为计数器提供清零信号。

（三）时钟发生器

图 4-13-1 中单元Ⅲ为用 555 定时器构成的多谐振荡器，是一种性能较好的时钟源。

调节电位器 R_W，使在输出端 3 获得频率为 50 Hz 的矩形波信号，当基本 RS 触发器 $Q=1$ 时，门 5 开启，此时 50 Hz 脉冲信号通过门 5 作为计数脉冲加于计数器①的计数输入端 $\overline{CP_1}$。

（四）计数及译码显示

二-五-十进制加法计数器 74LS196 构成电子秒表的计数单元，如图 4-13-1 中单元Ⅳ所示。其中计数①接成五进制形式，对频率为 50 Hz 的时钟脉冲进行五分频，在输出端 Q_3 取得周期为 0.1 s 的矩形脉冲，作为计数器②的时钟输入。计数器②及计数器③接成 8421 码十进制形式，其输出端与实验装置上译码显示单元的相应输入端连接，可显示 0.0～0.9 s、0～9 s 计时。

图 4-13-3 所示为 74LS196 的引脚排列，表 4-13-1 所示为 74LS196 的功能表。

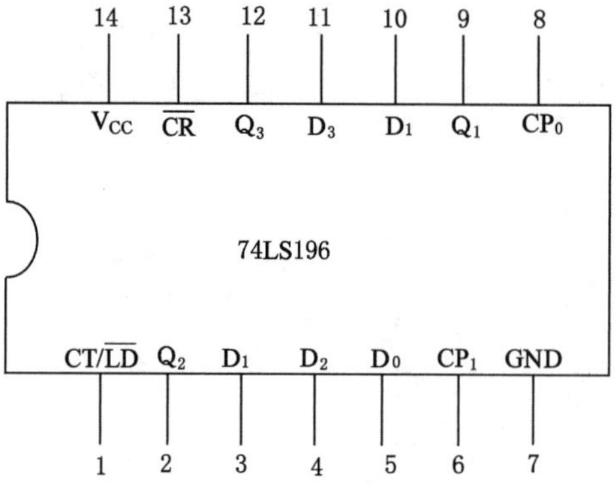

图 4-13-3　74LS196 引脚排列

表 4-13-1　74LS196 功能表

输入							输出			
$\overline{CR}$	$CT/\overline{LD}$	$\overline{CP}$	D_3	D_2	D_1	D_0	Q_3	Q_2	Q_1	Q_0
0	×	×	×	×	×	×	0	0	0	0
1	0	×	d_3	d_2	d_1	d_0	d_3	d_2	d_1	d_0
1	1	↓	×	×	×	×	加计数			

异步清除$\overline{CR}$为低电平时，可完成清零功能，与时钟脉冲 $\overline{CP}_0$、$\overline{CP}_1$ 状态无关。清除功能完成后，$\overline{CR}$ 应置高电平。

计数/置数控制端 $CT/\overline{LD}$ 为低电平时，输出端 Q_3～Q_0 可预置成与数据输入端 D_3～D_0 相一致状态，而与 $\overline{CP}_0$、$\overline{CP}_1$ 的状态无关。预置后置高电平。

计数时，$\overline{CR}$、$CT/\overline{LD}$ 置高电平，在 $\overline{CP}_0$、$\overline{CP}_1$ 下降沿作用下进行计数。

（1）十进制数(8421 码)：$\overline{CP}_1$ 与 Q_0 连接，计数脉冲由 $\overline{CP}_0$ 输入。

（2）二-五混合进制计数：$\overline{CP}_0$ 与 Q_3 连接，计数脉冲由 $\overline{CP}_1$ 输入。

（3）二分频、五分频计数：$\overline{CP}_0$ 输入，在 Q_0 得二分频输出；$\overline{CP}_1$ 输入，在 Q_1～Q_3 得五分频输出。

三、实验设备、部件及器件

（1）+5 V 直流电源。

(2) 双踪示波器(另配)。

(3) 直流数字电压表。

(4) 数字频率计。

(5) 单次脉冲源。

(6) 连续脉冲源。

(7) 逻辑电平开关。

(8) 逻辑电平显示器。

(9) 译码显示器。

(10) 74LS00×2,555×1,74LS196×3,电位器,电阻、电容若干。

四、实验内容

由于实验电路中使用器件较多,实验前必须合理安排各器件在实验装置上的位置,使电路逻辑清楚,接线较短。

实验时,应按照实验任务的次序,将各单元电路逐个进行接线和调试,即分别测试基本 RS 触发器、单稳态触发器、时钟发生器及计数器的逻辑功能,待各单元电路工作正常后,再将有关电路逐级连接起来进行测试,直到测试电子秒表整个电路的功能。

这样的测试方法有利于检查和排除故障,保证实验顺利进行。

(一) 基本 RS 触发器的测试

测试方法参考本部分实验四。

(二) 单稳态触发器的测试

1. 静态测试

用直流数字电压表测量 A、B、D、F 各点电位值,记录之。

2. 动态测试

输入端接 1 kHz 连续脉冲源,用示波器观察并描绘 D 点(V_D)、F 点(V_o)波形,如嫌单稳输出脉冲持续时间太短,难以观察,可适当加大微分电容 C(如改为 0.1 μF),待测试完毕,再恢复 4 700 pF。

(三) 时钟发生器的测试

测试方法参考本部分实验十二,用示波器观察输出电压波形并测量其频率,调节 R_W 使输出矩形波频率为 50 Hz。

(四) 计数器的测试

(1) 计数器①接成五进制形式,$\overline{CR}$、$CT/\overline{LD}$、$D_3 \sim D_0$ 接逻辑开关,$\overline{CP_1}$ 接单次脉冲源,$Q_3 \sim Q_1$ 接实验设备上译码显示输入端 D、C、B、A,按表 4-13-1 逐项测试其逻辑功能,记录之。

(2) 计数器②及计数器③接成 8421 码十进制形式,同内容(1)进行逻辑功能测试,记录之。

(3) 将计数器①、②、③级连进行逻辑功能测试,记录之。

(五) 电子秒表的整体测试

各单元电路测试正常后,按图 4-13-1 把几个单元电路连接起来,进行电子秒表的总体测试。

先按一下按钮开关 K_2，此时电子秒表不工作，再按一下按钮开关 K_1，则计数器清零后便开始计时，观察数码管显示计数情况是否正常。如不需要计时或暂停计时，按一下开关 K_2，计时立即停止，但数码管保留所计时之值。

（六）电子秒表的调试

利用电子钟或手表的秒计时对电子秒表进行校准。

五、实验报告

(1) 总结电子秒表整个调试过程。

(2) 分析调试中发现的问题及故障排除方法。

六、预习报告

(1) 复习数字电路中 RS 触发器、单稳态触发器、时钟发生器及计数器等部分内容。

(2) 除了本实验中所采用的时钟源外，选用另外两种不同类型可供本实验用的时钟源。画出电路图，选取元器件。

(3) 列出电子秒表单元电路的测试表格。

(4) 列出调试电子秒表的步骤。

第五部分
多信号发生器设计实验

实验一　信号发生器(一)

一、设计要求

使用题目指定的综合测试板上的 NE555 芯片和一片四运放 LM324 芯片，设计制作一个频率可变的同时输出脉冲波、锯齿波、正弦波的波形产生电路。给出方案设计、详细电路图和现场自测数据及波形。

设计制作要求如下：

(1) 同时三通道输出，每通道输出脉冲波、锯齿波、正弦波中的一种波形，每通道输出的负载电阻均为 600 Ω。

(2) 三种波形的频率关系为 1∶1∶1；脉冲波、锯齿波、正弦波输出频率范围为 8～10 kHz，输出电压幅度峰峰值为 1 V。脉冲波、锯齿波和正弦波输出波形应无明显失真(使用示波器测量时)。频率误差不大于 10%；通带内输出电压幅度峰峰值误差不大于 5%。脉冲波占空比可调整。

(3) 电源只能选用+10 V 单电源，由稳压电源供给，不得使用额外电源。

(4) 要求预留脉冲波、锯齿波、正弦波和电源的测试端子。

(5) 每通道输出的负载电阻 600 Ω 应标清楚，置于明显位置，便于检查。

二、设计方案

(一) 整体方案设计

1. 设计要点

要点：单电源供电

双电源是由一个正电源和一个相等电压的负电源组成(如±15 V、±12 V、±5 V 等)，输入电压和输出电压都是参考地给出的，如图 5-1-1(a)所示。单电源供电的电路运放的电源脚连接到正电源和地，将正电压分成一半后的电压作为虚地接到运放的输入引脚上，如图 5-1-1(b)所示。这时运放的输出电压也是虚地电压，运放的输出电压以虚地为中心。

2. 方案对比

方案一：使用 NE555 芯片构成多谐振荡器，输出脉冲波；对脉冲波通过积分电路产生锯齿波；通过 f_H=10 kHz 的低通滤波器，将锯齿波通过滤波产生一次 8～10 kHz 的正弦波；然后再让脉冲波通过一个 24～30 kHz 的带通滤波器，输出三次正弦波。方案一的设计思路如图 5-1-2 所示。

方案二：使用 LM324 的一组运放单元构成文森桥式振荡电路，产生出 8～10 kHz 的正弦波；使用 NE555 芯片，搭建出施密特触发电路，产生脉冲波输出；将脉冲波输入一个积分电路，产生锯齿波；将锯齿波输入一个 f_H=10 kHz 的低通滤波器，产生正弦波。方案二的

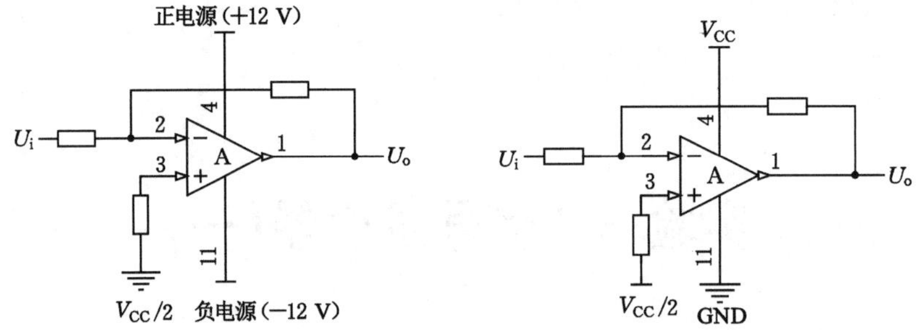

(a) 双电源供电示意图　　(b) 单电源供电示意图

图 5-1-1　双电源供电与单电源供电示意图

图 5-1-2　方案一的设计思路

设计思路如图 5-1-3 所示。

图 5-1-3　方案二的设计思路

3. 方案论证

方案二存在较多的问题很难解决。

问题一:如果使用文森桥式振荡器产生正弦波,改变振荡频率就需要改变 RC 常数,要同时改变两个 R(在实际电路中,同时改变两个电容的值是很复杂的,而且这样也无法得到一个 8～10 kHz 的连续的频率),需要双滑动变阻器并且要保证滑动变阻器改变的值完全相同,有一定困难。

问题二:NE555 芯片搭建出来的是一个简单的施密特触发器,输入正弦波之后,输出的脉冲波的占空比是不可以调整的,不满足实验要求的占空比可调的条件。若要实现施密特触发器产生的脉冲波占空比可调,会使该电路进一步复杂化。

问题三:LM324 芯片的功放不够,由于有负载电阻的限制,输出波形的峰峰值不能简单地通过电阻的分压来实现。

鉴于方案二存在诸多问题,确定选择方案一的整体思路进行方案设计。

(二) 单元电路设计

1. 脉冲波发生电路

脉冲波由 NE555 芯片搭建的多谐振荡器振动产生,频率为 8～10 kHz 可调,参考 NE555 芯片使用手册可知,芯片输出波形的峰峰值V_{PP} 为 10 V 左右。使用电阻进行分压,同时使其满足输出端负载电阻 600 Ω 的要求,可以得到输出峰峰值V_{PP} 为 1 V 的脉冲波。NE555 芯片的脉冲波发生电路如图 5-1-4 所示。

在图 5-1-4 所示的脉冲波发生电路中,电路接通电源的瞬间,由于电容 C 来不及充电,

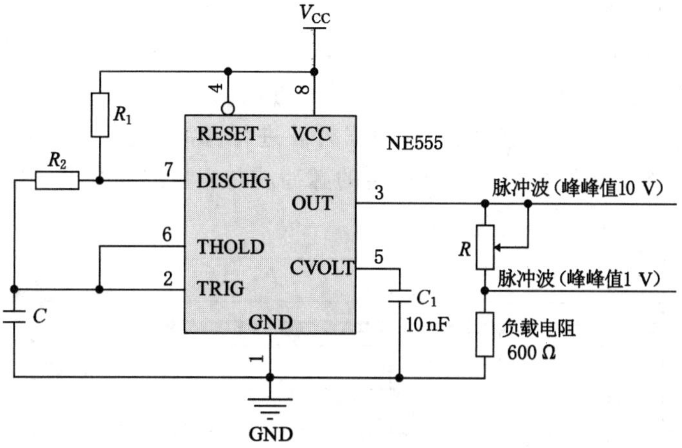

图 5-1-4　脉冲波发生电路

$U_C=0$ V，输出U_o为高电平。同时，集电极输出端(7 脚)对地断开，电源 V_{CC} 对电容 C 充电，电路进入暂稳态，此后，电路周而复始地产生周期性的输出脉冲。多谐振荡器两个暂稳态的维持时间取决于 RC 充放电回路的参数。暂稳态Ⅰ的维持时间，即输出 U_o 的正向脉冲宽度 $T_1=\ln2\times(R_1+R_2)\times C$；暂稳态Ⅱ的维持时间，即输出$U_o$的负向脉冲宽度 $T_2=\ln2\times R_2\times C$，可以得到脉冲波输出频率为

$$f=\frac{1}{\ln2\times C\times(R_1+2R_2)} \tag{5-1-1}$$

通过调节电路参数R_1 和 R_2 可以改变电路频率以及占空比，调整分压电阻 R 可以改变输出脉冲波的幅值。

2. 锯齿波发生电路

锯齿波电路由一个单电源供电的 LM324 的积分电路构成，如图 5-1-5 所示。电路的输入为$V_{PP}=10$ V 的脉冲波信号，电路的输出为$V_{PP}=1$ V 的锯齿波，调节电容 C 和电位计 R_1 的参数可以调节锯齿波的波形状态以及幅值，R_2 是平衡电阻，R_3 是为了防止出现积分饱和和截止现象，电阻 R_4 与负载电阻分压，调节输出端锯齿波的幅值。

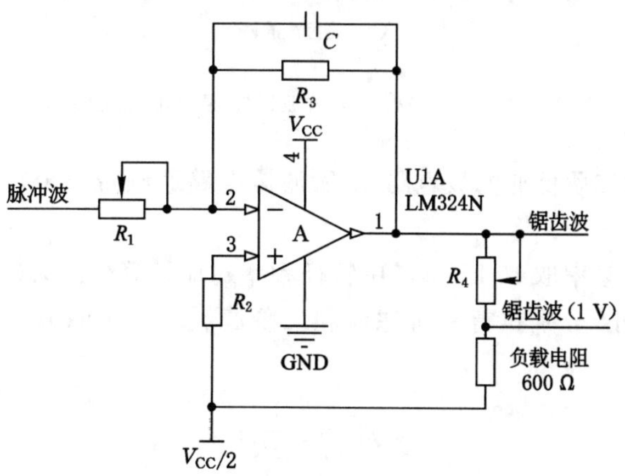

图 5-1-5　锯齿波发生电路

3. 正弦波发生电路

根据锯齿波的傅里叶变换可以看到，任意频率的锯齿波都是由对应频率的基波和奇数次谐波组成的。对比锯齿波的傅里叶变换结果和方波的傅里叶变换结果可以看到，锯齿波的 3 次谐波、5 次谐波、……幅值更小，利用锯齿波进行滤波，更容易得到基波，即对应频率的正弦波。图 5-1-6 为利用波形发生器产生的脉冲波与锯齿波的快速傅里叶变换图。

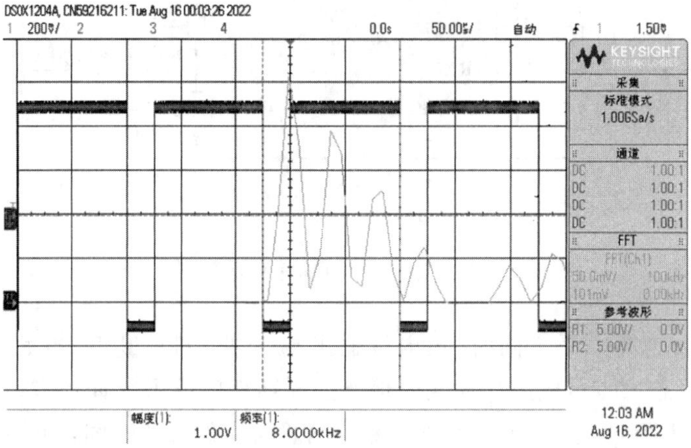

(a) 脉冲波的FFT

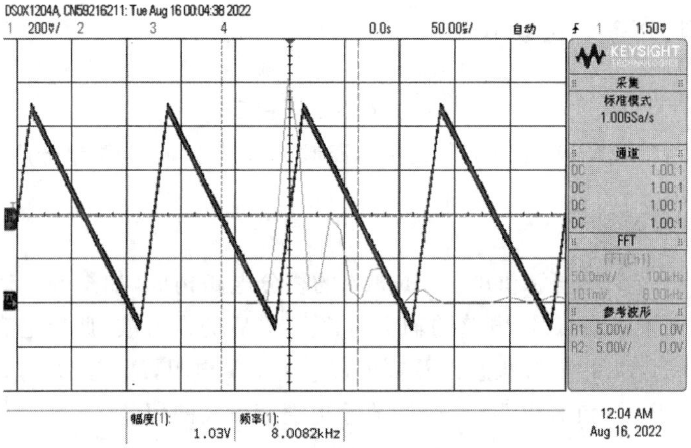

(b) 锯齿波的FFT

图 5-1-6 脉冲波与锯齿波的快速傅里叶变换图

采用压控电压源二阶低通滤波电路，二阶滤波电路通频带较窄，放大倍数大，其电路原理如图 5-1-7 所示。

滤波电路的特征频率取 10 kHz，其中特征频率对应计算公式为(5-1-2)。根据公式来确定 R、C_1 和 C_2 的大小，分别执行一阶滤波和二阶滤波。二阶滤波可以做到 −40 dB/二十倍频。

$$f_0 = \frac{1}{2\pi RC} \tag{5-1-2}$$

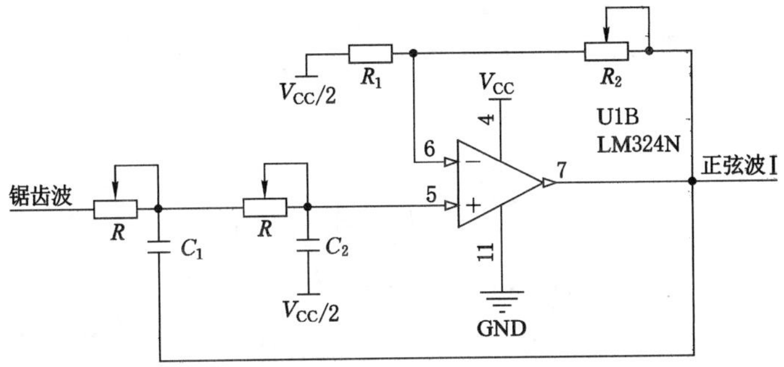

图 5-1-7　正弦波发生电路

三、设计内容

（一）脉冲波发生器设计及结果

设计要求脉冲波的频率为 8～10 kHz，输出电压幅度峰峰值为 1 V，根据脉冲波发生电路设计以及图 5-1-4，电容 C 取值为 10 nF，电阻R_1 取为调节范围 20 kΩ 的滑动变阻器，电阻R_2 和用于分压调节幅值的电阻 R 选用调节范围为 10 kΩ 的滑动变阻器，对应仿真电路以及对应结果如图 5-1-8 所示。

根据脉冲波发生电路设计以及仿真电路，选择电容 C 为 10 nF 的独石电容，电阻R_1 选择调节范围为 20 kΩ 的电位器，电阻R_2 和用于分压调节脉冲波幅值的电阻 R 选用调节范围为 10 kΩ 的电位器。该电路接通电源后测试，能够输出幅值为 1 V、频率为 8～10 kHz 的脉冲波，对应示波器显示波形如图 5-1-9 所示，由于电路焊接问题以及部分元件间有电磁干扰，脉冲波在上升沿存在尖刺，但整体波形失真不严重。

（二）锯齿波发生器设计及结果

设计要求锯齿波的频率与脉冲波频率一致，输出电压幅度峰峰值也为 1 V，根据锯齿波发生电路设计以及图 5-1-5，积分电路中选择电容 C 取值为 4.7 nF，电阻R_1 和R_3 选用调节范围为 20 kΩ 的滑动电阻，电阻R_2 选用调节范围为 10 kΩ 的滑动电阻，用于调节幅值的分压电阻R_4 选择调节范围为 5 kΩ 的滑动电阻，对应仿真电路以及结果如图 5-1-10 所示。

根据锯齿波发生电路设计以及仿真电路，积分电路中选择电容 C 为 4.7 nF 的独石电容，电阻R_1 和 R_3 选择调节范围为 20 kΩ 的电位器，电阻R_2 选择调节范围为 10 kΩ 的电位器，用于调节输出锯齿波幅值的分压电阻R_4 选择调节范围为 5 kΩ 的电位器。该电路接通电源后测试，能够输出幅值为 1 V、频率为 8 ～10 kHz 可调的锯齿波，对应示波器显示波形如图 5-1-11 所示，由于电路焊接问题以及部分元件间有电磁干扰，锯齿波在尖端处存在尖刺，但整体波形失真不严重。

（三）正弦波发生器设计及结果

设计要求正弦波的频率与脉冲波频率一致，输出电压幅度峰峰值也为 1 V，根据正弦波发生电路设计以及图 5-1-7，滤波电路中选择电容C_1 和 C_2 值为 10 nF，两个电阻 R 选择调节范围为 20 kΩ 的电位器，电阻R_1 选择 20 kΩ 的定值电阻，电阻R_2 选择 2 kΩ 的定值电阻，对应仿真电路以及结果如图 5-1-12 所示。

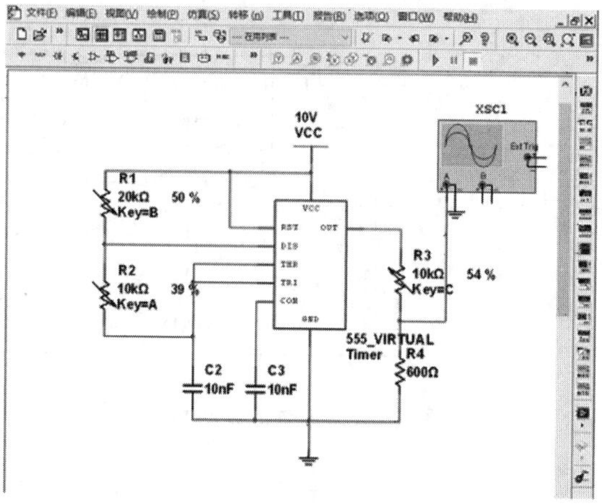

（a）仿真电路

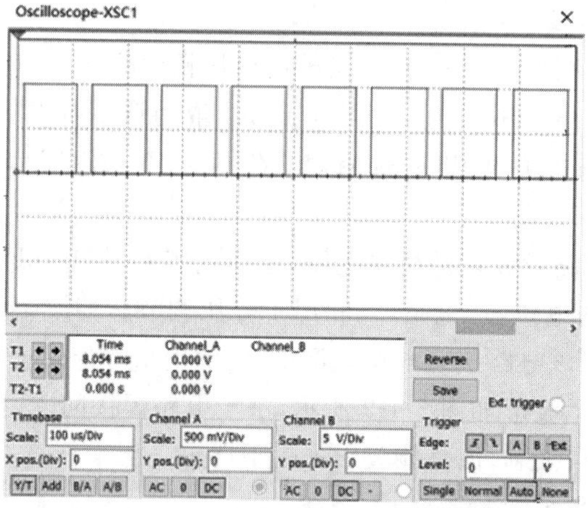

（b）仿真结果

图 5-1-8　脉冲波发生电路仿真及结果

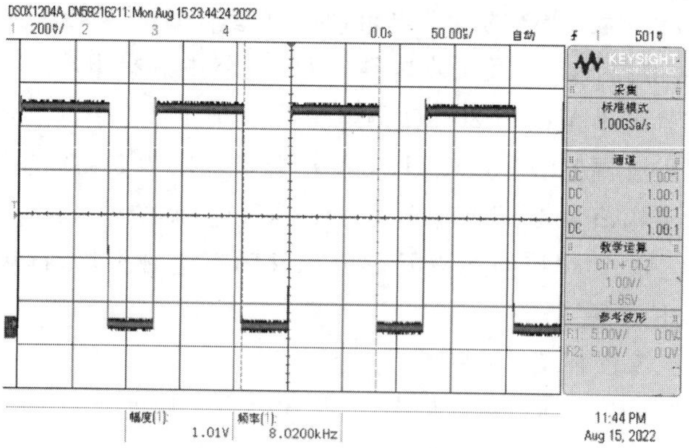

（a）8 kHz的脉冲波

图 5-1-9　脉冲波电路示波器显示波形

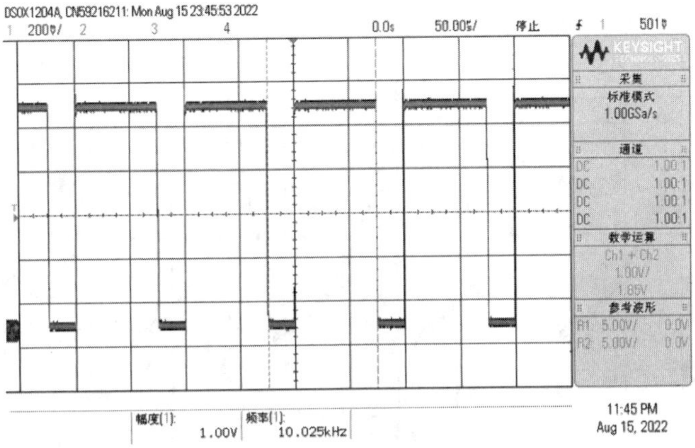

(b) 10 kHz的脉冲波

图 5-1-9 （续）

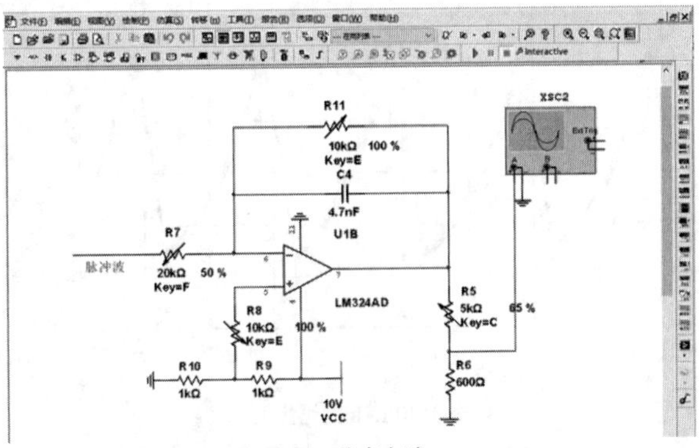

(a) 仿真电路

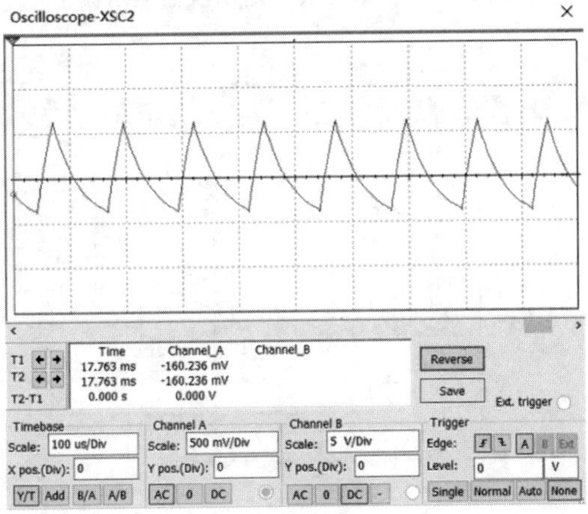

(b) 仿真结果

图 5-1-10　锯齿波发生电路仿真及结果

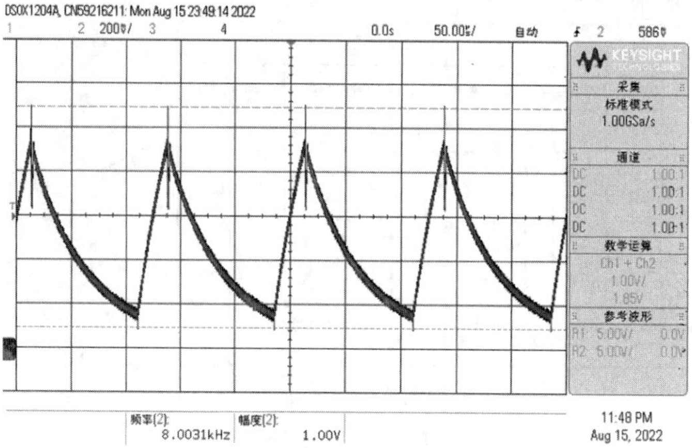

(a) 8 kHz的锯齿波

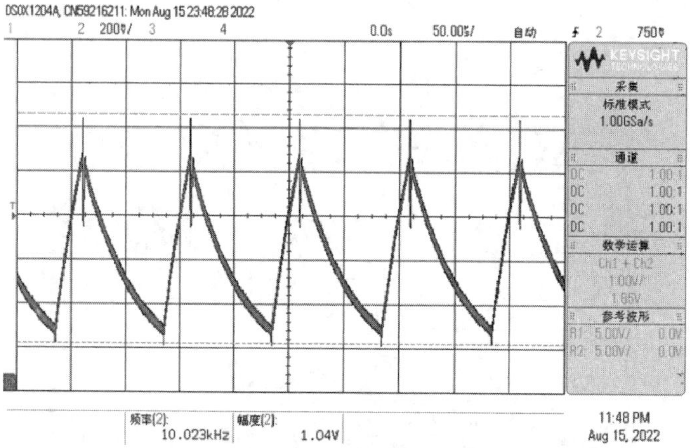

(b) 10 kHz的锯齿波

图 5-1-11 锯齿波电路示波器显示波形

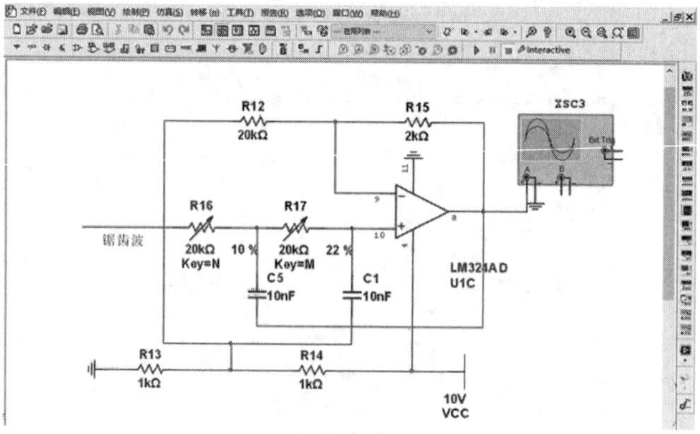

(a) 仿真电路

图 5-1-12 正弦波发生器仿真电路及结果

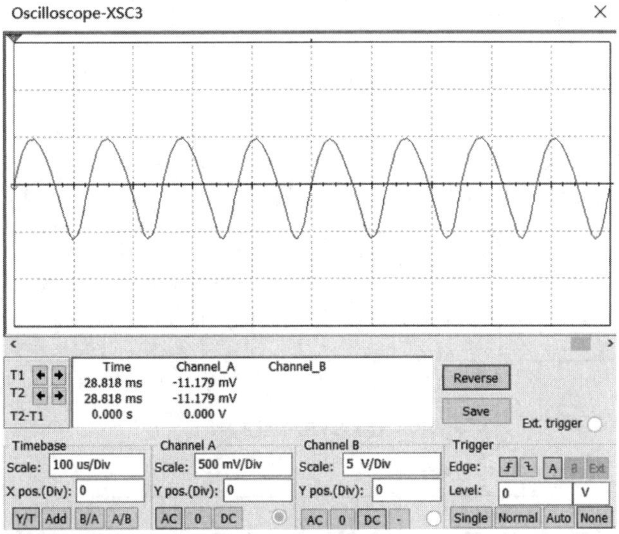

(b) 仿真结果

图 5-1-12 （续）

根据正弦波发生电路设计以及仿真电路，滤波电路中选择电容C_1 和 C_2 为 10 nF 的独石电容，两个电阻 R 选择调节范围为 20 kΩ 的电位器，电阻R_1 选择 20 kΩ 的定值电阻，R_2 选择 2 kΩ 的定值电阻。该电路接通电源后测试，能够输出幅值为 1 V、频率为 8～10 kHz 可调的锯齿波，对应示波器显示波形如图 5-1-13 所示，由于元件间的电磁干扰以及输入的锯齿波信号存在尖刺，滤波得到的正弦波有失真，与仿真结果存在差异。

四、制作与测试

（一）脉冲波发生电路调试操作

利用电源系统对 NE555 芯片进行 10 V 供电，将 VCC 与 GND 接在电路的电源端口，根据脉冲波发生器设计，将示波器通道 1 的探头连接在测试接口 1 上。具体连接如图 5-1-14 所示。联系公式(5-1-1)以及实际调试过程，逆时针调节电位器 R_1 可以增大其阻值，负脉冲占空比减小，频率降低；顺时针调节电位器 R_2 可以增大负脉冲占空比，脉冲波频率降低；逆时针调节 R 可以降低输出电压的幅值。

将示波器、电源与电路连接完成后，控制电源输出电压为 10 V，打开对应通道 1 的示波器显示波形，调出通道 1 的频率、幅值以及负脉冲占空比方便调整波形。其中，添加负脉冲占空比测量的具体操作步骤如图 5-1-15 所示，调节对应电阻，改善脉冲波的波形，使脉冲波幅值调整为 1 V。

（二）锯齿波发生电路调试操作

在电路设计时，将 LM324 的 V＋与 NE555 芯片的 VCC 连接，LM324 的 V－与 NE555 的 GND 连接，在脉冲波的调试中，利用电源系统对 NE555 芯片进行 10 V 供电，将 VCC 与 GND 接在电路的电源端口，根据锯齿波发生器设计，将示波器通道 2 的探头连接在测试接口 2 上。具体连接如图 5-1-16 所示。调试过程中，顺时针调节电位器R_1 可以增大输出锯齿波的幅值以及调整锯齿波的波形；顺时针调节电位器R_4 可以降低输出电压的幅值。

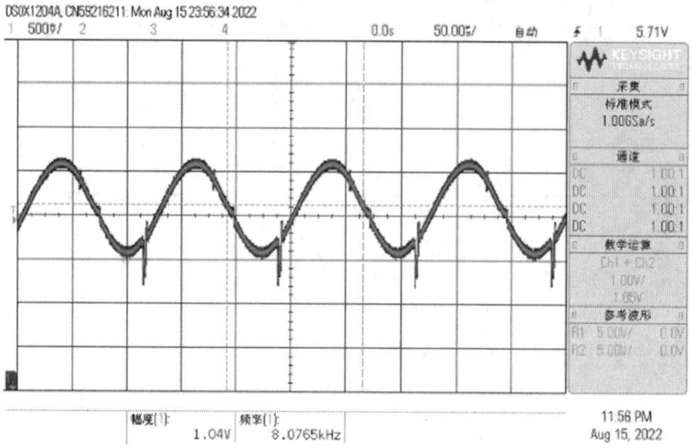

（a）8 kHz的正弦波

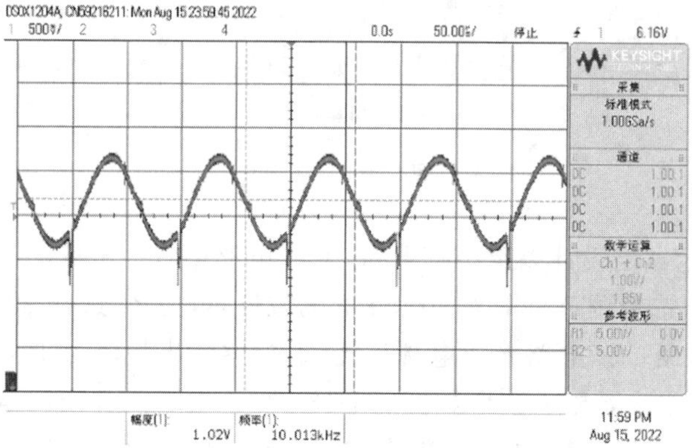

（b）10 kHz的正弦波

图 5-1-13　正弦波电路示波器显示波形

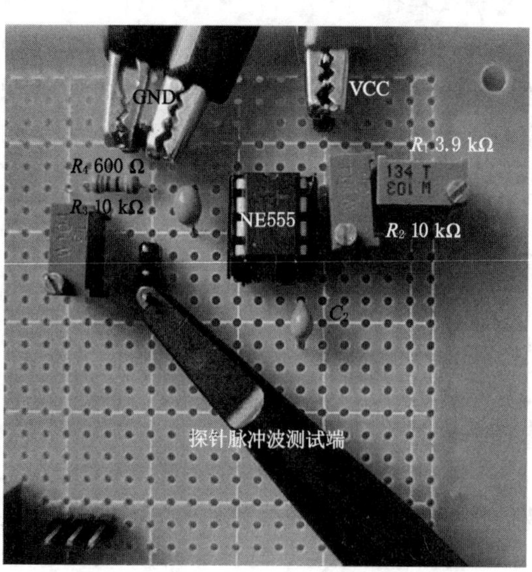

图 5-1-14　脉冲波发生电路连接图

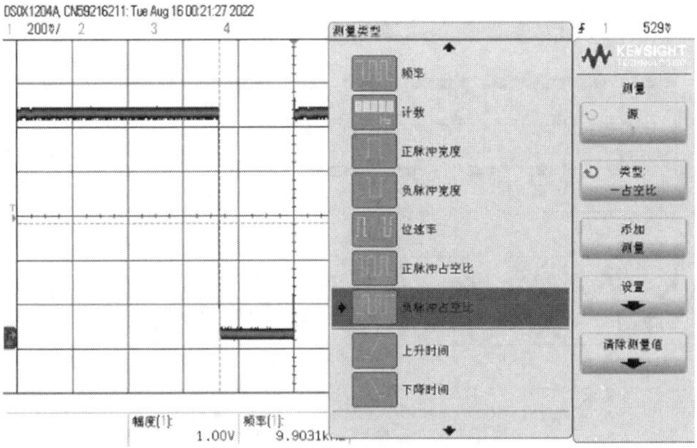

图 5-1-15　添加负脉冲占空比测量的操作步骤

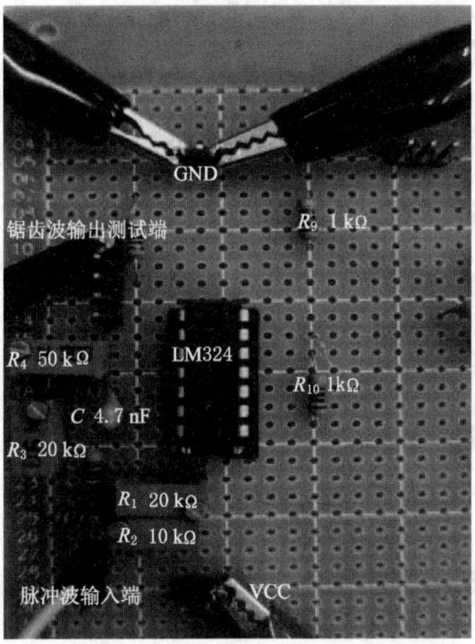

图 5-1-16　锯齿波发生电路连接图

将示波器、电源与电路连接完成后，控制电源输出电压为 10 V，打开对应通道 2 的示波器显示波形，调出通道 2 的频率和幅值方便调整波形。其中，示波器通道 1 和通道 2 的波形显示如图 5-1-17 所示，可以看到，锯齿波与脉冲波的频率一致，且锯齿波幅值为 1 V。

（三）正弦波发生电路调试操作

与锯齿波调试部分一样，将 VCC 与 GND 接在电路的电源端口，利用电源系统进行 10 V 供电，根据正弦波发生器设计，将示波器通道 1 的探头连接在测试接口 3 上。具体连接如图 5-1-18 所示。调试过程中，调节两个电位器 R 可以改善正弦波的波形以及调节电压幅值。

通过分析锯齿波和脉冲波的 FFT 波形，确定设计方案是利用锯齿波滤波得到正弦波。下面是对锯齿波进行 FFT 的示波器操作步骤。

（1）按下 FFT 键，显示对应通道的 FFT 结果。

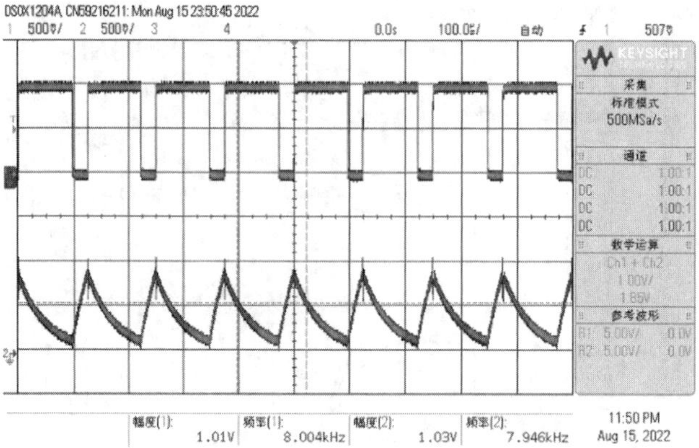

图 5-1-17　锯齿波与脉冲波的示波器显示波形

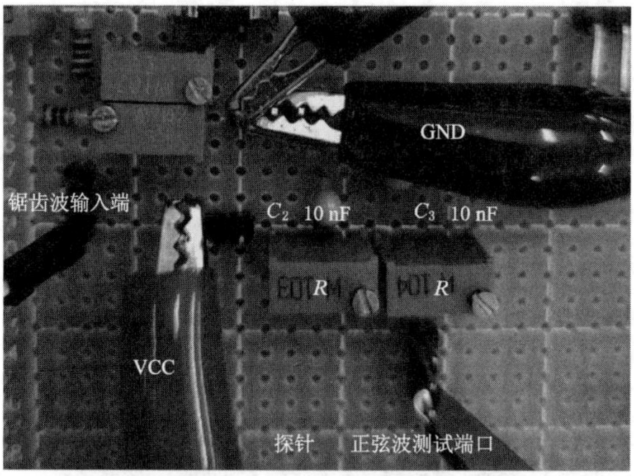

图 5-1-18　正弦波发生电路连接图

(2) 选择进行 FFT 变换的函数源，按下函数源对应的软键进行修改。

(3) 调整显示的 FFT 变换的频率范围，按下频率范围对应的软键，然后旋转 Entry 旋钮，调整频率范围。

(4) 确定中心频率，按下中心频率对应的软键，然后利用 Entry 旋钮调整中心频率。

(5) 利用 Math 按键上下的垂直控件，继续调整 FFT 波形。

下面以频率为 9 kHz 的锯齿波为例，图 5-1-19 所示为调整 FFT 过程中对应示波器的显示画面。

如图 5-1-19 (a)所示，在未更改频率范围时，中心频率的调整单位为 MHz。为了使中心频率的调节更准确，在按下[FFT]按键后，首先调整显示的快速傅里叶变换的频率范围，在缩小了显示的频率范围后，再调整显示的中心频率，将中心频率调整为正在进行 FFT 变换的示波器 1 通道对应频率，即 9 kHz。在更改完成频率范围与中心频率后，如图 5-1-19 (b)所示，画面中可以完整显示对应示波器通道 1 的锯齿波的 FFT 变换结果。再通过调节垂直控件，结果如图 5-1-19 (c)所示，使对应的基波、三次谐波、五次谐波等显示得更清晰，FFT 变换结果更明显。

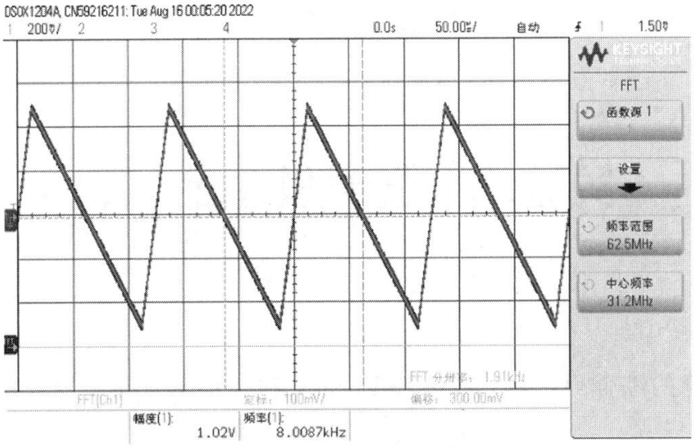

(a) 按下【FFT】按键后的示波器显示画面

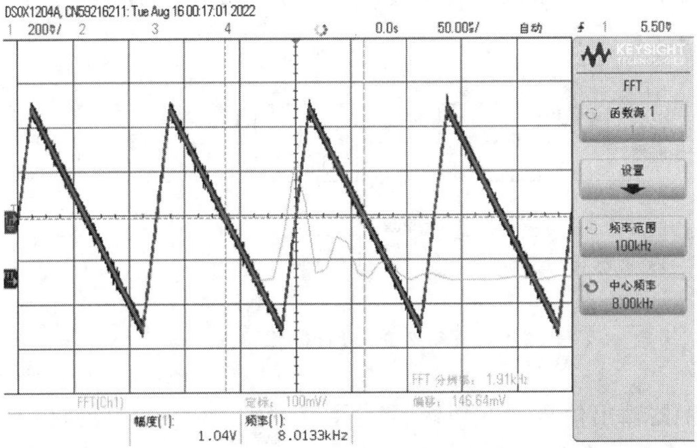

(b) 调节完频率范围与中心频率后的显示画面

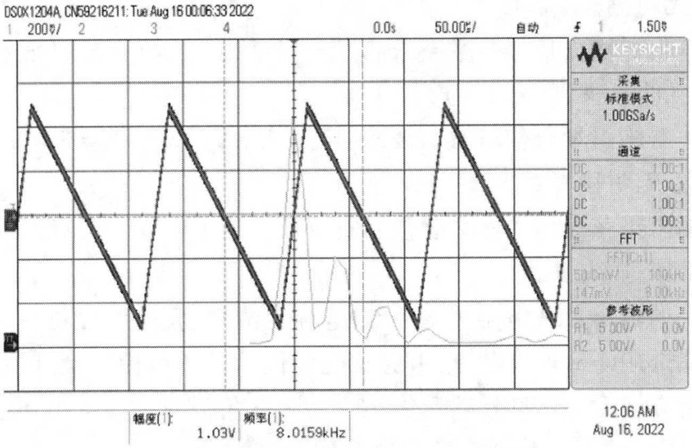

(c) 利用垂直控件调整波形位置后的显示画面

图 5-1-19　FFT 示波器显示画面

实验二　信号发生器(二)

一、设计要求

使用题目指定的综合测评板上的一片 LM324 和一片 HD74LS74 芯片设计制作一个复合信号发生器。

设计制作要求如图 5-2-1 所示。设计制作一个方波产生器输出方波，将方波产生器输出的方波四分频后再与三角波同相叠加输出一个复合信号，再经滤波器后输出一个正弦波信号。

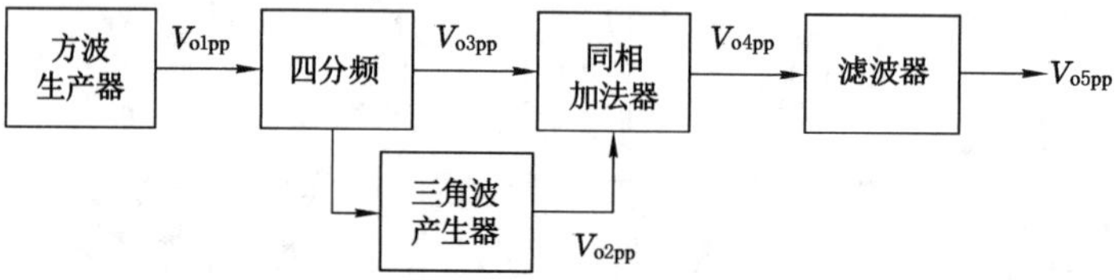

图 5-2-1　设计制作要求

(1) 方波产生器输出信号参数要求：$V_{o1pp}=3\ \text{V}\pm5\%$，$f=20\ \text{kHz}\pm100\ \text{Hz}$，输出电阻 $R_o=600\ \Omega$，波形无明显失真。

(2) 四分频方波输出信号参数要求：$V_{o3pp}=1\ \text{V}\pm5\%$，$f=5\ \text{kHz}\pm100\ \text{Hz}$，输出电阻 $R_o=600\ \Omega$，波形无明显失真。

(3) 三角波产生器输出信号参数要求：$V_{o2pp}=1\ \text{V}\pm5\%$，$f=5\ \text{kHz}\pm100\ \text{Hz}$，输出电阻 $R_o=600\ \Omega$，波形无明显失真。

(4) 同相加法器输出复合信号参数要求：$V_{o4pp}=2\ \text{V}\pm5\%$，$f=5\ \text{kHz}\pm100\ \text{Hz}$，输出电阻 $R_o=600\ \Omega$，波形无明显失真。

(5) 滤波器输出正弦波信号参数要求：$V_{o5pp}=3\ \text{V}\pm5\%$，$f=5\ \text{kHz}\pm100\ \text{Hz}$，输出电阻 $R_o=600\ \Omega$，波形无明显失真。

(6) 每个模块的输出负载电阻为 600 Ω，应标示清楚、置于明显位置，便于检查。

(7) 电源只能选用+5 V 单电源，由稳压电源供给。不得使用额外电源。

(8) 要求预留方波 V_{o1pp}、四分频后方波 V_{o3pp}、三角波 V_{o2pp}、同相加法器输出复合信号 V_{o4pp}、滤波器输出正弦波 V_{o5pp} 和+5 V 单电源的测试端子。

(9) 不能外加 LM324 和 HD74LS74 芯片，不能使用除综合测评板上的芯片以外的其他任何器件或芯片，不允许更换综合测评板。

二、设计方案

（一）整体方案设计

1. 设计要点

要点 1：74LS74 的使用。

74LS74 是上升沿 D 触发器芯片，将其改接后实现二分频，上一级触发器输出作为下一级触发器的时钟信号，可实现 $2n$ 分频。

要点 2：二阶压控电压源滤波电路改变增益。

低通滤波器的设计是已知 ω_0（－ 3 dB 截止频率）、H_{OLP}（直流增益）、Q（在－3 dB 截止频率时的电压放大倍数与通带放大倍数数值之比）三个参数来设计电路。

$$H_{OLP}=K=1+\frac{R_B}{R_A} \tag{5-2-1}$$

$$\omega_0=\frac{1}{\sqrt{R_1C_1R_2C_2}} \tag{5-2-2}$$

$$Q=\frac{1}{(1-K)\sqrt{\frac{R_1C_1}{R_2C_2}}+\sqrt{\frac{R_1C_2}{R_2C_1}}+\sqrt{\frac{R_2C_2}{R_1C_1}}} \tag{5-2-3}$$

对于巴特沃斯、切比雪夫、贝塞尔三种类型二阶 LPF 的 Q 值分别为 0.707、1、0.56。

$$A_{new}=A_{old}\frac{R_{1B}}{R_{1A}+R_{1B}} \tag{5-2-4}$$

$$R_{1A}\parallel R_{1B}=R_1 \tag{5-2-5}$$

由公式(5-2-1)与(5-2-3)可知，H_{OLP} 值依赖于 Q 值大小。为了将增益从现在的 A_{old} 降到另一个不同的值 A_{new}，应用戴维宁定理，用分压器 R_{1A} 和 R_{1B} 取代 R_1，同时确保 ω_0 不受替换的影响，需符合式(5-2-4)和式(5-2-5)，增益可改变的二阶压控电压源滤波电路如图 5-2-2 所示。

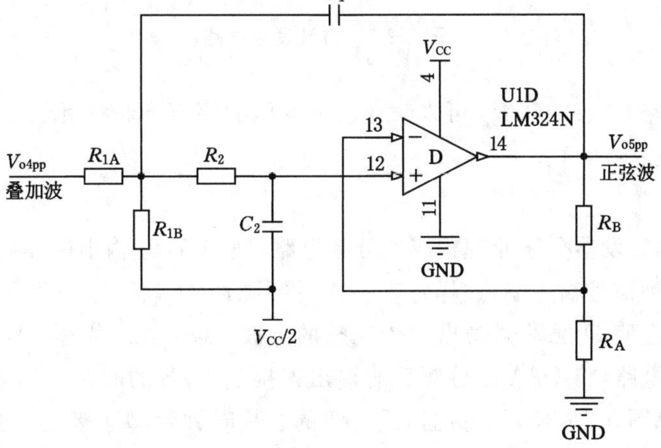

图 5-2-2　增益可改变的二阶压控电压源滤波电路

2. 整体设计

使用一片 LM324 的一路运放产生一定占空比的方波，调节电路参数实现输出方波(V_{o1pp})的指定幅值与频率。使用 74LS74 将输出的方波进行四分频得到分频后的方波(V_{o3pp})。再使用一路运放构成积分电路，将方波(V_{o1pp})积分成三角波，调节电路参数，产生指定的三角波(V_{o2pp})。使用 LM324 的一路运放构成同相加法器，将输出的方波(V_{o1pp})和三角波(V_{o2pp})加法运算产生叠加波(V_{o4pp})。再使用一路运放组成二阶压控电压源滤波电路实现指定的正弦波(V_{o5pp})。

(二) 单元电路设计

1. 方波发生电路

方波发生电路由一个滞回比较器和 RC 电路组成，RC 电路作为延迟环节，电容 C 上电压作为滞回比较器的输入，通过 RC 充放电，使电路产生自激振荡，实现输出状态的自动转换。可以通过调节滑动变阻器可改变方波的频率与幅值。分析方波发生电路(图 5-2-3)可以得到振荡周期为

$$T = 2R_3C\ln\left(1+\frac{2R_1}{R_2}\right) \tag{5-2-6}$$

振荡频率 $f=1/T$。

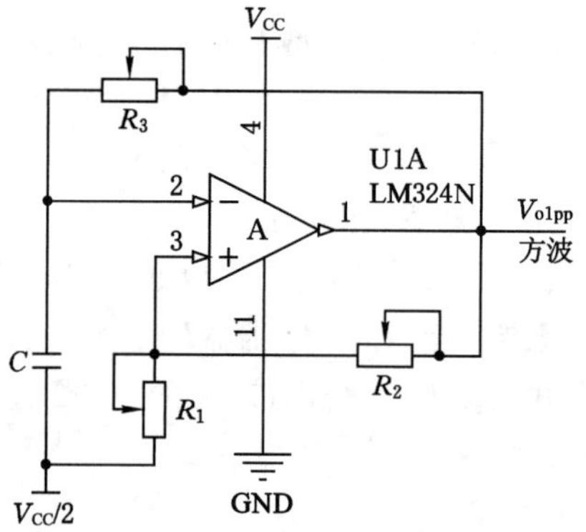

图 5-2-3 方波发生电路

通过调节电路参数R_1 和 R_2 可以改变输出电压的幅值，调整电阻 R_1、R_2、R_3 和电容 C 可以改变电路的振荡频率。

2. 四分频电路

74LS74 根据触发器分频原理构成四分频电路，把 D 的 $\overline{Q}'$ 输出端连接到输入端，需要分频的信号输入时钟信号输入端，这样每来一次时钟脉冲 D 触发器的状态就会翻转一次，来两次时钟脉冲就会使 D 触发器输出一个完整的方波，实现了二分频。同理 U2B 也可以搭建成一个二分频电路，将 U2A 二分频后的输出连接到 U2B 的时钟，可再次实现二分频，即实现了四分频，如图 5-2-4 所示。并且，后一级的芯片时钟管脚连接上一级芯片的不同输出管脚可实现上升沿触发和下降沿触发的转换。

3. 三角波发生电路

当输入为方波时，积分电路可作为三角波发生电路，将输入的方波进行积分产生三角

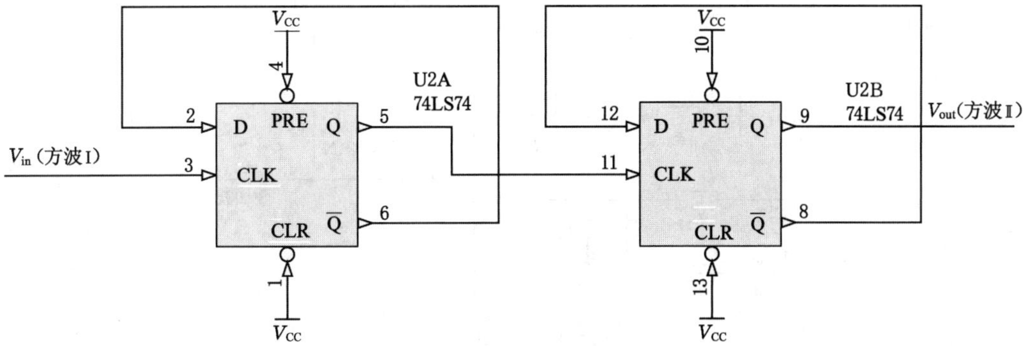

图 5-2-4　四分频电路

波，再通过调节电路参数改变输出三角波的幅值和频率。三角波发生电路如图 5-2-5 所示。

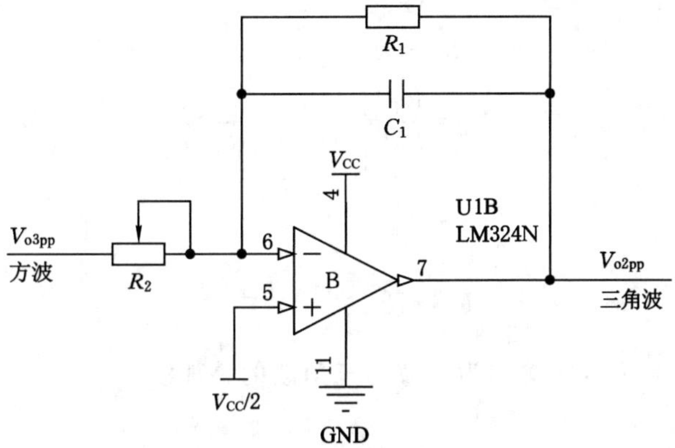

图 5-2-5　三角波发生电路

电路中，电容 C 中的电流等于电阻 R_1 中的电流，即

$$i_C = i_R = \frac{U_i}{R} \tag{5-2-7}$$

输出电压与电容上的关系为

$$U_o = -U_C \tag{5-2-8}$$

电容上的电压等于其电流的积分，故

$$U_o = -\frac{1}{C}\int i_C \mathrm{d}t = -\frac{1}{RC}\int U_i \mathrm{d}t \tag{5-2-9}$$

为了防止低频信号增益过大，在电容 C 上并联一个电阻 R_2 加以限制。

4. 同相加法电路

将四分频后的方波与三角波叠加，要求使用同相加法电路，对于处理两个输入来说其原理简单，计算公式通俗易懂，电路相对简单，如图 5-2-6 所示。

同相加法电路的多个信号输入均作用于集成运放的同相输入端时，根据“虚断”和“虚短”的原则，可得以下方程

$$i_1 + i_2 = i_3 \tag{5-2-10}$$

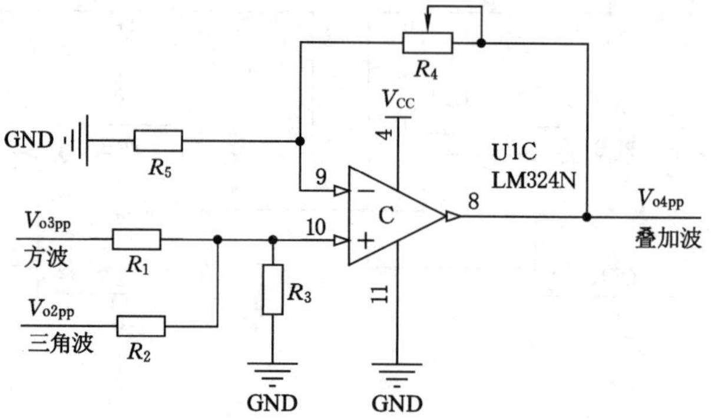

图 5-2-6　同相加法电路

$$R_P\left(\frac{U_{i1}}{R_1}+\frac{U_{i2}}{R_2}\right)=U_P \tag{5-2-11}$$

$$R_P=R_1//R_2//R_3 \tag{5-2-12}$$

$$U_o=\frac{R_P}{R_N}R_4\left(\frac{U_{i1}}{R_1}+\frac{U_{i2}}{R_2}\right) \tag{5-2-13}$$

$$R_N=R_4//R_5 \tag{5-2-14}$$

当$R_P=R_N$ 时

$$U_o=R_4\left(\frac{U_{i1}}{R_1}+\frac{U_{i2}}{R_2}\right) \tag{5-2-15}$$

调整R_1、R_2、R_3 和 R_4，使输出为方波与三角波的叠加波。

5. 滤波电路

三角波与正弦波叠加之后产生的叠加波经过滤波电路后，得到频率为 5 kHz、峰峰值为 3 V 的正弦波，采用压控电压源二阶低通滤波电路，二阶滤波电路通频带较窄，放大倍数大，其电路原理图如图 5-2-7 所示。

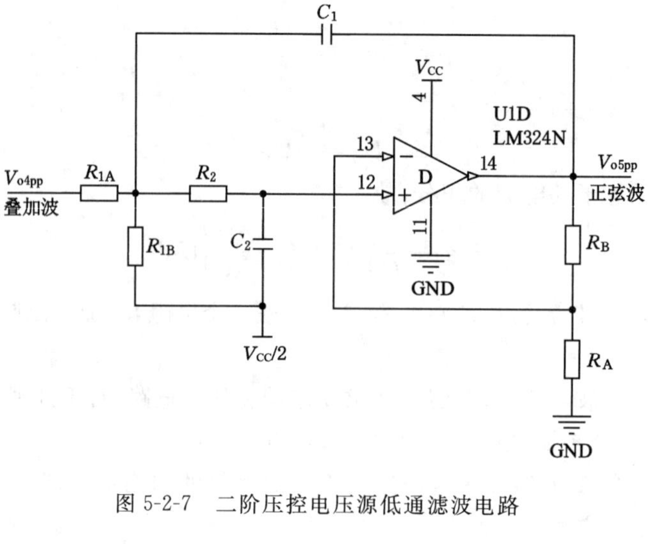

图 5-2-7　二阶压控电压源低通滤波电路

特征频率f_0计算公式为

$$f_0=\frac{1}{2\pi RC} \tag{5-2-16}$$

根据式(5-2-16)来确定R_1、R_2、C_1 和 C_2 的大小，分别执行一阶滤波和二阶滤波。二阶滤波可以做到－40 dB/二十倍频。电路的传递函数为

$$A_u(s)=\frac{A_{up}(s)}{1+[3-A_{up}(s)]sRC+(sRC)^2} \tag{5-2-17}$$

当$A_{up}=\frac{1+R_2}{R_3}<3$时，电路才能够稳定工作，不产生自激振荡。

令 $s=j\omega$，$f_0=\frac{1}{2\pi RC}$，则电压放大倍数为

$$\dot{A}_u=\frac{\dot{A}_{up}}{1-\left(\frac{f}{f_0}\right)^2+j(3-\dot{A}_{up})\frac{f}{f_0}} \tag{5-2-18}$$

三、设计内容

（一）方波发生器设计及结果

设计要求方波的频率为 20 kHz，幅值为 3 V，根据方波发生电路设计以及图 5-2-3，电容 C 取值为 0.33 nF，电阻R_1 选择调节范围为 10 kΩ 的滑动电阻，R_2 选择调节范围为 1 kΩ 的滑动电阻，R_3 选择调节范围为 20 kΩ 的滑动电阻。其对应仿真电路及结果如图 5-2-8 所示。

根据方波发生电路设计以及仿真电路设计，选择电容为 330 pF 的独石电容，电阻R_1 选择调节范围为 10 kΩ 的电位器，R_2 选择调节范围为 1 kΩ 的电位器，R_3 选择调节范围为 20 kΩ 的电位器。

该电路接通电源后测试，能够输出幅值为 3 V、频率为 20 kHz 的方波，与仿真结果基本一致，由于使用 LM324 性能有限，输出高频方波，方波边沿有些失真，对应示波器显示波形如图 5-2-9 所示。

（二）四分频电路设计及结果

设计要求将方波经过四分频生成频率为 5 kHz、幅值为 1 V 的方波。根据四分频设计以及图 5-2-4，将 HD74LS74 芯片的引脚进行连接即可实现。对应仿真电路及结果如图 5-2-10 所示。

根据四分频电路设计以及仿真电路，将 HD74LS74 芯片的引脚进行连接，利用分压前的方波发生器输出的方波进行四分频，在对应负载电阻前利用 5 kΩ 的电位器进行分压，得到对应幅值的四分频方波。该电路接通电源后测试，能够输出幅值为 1 V、频率为 5 kHz 的方波，与仿真结果基本一致，对应示波器显示波形如图 5-2-11 所示。

（三）三角波发生器设计及结果

设计要求把四分频方波积分得到频率为 5 kHz、幅值为 1 V 的三角波，根据三角波发生电路设计及图 5-2-5，选择容值为 10 nF 的电容，电阻R_1 选择调节范围为 10 kΩ 的滑动电阻，电阻R_2 选择 5 kΩ 的定值电阻。其对应仿真电路及结果如图 5-2-12 所示。

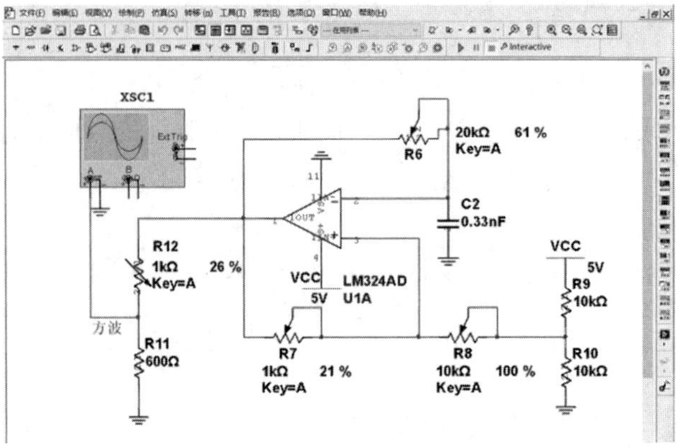

(a) 仿真电路

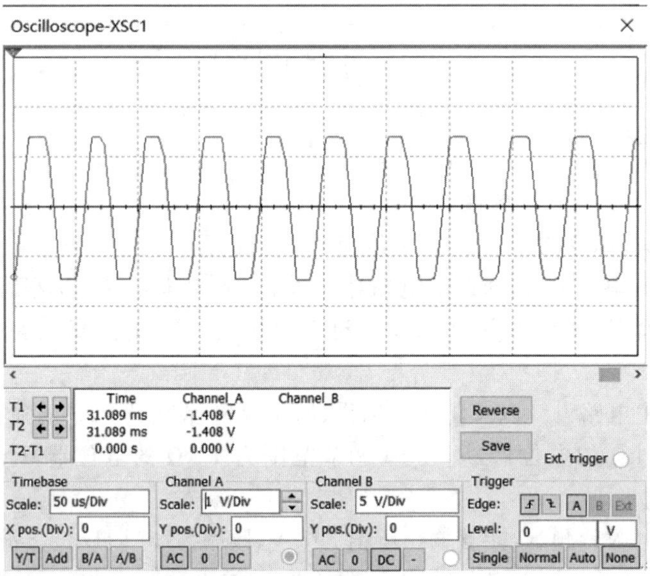

(b) 仿真结果

图 5-2-8 方波发生器的仿真电路及结果

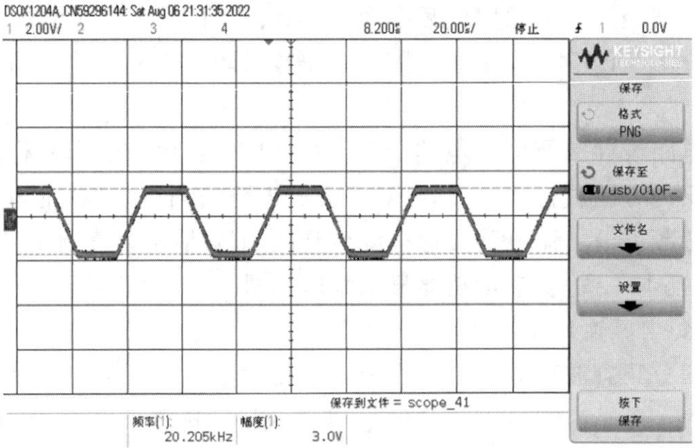

图 5-2-9 方波示波器显示波形

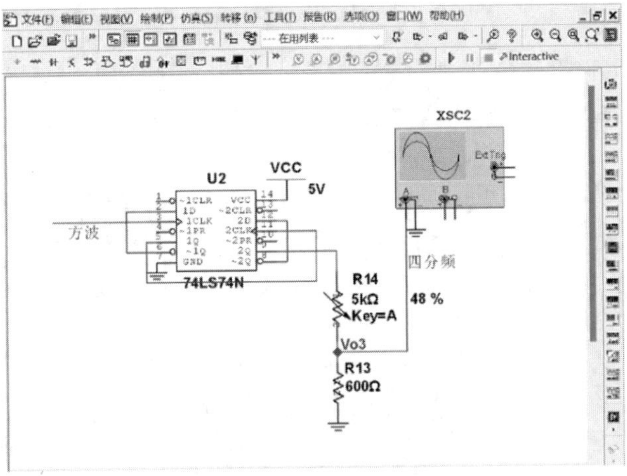

（a）仿真电路

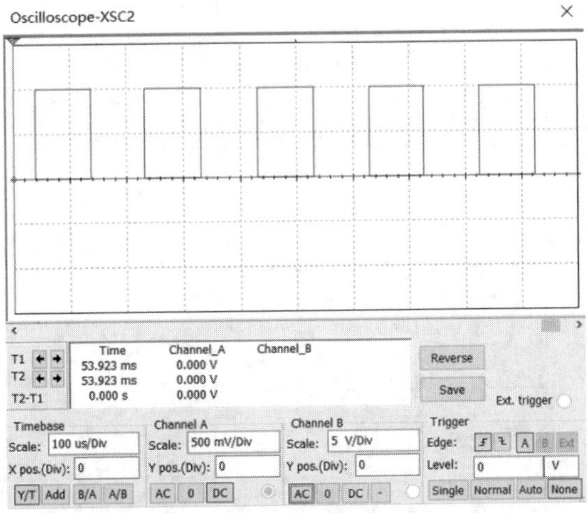

（b）仿真结果

图 5-2-10　四分频仿真电路及结果

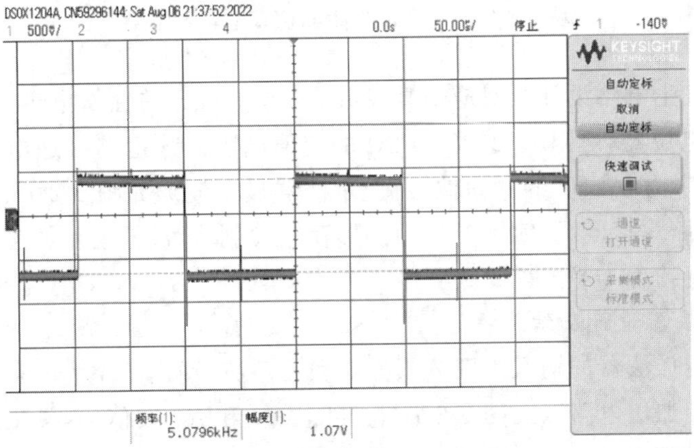

图 5-2-11　四分频电路示波器显示波形

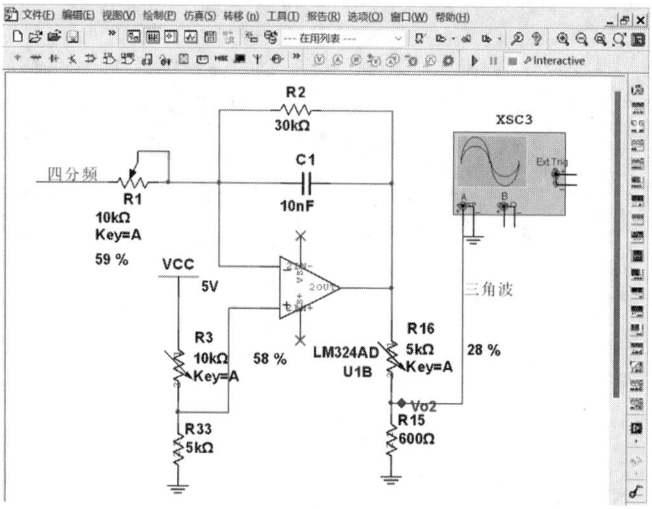

(a) 仿真电路

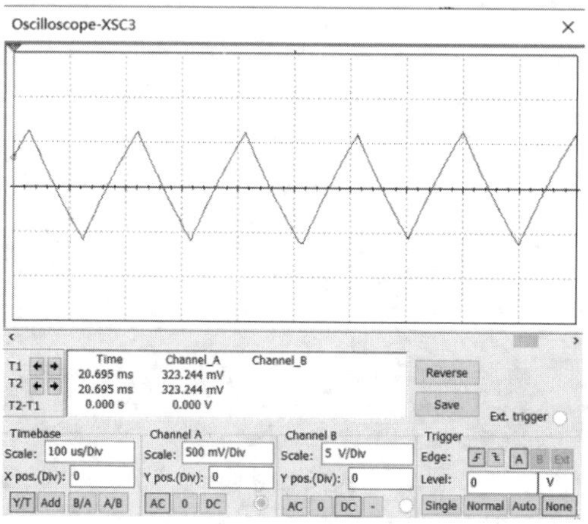

(b) 仿真结果

图 5-2-12　三角波发生器仿真电路及结果

根据三角波发生电路设计及对应仿真设计，选择 10 nF 的独石电容，电阻R_1 选择调节范围为 10 kΩ 的电位器，电阻R_2 选择 30 kΩ 的定值电阻。该电路接通电源后测试，能够输出幅值为 1 V、频率为 5 kHz 的三角波，对应示波器显示波形如图 5-2-13 所示，与仿真结果基本一致，由于电路焊接问题，实际产生的波形存在尖刺，示波器所示幅度略大于 1 V，实际读出三角波的幅值约为 1 V。

（四）同相加法器设计及结果

设计要求同相加法器的输入为四分频方波和三角波，输出频率为 5 kHz、幅值为 2 V 的叠加波。根据同相加法电路以及图 5-2-7，电阻R_1、R_2 和 R_3 取值为 10 kΩ，电阻R_4 选择调节范围为 10 kΩ 的滑动电阻，电阻R_5 取值为 2 kΩ。其对应仿真电路及结果如图 5-2-14 所示。

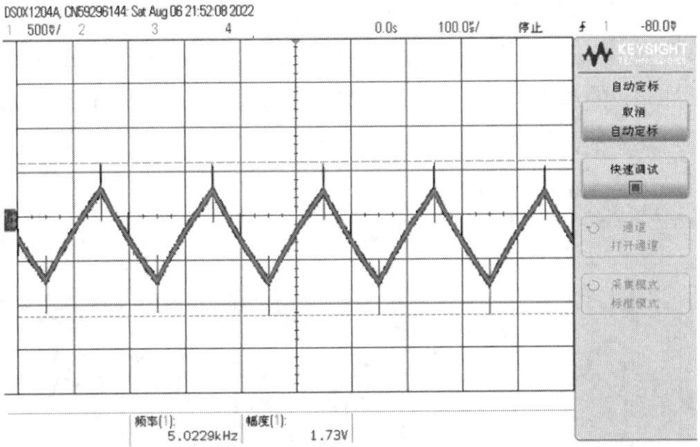

图 5-2-13　三角波示波器显示波形

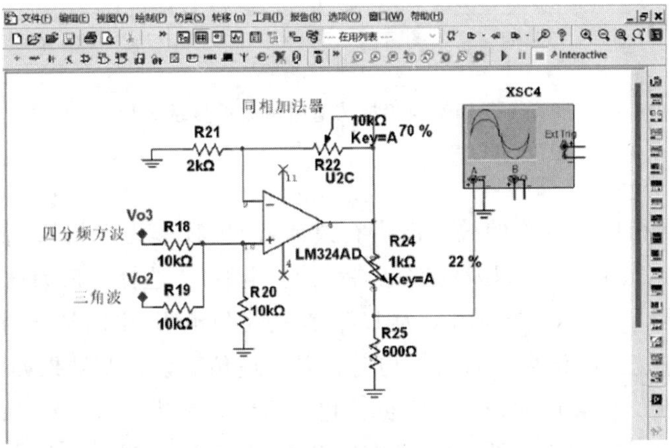

(a) 仿真电路

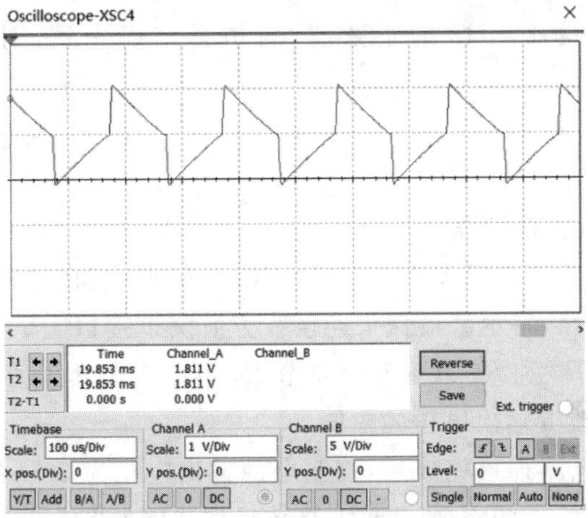

(b) 仿真结果

图 5-2-14　同相加法器仿真电路及结果

根据同相加法电路以及仿真设计，电阻R_1、R_2 和 R_3 均选择 10 kΩ 的定值电阻，R_4 选择调节范围为 10 kΩ 的电位器，R_5 选择 2 kΩ 的电阻。该电路接通电源后测试，能够输出幅值为 2 V、频率为 5 kHz 的叠加波，与仿真结果一致，由于三角波上下尖端有尖刺，叠加波也存在尖刺，对应示波器显示波形如图 5-2-15 所示。

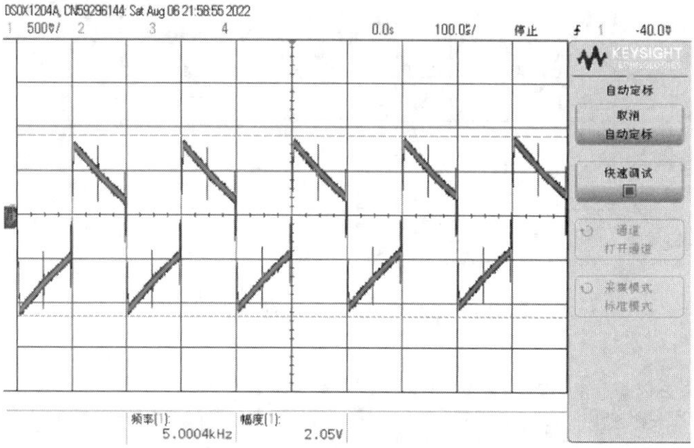

图 5-2-15　同相加法电路示波器显示波形

（五）滤波器设计及结果

设计要求把同相加法电路的叠加波进行过滤，产生频率为 5 kHz、幅值为 3 V 的正弦波。根据设计要点 2、图 5-2-7 以及滤波电路设计。电容C_1 选择容值为 33 nF，电容C_2 选择容值为 10 nF，电阻R_1 和 R_2 选择阻值为 1.5 kΩ 的定值电阻，电阻R_3 选择阻值为 10 kΩ 的定值电阻，电阻R_4 选择阻值为 51 kΩ 的电阻。其对应仿真设计及结果如图 5-2-16 所示。

根据设计要点 2、仿真电路设计以及滤波电路设计。电容C_1 选择 33 nF 的独石电容，电容C_2 选择容值为 10 nF 的独石电容，电阻 R_1 和 R_2 选择阻值为 1.5 kΩ 的电阻，电阻R_3 选择阻值为 10 kΩ 的电阻，电阻 R_4 选择阻值为 51 kΩ 的电阻。该电路接通电源后测试，能够输出幅值为 3 V、频率为 5 kHz 的正弦波，与仿真结果一致，对应示波器显示波形如图 5-2-17 所示。

四、制作与测试

（一）方波发生电路调试操作

利用电源系统对芯片进行 5 V 供电，将 VCC 与 GND 接在电路的 V＋与 V－端口，根据设计的方波发生器电路，将示波器探头连接在方波测试接口上。具体连接如图 5-2-18 所示。顺时针调节电位器R_1 和 R_2 或逆时针调节 R_3 可以增大其阻值，对应振荡周期增大，频率降低。调节 R_2 可以改变输出电压的幅值。

将示波器、电源与电路连接完成后，控制电源输出电压为 5 V，打开对应通道 1 的示波器波形，调出波形的频率和幅值方便调整。具体操作步骤如图 5-2-19 所示。

（1）按下 Meas 测量键以显示“测量”菜单。

（2）按下源对应的软键，选择要进行测量的通道，即通道 1。

（3）按下类型对应的软键，然后旋转 Entry 旋钮以选择要进行的测量。

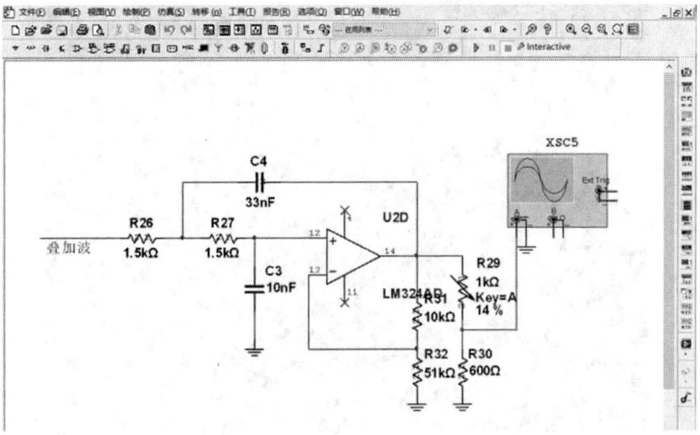

(a) 仿真电路

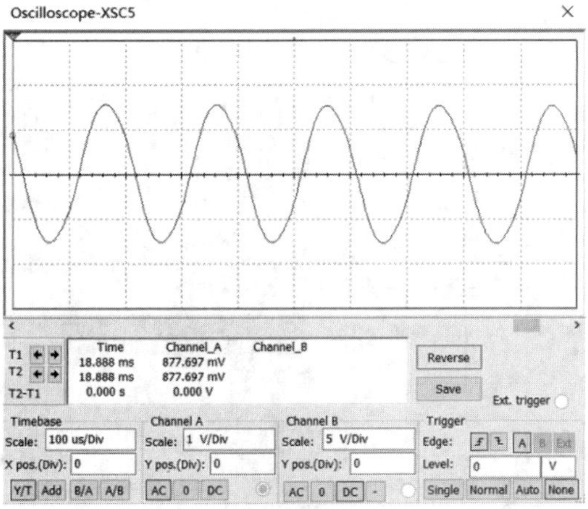

(b) 仿真结果

图 5-2-16　滤波器的仿真电路及结果

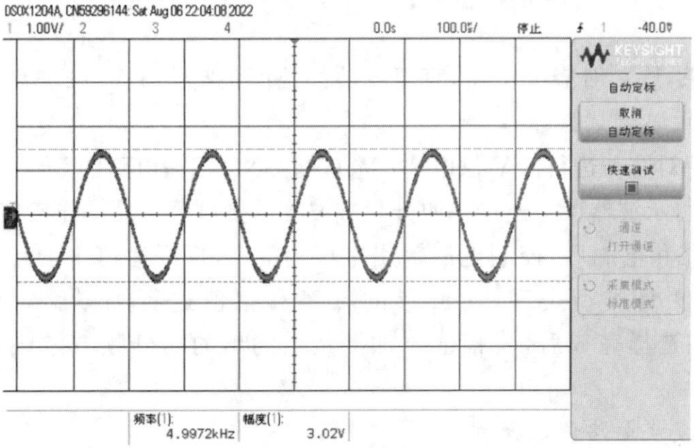

图 5-2-17　滤波器电路示波器显示波形

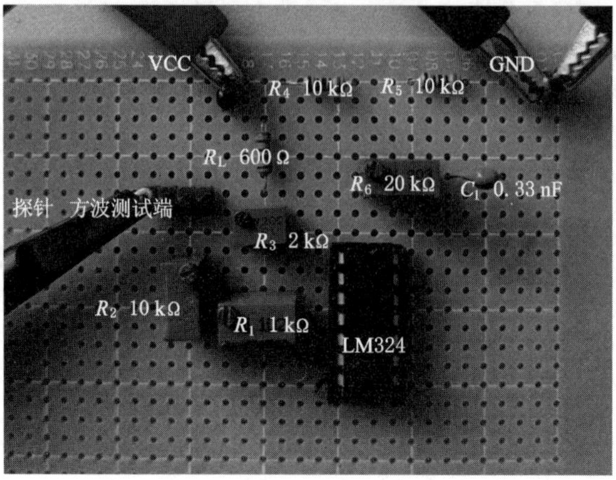

图 5-2-18　方波发生电路连接图

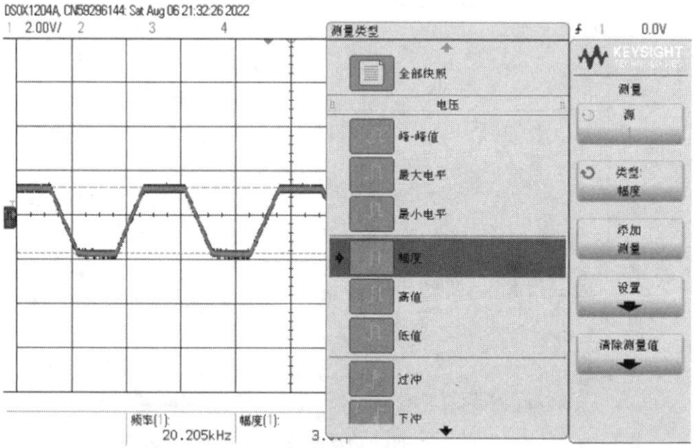

图 5-2-19　方波示波器操作步骤

(4) 按下添加测量对应的软键或按下 Entry 旋钮可显示测量，将通道 1 的频率与幅值添加测量显示。

观察测量结果，旋转对应电位器，直至方波的幅值调整为 3 V、频率调整为 20 kHz。

(二) 四分频电路调试操作

利用电源系统对芯片进行 5 V 供电，将 VCC 与 GND 接在电路的 V+与 V−端口，根据设计的四分频电路，将示波器探头连接在四分频方波测试接口上。具体连接如图 5-2-20 所示。

连接好示波器和电源后，控制电源输出电压为 5 V，打开通道 1 的示波器显示波形，与测量方波时设置测量类型类似，对波形的频率和幅值进行测量。对应示波器显示如图 5-2-21 所示，在选择完成后，将幅值添加测量。输出的四分频方波幅值为 1 V，频率为 5 kHz。

(三) 三角波发生电路调试操作

利用电源系统对芯片进行 5 V 供电，将 VCC 与 GND 接在电路的 V+与 V−端口，根据设计的三角波发生器电路，将示波器探头连接在三角波测试接口上。具体连接如图 5-2-22 所示。顺时针调节电位器 R_2 改变其阻值可使输出电压的幅度减小。

图 5-2-20　四分频电路连接图

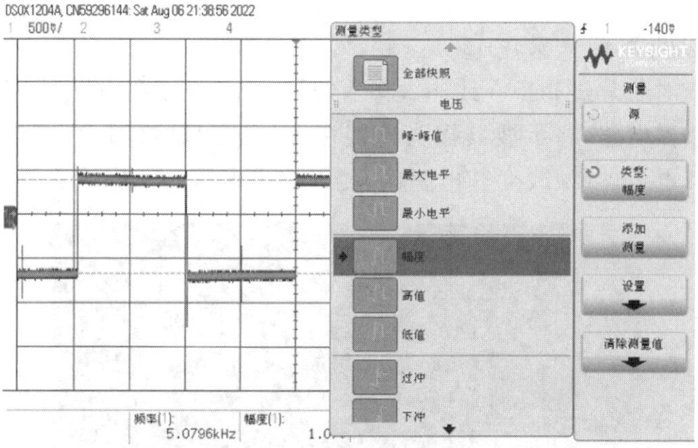

图 5-2-21　测量四分频方波幅度的示波器显示

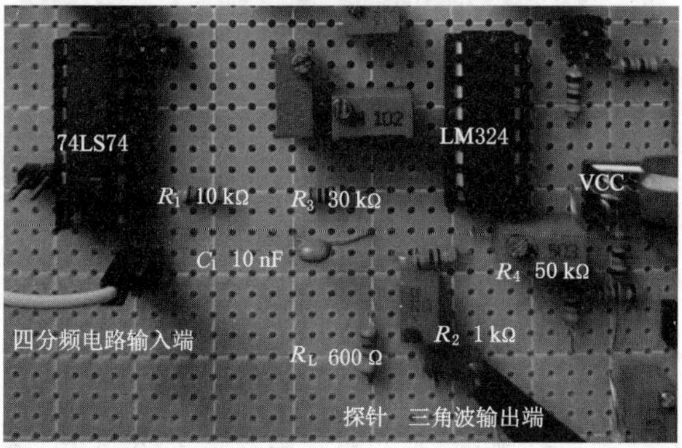

图 5-2-22　三角波发生电路连接图

连接好示波器和电源后，控制电源输出电压为 5 V，打开通道 1 的示波器显示波形，设置测量类型为对波形的频率和幅值进行测量。调整对应电阻R_2改变幅值，测量三角波的幅值，对应示波器显示如图 5-2-23 所示。输出的三角波信号幅值为 1 V，频率为 5 kHz。

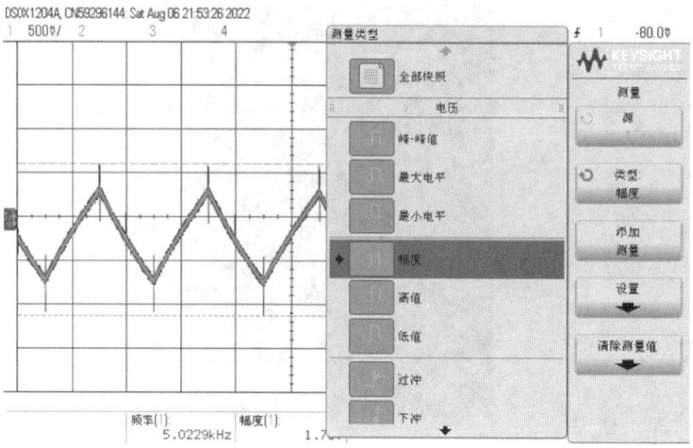

图 5-2-23　测量三角波幅度的示波器显示

（四）同相加法电路调试操作

利用电源系统对芯片进行 5 V 供电，将 VCC 与 GND 接在电路的 V＋与 V－端口，根据设计的同相加法器电路，将示波器探头连接在叠加波测试接口上。具体连接如图 5-2-24 所示。顺时针调节电位器R_4 改变其电阻值，使得输出电压的幅度增大。

图 5-2-24　同相加法电路连接图

连接好示波器和电源后，控制电源输出电压为 5 V，打开通道 1 的示波器显示波形，设置测量类型为对波形的频率和幅值进行测量。调整对应电阻R_4 改变幅值，测量叠加波的幅值，对应示波器显示如图 5-2-25 所示。输出的叠加波信号幅值为 2 V，频率为 5 kHz。

（五）滤波电路调试操作

利用电源系统对芯片进行 5 V 供电，将 VCC 与 GND 接在电路的 V＋与 V－端口，根据设计的滤波电路，将示波器探头连接在正弦波测试接口上。具体连接如图 5-2-26 所示。

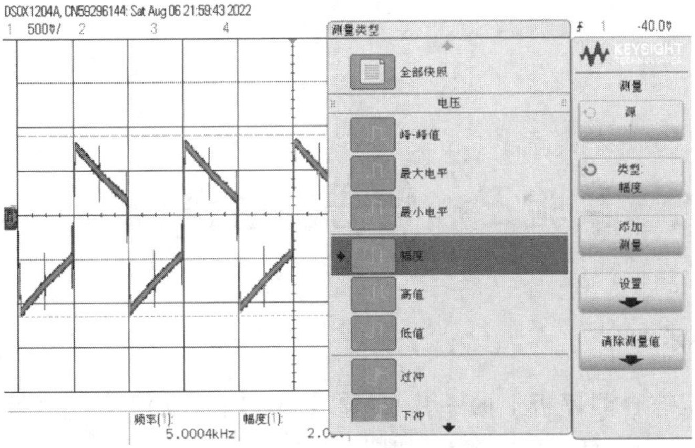

图 5-2-25　测量叠加波幅度的示波器显示

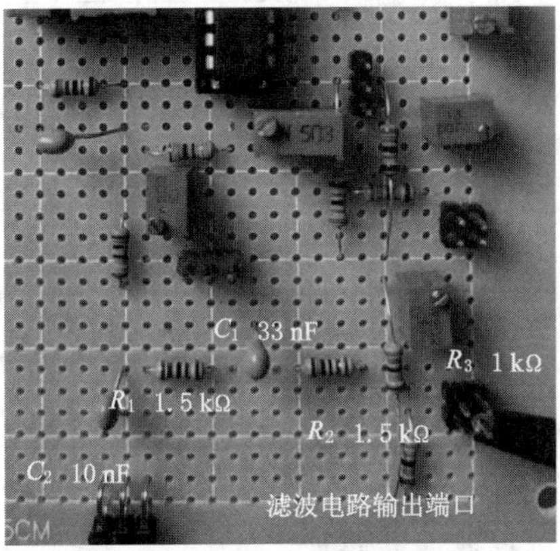

图 5-2-26　滤波电路连接图

连接好示波器和电源后，控制电源输出电压为 5 V，打开通道 1 的示波器显示波形，设置测量类型为对波形的频率和幅值进行测量。测量正弦波的幅值，对应示波器显示波形如图 5-2-27 所示。输出的正弦波信号幅值为 3 V，频率为 5 kHz。

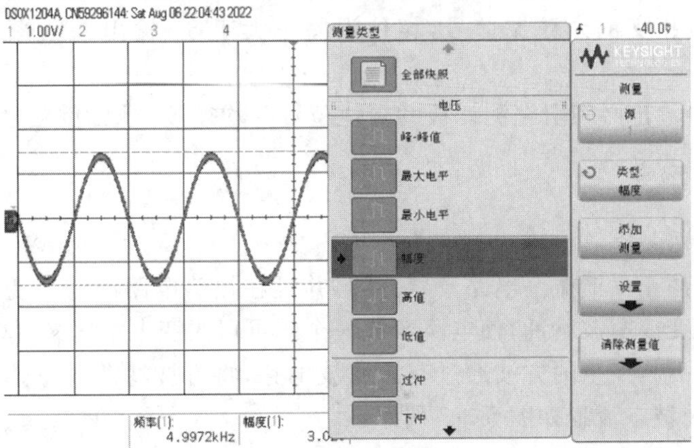

图 5-2-27　测量正弦波幅度的示波器显示波形

实验三　信号发生器(三)

一、设计要求

使用题目指定综合测评板上的一片 LM324AD(四运放)和一片 SN74LS00D(四与非门)芯片设计制作一个多路信号发生器,如图 5-3-1 所示。

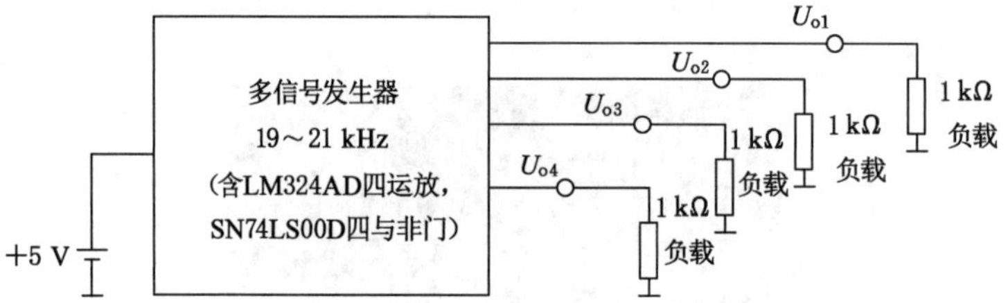

U_{o1}—方波;U_{o2}—占空比连续可调窄脉冲;U_{o3}—正弦波;U_{o4}—余弦波。

图 5-3-1　题目要求示意图

(一) 约束条件:

(1) 一片 SN74LS00D 四与非门芯片。

(2) 一片 LM324AD 四运算放大器芯片。

(二) 指标要求

(1) 频率为 19～21 kHz 连续可调的方波脉冲信号,幅度不小于 3.2 V。

(2) 与方波同频率的正弦波信号,输出电压失真度不大于 5%,峰峰值(V_{PP})不小于 1 V。

(3) 与方波同频率占空比 5%～15%连续可调的窄脉冲信号,幅度不小于 3.2 V。

(4) 与正弦波相交的余弦波信号,相位误差不大于 5°,输出电压峰峰值(V_{PP})不小于 1 V。

(5) 各路信号输出必须引至测评板的标注位置并均须接 1 kΩ 负载电阻(R_L)。

二、设计方案

(一) 方案流程设计

首先,本题采用正反馈振荡电路产生方波,并且在振荡电路中选用变阻器,通过改变变阻器的值,使方波变成窄波脉冲,使电路变成一个既可以改变占空比又可以改变频率放入正反馈振荡电路;然后将产生的方波通过有源滤波电路,将方波滤波成正弦波,再将正弦波通过积分器变成余弦波。流程如图 5-3-2 所示。

(二) 方波产生电路

方波产生电路使用了 LM324 运放搭建的正反馈振荡电路和 SN74LS00D 与非门波形

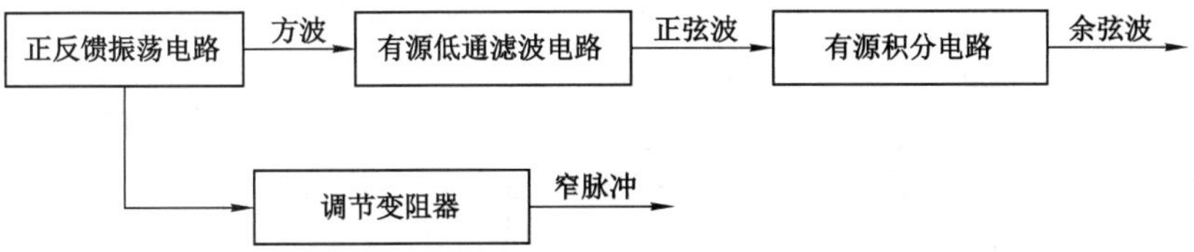

图 5-3-2　方案整体流程

整形电路。该电路的供电采用的是单电源供电。

该电路通过可调电位器R_{11}来调节输出方波的频率，R_1、R_8、C_1组成了一个偏置电路，将R_9右端接到一个直流偏置电路上，偏置电压由＋5 V 电源分压得到，可以通过电路调节偏置，改变方波的占空比，R_9和R_{10}两个电阻组成了正反馈振荡网络。

该电路的周期公式如下

$$T = 2R_{11}C_7\ln(1 + 2R_9/R_{10}) \tag{5-3-1}$$

但是 LM324 因为压摆率不足的原因，电路输出的波形基本不接近方波；无法满足题目的要求。所以在正反馈振荡电路后级连接一个非门(与非门两个输入端连接在一起即可构成非门)对波形进行整形，最终输出的方波就可以满足此题目的要求。图 5-3-3 为方波产生电路原理图。

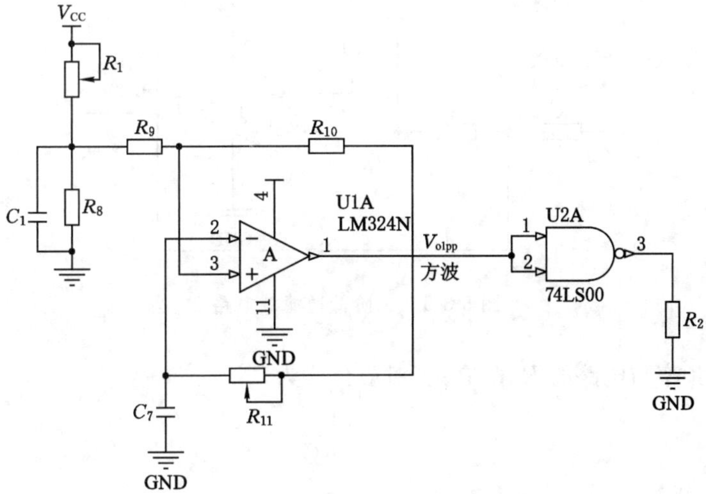

图 5-3-3　方波产生电路原理图

(三) 窄波脉冲信号产生电路

由方波产生电路可知，R_1、R_8、C_1组成了一个偏置电路，将R_9右端接到一个直流偏置电路上，偏置电压由＋5 V 电源分压得到，可以通过电路调节偏置，改变方波的占空比，因此可以调节R_1来改窄波脉冲信号的占空比。图 5-3-4 为窄波脉冲产生电路原理图。

(四) 正弦波产生电路

方波经过低通滤波可以得到正弦波。利用 LM324 的一组运放构成二阶有源低通滤波器。

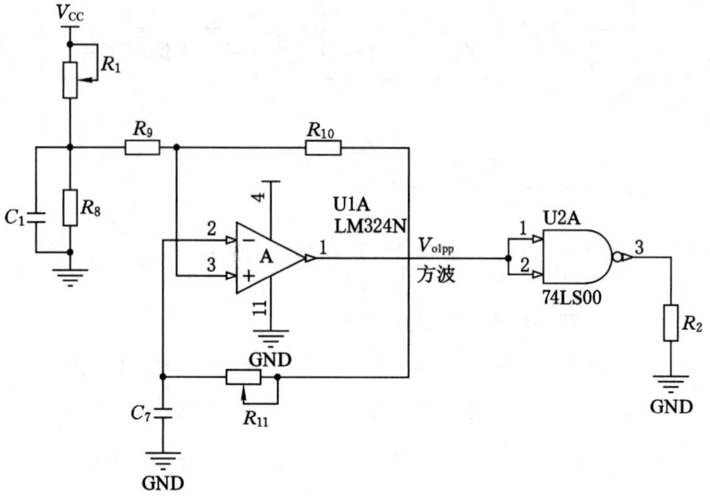

图 5-3-4　窄波脉冲产生电路

二阶低通滤波电路原理图如图 5-3-5 所示。

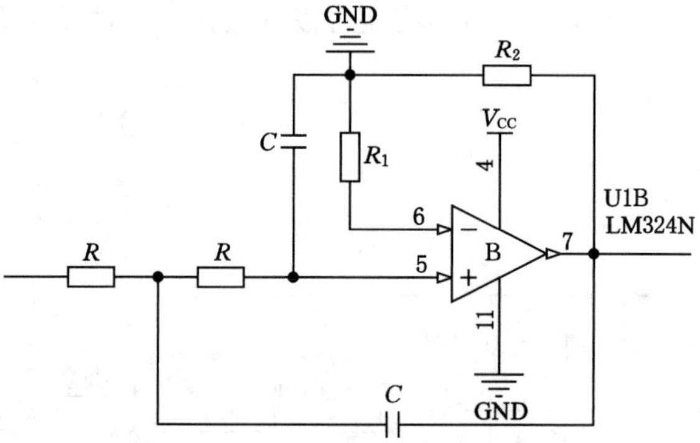

图 5-3-5　二阶低通滤波电路

其中，截止频率与电路的 R、C 有关，对应公式为

$$f=\frac{1}{2\pi RC} \tag{5-3-3}$$

电路的放大倍数为

$$A_{UO}=1+\frac{R_2}{R_1} \tag{5-3-4}$$

如图 5-3-6 所示，为设计方便，选取$R_5=R_4=R$，$C_4=C_7=C$，根据题目的要求，截止频率等于题目要求的频率，根据公式 $f=\frac{1}{2\pi RC}$，确定 R_5、R_4 的阻值，从而推出 C_4、C_7 的数值。下面的仿真设定有源滤波器的增益设置为 1，这也满足题目要求的正弦波幅度。图 5-3-7 所示为偏置电路。

实际设计中，可以将 2.5 V 的 V_{DD} 换成一个偏置电路。

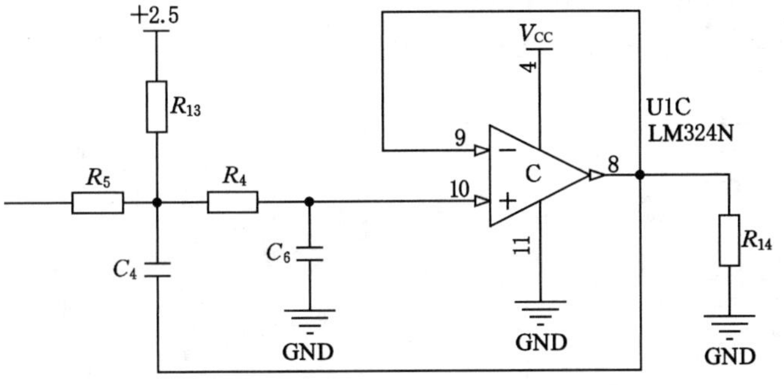

图 5-3-6　正弦波产生电路

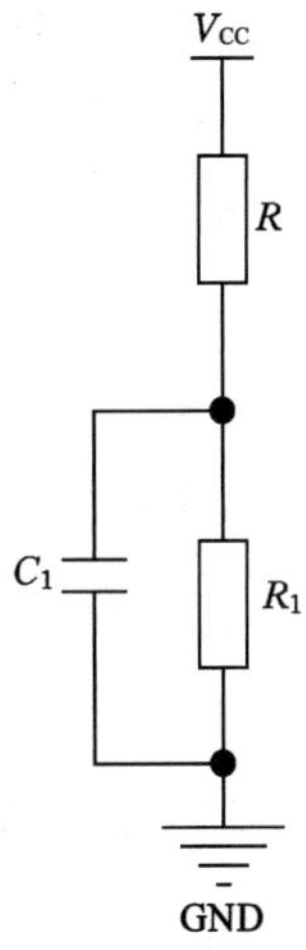

图 5-3-7　偏置电路

(五) 余弦波产生电路

本实验使用 LM324 运放搭建了有源积分电路将正弦波信号转换为余弦波信号，如图 5-3-8 所示。

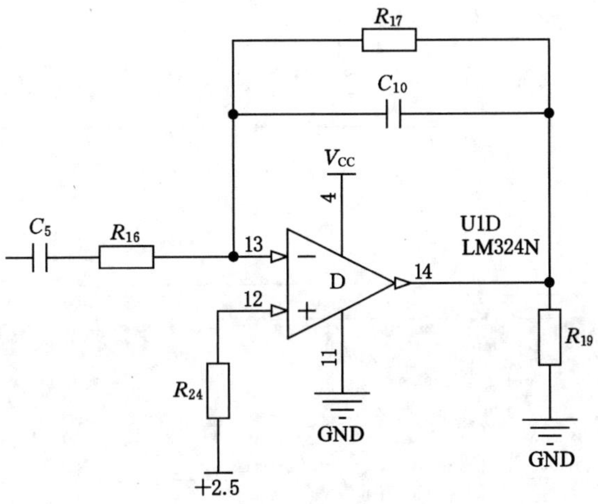

图 5-3-8　余弦波产生电路

C_5 为隔直电容，仅容许交流信号(正弦信号)传入积分器的输入端。R_{17}、C_{10} 为积分器的主要元件。

+2.5 V 仍可像上个电路一样采用一个分压电路，分压电路提供一个直流偏置时运放在单电源供电的条件下正常工作。偏置电路如图 5-3-7 所示。

三、设计内容

(一) 方波发生器设计及结果

设计要求方波的频率为 19～21 kHz，幅值大于 3.2 V，根据方波发生电路设计以及

图 5-3-3，选择电容 C 的容值为 2.2 nF，电阻R_1 选择调节范围为 2 kΩ 的滑动电阻，电阻R_{11} 选择调节范围为 10 kΩ 的滑动电阻，电阻R_8 取值为 1 kΩ，电阻R_9 取值为 10 kΩ，电阻R_{10} 取值为 20 kΩ。其对应仿真设计及结果如图 5-3-9 所示。

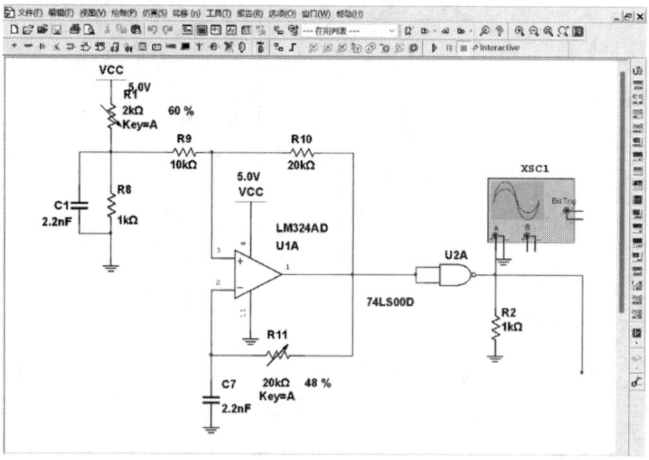

(a) 仿真电路

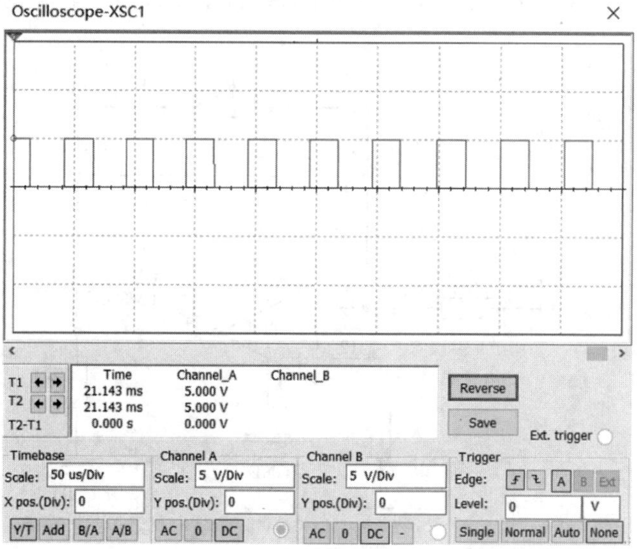

(b) 仿真结果

图 5-3-9　方波发生电路仿真及结果

根据方波发生电路设计以及仿真设计，选择电容 C 为 2.2 nF 的瓷片电容，电阻R_1 选择调节范围为 2 kΩ 的电位器，电阻R_{11} 选择调节范围为 10 kΩ 的电位器，电阻R_8 选择 1 kΩ 的定值电阻，电阻R_9 选择 10 kΩ 的定值电阻，电阻R_{10} 选择 20 kΩ 的定值电阻。该电路接通电源后测试，能够输出幅值大于 3.2 V、频率为 19～21 kHz 的方波，与仿真结果基本一致，对应示波器显示波形如图 5-3-10 所示。

（二）窄波脉冲发生器设计及结果

设计要求产生与方波同频率的窄波脉冲，根据窄波脉冲发生电路设计，选择电容 C 容

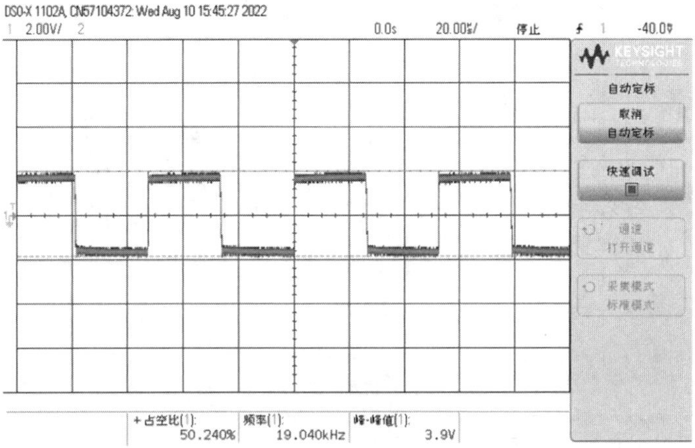

(a) 19 kHz的方波

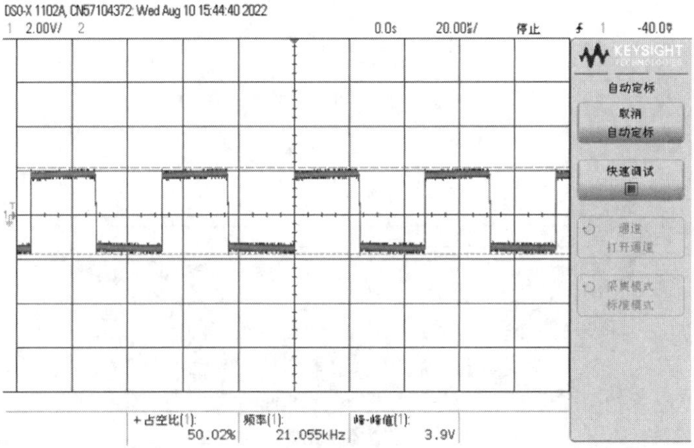

(b) 21 kHz的方波

图 5-3-10　方波发生器示波器显示波形

值为 2.2 nF，电阻R_1 选择调节范围为 2 kΩ 的滑动电阻，电阻R_{11} 选择调节范围为 10 kΩ 的滑动电阻，电阻R_8 取值为 1 kΩ，电阻R_9 取值为 10 kΩ，电阻R_{10} 取值为 20 kΩ。其对应仿真电路及结果如图 5-3-11 所示。

根据窄波脉冲发生电路设计及仿真电路，选择电容 C 为 2.2 nF 的瓷片电容，电阻R_1 选择调节范围为 2 kΩ 的电位器，电阻R_{11} 选择调节范围为 10 kΩ 的电位器，电阻R_8 选择 1 kΩ 的定值电阻，电阻R_9 选择 10 kΩ 的定值电阻，电阻R_{10} 选择 20 kΩ 的定值电阻。该电路接通电源后测试，能够输出幅值大于 3.2 V、频率为 19～21 kHz 的窄波脉冲，对应示波器显示波形如图 5-3-12 所示，与仿真结果基本一致，可以输出窄波脉冲。

(三) 正弦波发生器设计及结果

设计要求正弦波的频率为 19～21 kHz，幅值大于 1 V，根据正弦波发生电路设计，选择电容 C 容值为 6.8 nF，电阻R_5 和电阻R_4 取值为 2 kΩ，电阻R_{14} 取值为 1 kΩ，电阻R_{13} 取值为 10 kΩ，电阻R_{10} 取值为 20 kΩ。偏置电路电阻选择 1 kΩ，电容取值 1 μF，其对应仿真电路及结果如图 5-3-13 所示。

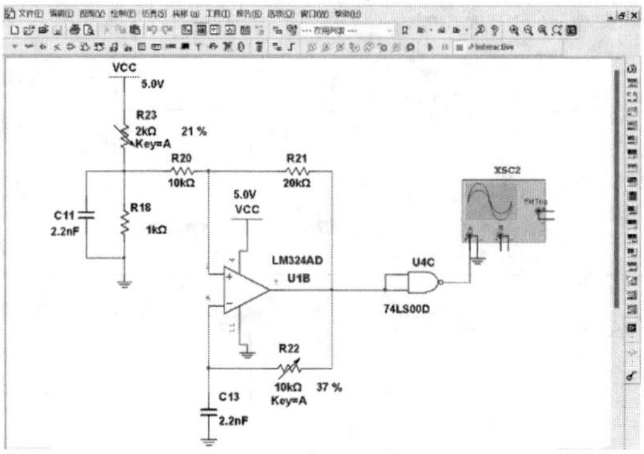

（a）仿真电路

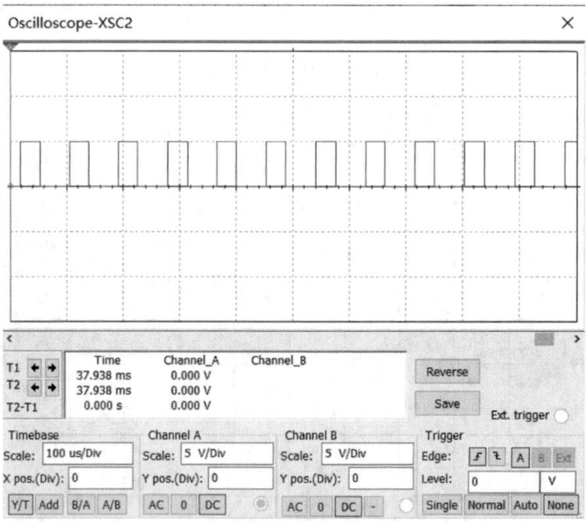

（b）仿真结果

图 5-3-11　窄波脉冲发生电路仿真及结果

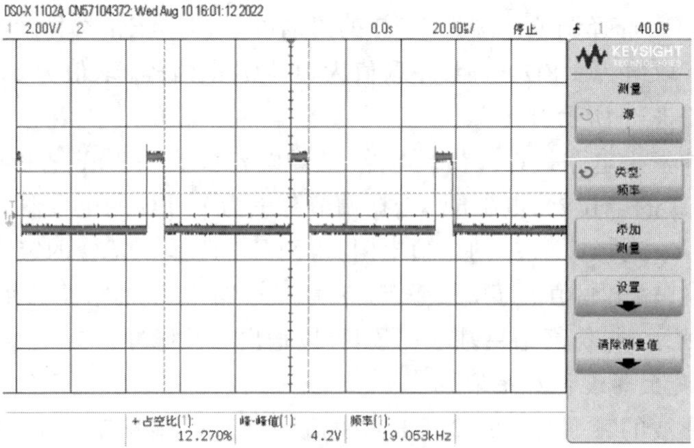

（a）19 kHz的窄波脉冲

图 5-3-12　窄波脉冲发生器示波器显示波形

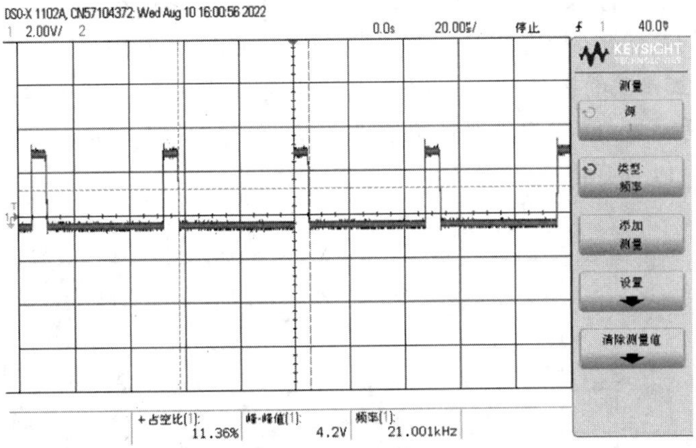

(b) 21 kHz的窄波脉冲

图 5-3-12 （续）

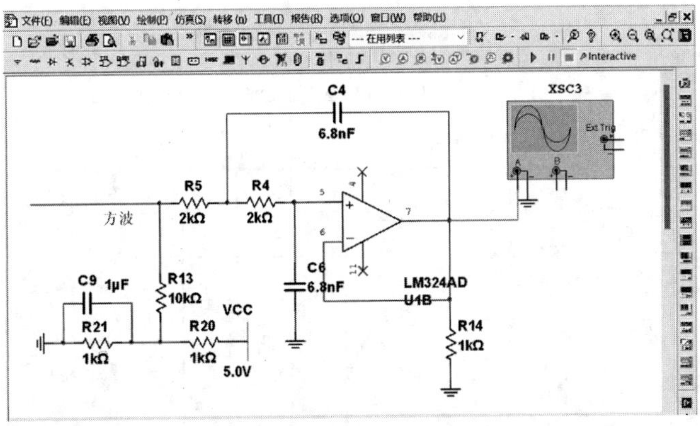

(a) 仿真电路

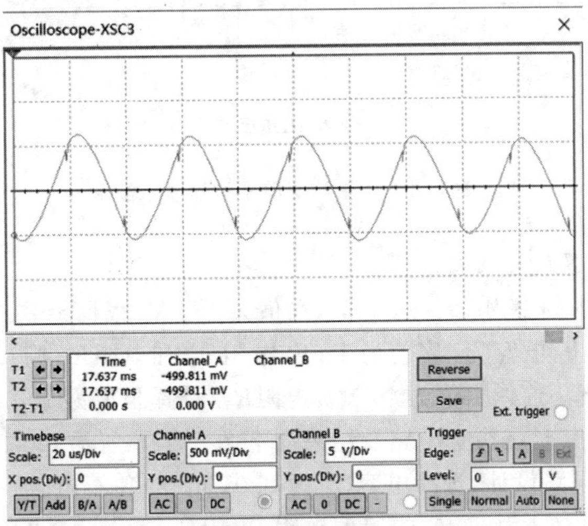

(b) 仿真结果

图 5-3-13　正弦波发生电路仿真及结果

根据正弦波发生电路设计以及仿真分析，选择电容 C 为 6.8 nF 的瓷片电容，电阻R_5 和电阻R_4 为 2 kΩ 的定值电阻，电阻R_{14} 为 1 kΩ 的定值电阻，电阻R_{13} 选择 10 kΩ 的定值电阻，电阻R_{10} 选择 20 kΩ 的定值电阻。偏置电路电阻为 1 kΩ，电容选择 1 μF 的独石电容。该电路接通电源后测试，能够输出幅值大于 1 V、频率为 19～21 kHz 的正弦波，对应示波器显示波形如图 5-3-14 所示。

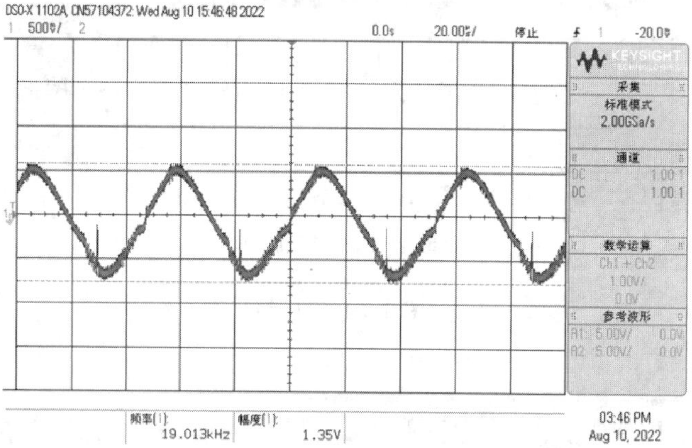

(a) 19 kHz的正弦波

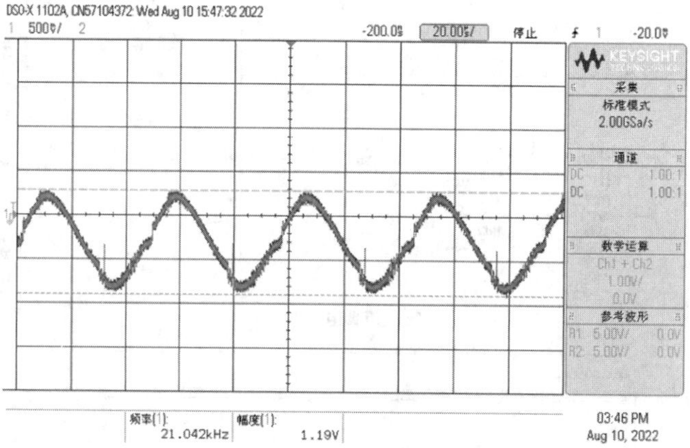

(b) 21 kHz的正弦波

图 5-3-14　正弦波电路示波器显示波形

（四）余弦波发生器设计及结果

设计要求余弦波的频率为 19～21 kHz，幅值大于 1 V，根据余弦波发生电路设计，选择电容C_5 容值为 0.01 μF，电容C_{10} 容值为 1 nF，电阻R_5 和电阻R_4 阻值为 2 kΩ，电阻R_{19} 选择阻值为 1 kΩ，电阻 R_{24} 选择阻值为 10 kΩ，电阻R_{17} 选择阻值为 100 kΩ。偏置电路电阻为 1 kΩ，电容取值 1 μF，其对应仿真电路及结果如下图 5-3-15 所示。

根据余弦波发生电路设计，选择电容C_5 为 0.01 uF 的独石电容，电容C_{10} 为 1 nF 的独石电容，电阻R_5 和电阻 R_4 为 2 kΩ 的定值电阻，电阻R_{19} 为 1 kΩ 的定值电阻，电阻R_{24} 选择 10 kΩ 的定值电阻，电阻R_{17} 选择 100 kΩ 的定值电阻。偏置电路的电阻为 1 kΩ 的定值电阻，电容选择 1 μF 的独石电容。该电路接通电源后测试，能够输出幅值大于 1 V、频率为

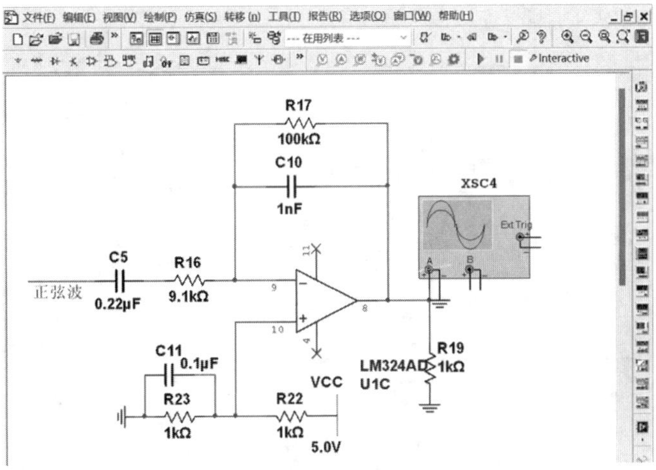

(a) 仿真电路

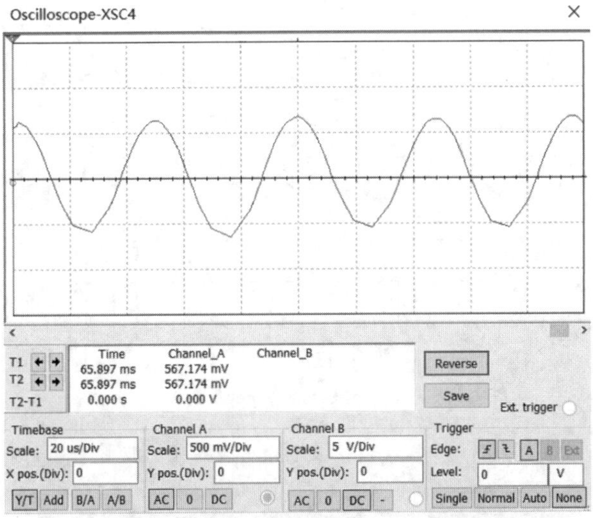

(b) 仿真结果

图 5-3-15　余弦波发生电路仿真及结果

19～21 kHz 的余弦波，对应示波器显示波形如图 5-3-16 所示，与仿真结果基本一致。

四、制作与测试

（一）方波及脉冲波发生电路调试操作

将 V_{CC} 与 GND 接在电路的电源端口，根据设计的方波电路，将示波器通道 1 的探头连接在测试接口 1 上。具体连接如图 5-3-17 所示。联系公式(5-3-1)以及实际调试过程，调节电位器R_1 可以改变方波的占空比；调节电位器 R_{11} 可以改变方波的频率，可以通过调节 R_1 和 R_{11} 来获得方波和窄波脉冲。占空比改变情况及相应的滑动变阻器如图 5-3-18、图 5-3-19 所示。

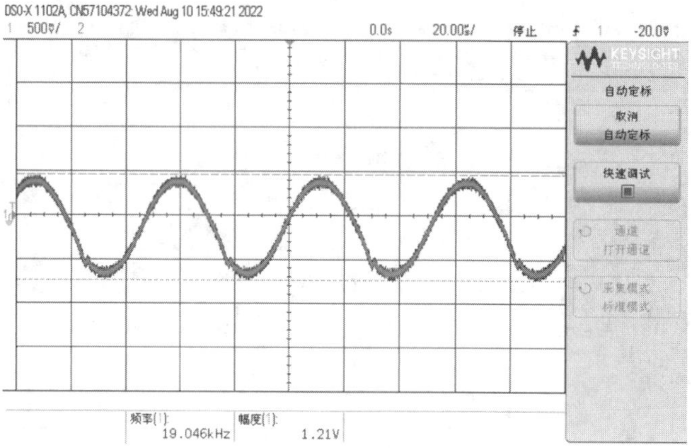

(a) 19 kHz的余弦波

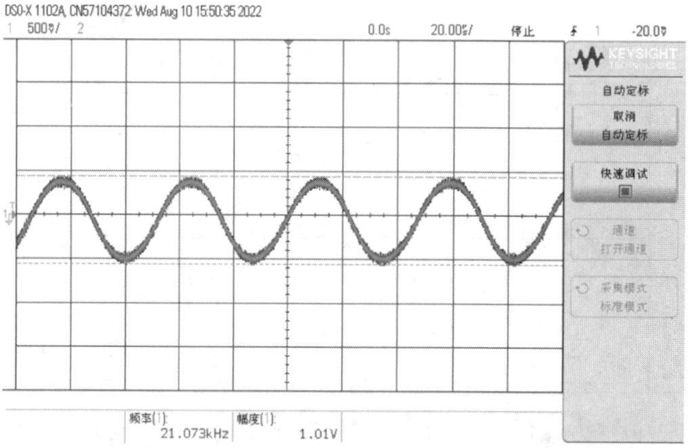

(b) 21 kHz的余弦波

图 5-3-16 余弦波电路示波器显示波形

图 5-3-17 方波连接电路

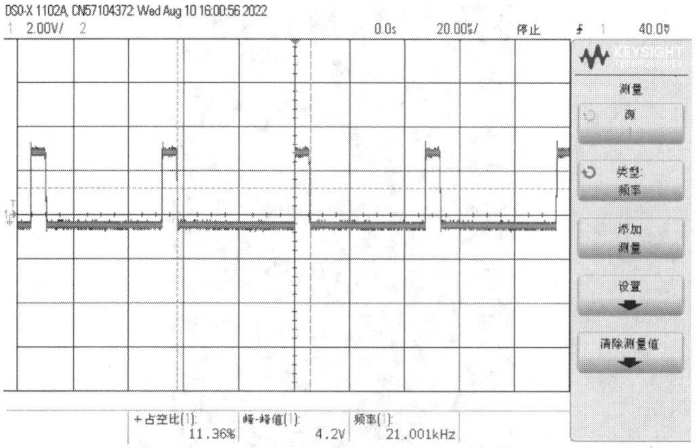

图 5-3-18　占空比改变图

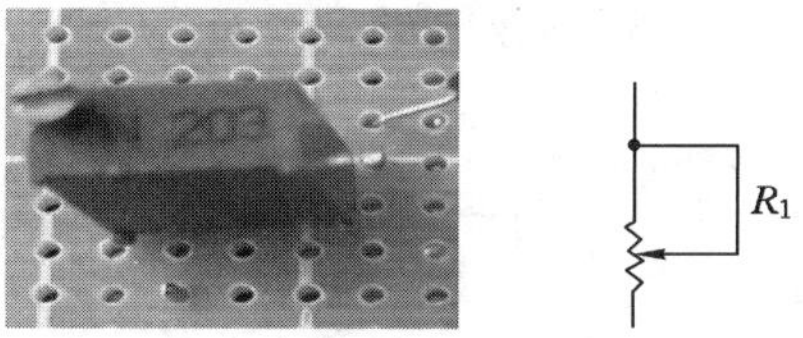

图 5-3-19　对应的滑动变阻器

将示波器、电源与电路连接完成后，控制电源输出电压为 5 V，打开对应通道 1 的示波器显示波形，调出通道 1 的频率、幅值以及占空比方便调整波形。其中，添加测量参数的具体操作步骤如下：

(1) 按下 Meas 测量键以显示“测量”菜单。

(2) 按下源对应的软键，选择要进行测量的通道，即通道 1。

(3) 按下类型对应的软键，然后旋转 Entry 旋钮以选择要进行的测量。

(4) 按下添加测量对应的软键或按下 Entry 旋钮可显示测量，将通道 1 添加测量的显示。

观察测量结果，旋转对应电位器，直到出现 19～21 kHz、幅值大于 3.2 V 的方波或脉冲波。

（二）正弦波和余弦波发生电路调试操作

想要调节正弦波和余弦波，可以通过调节方波产生电路的 R_{11} 变阻器来调节正弦波和余弦波的频率。

题目要求正弦波和余弦波的相位要相差 90°，首先我们要将正弦波和余弦波同时出现在示波器上，然后测量相位数值。首先我们要选择将两个通道都打开，然后添加两个通道要测量的变量。

首先按下[Meas]测量键以显示“测量”菜单，然后点击源对应的按钮，旁边会显示 1 和 2 通道，选择一个通道，然后按下类型对应的软键，然后旋转[Entry]旋钮以选择要进行的测量的相位，然后点击添加测量对应的按钮，将相移测量添加进去，即可测量相移。图 5-3-20 和图 5-3-21 所示分别为示波器对应的按钮和相移结果。

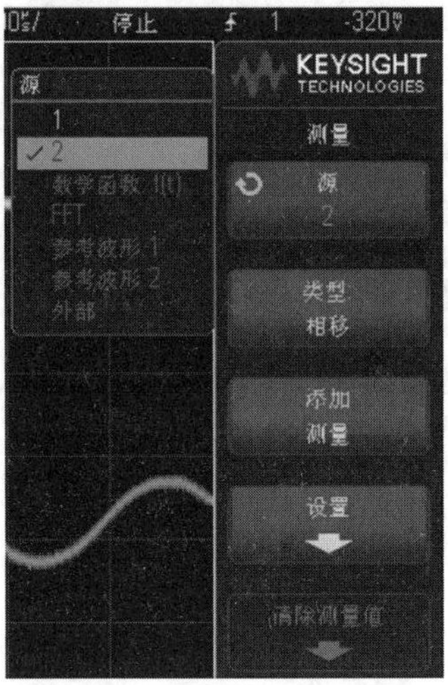

图 5-3-20　示波器按钮分布

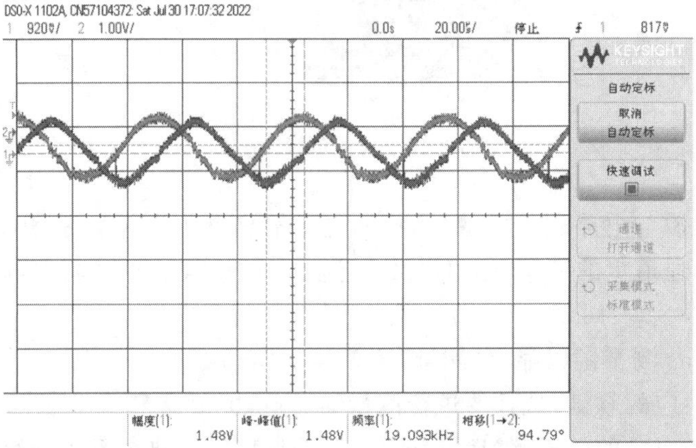

图 5-3-21　正弦波与余弦波的相移结果

参考文献

[1] 程春雨,商云晶,吴雅楠.模拟电路实验与 Multisim 仿真实例教程[M].北京:电子工业出版社,2020.

[2] 高玉良.电路与模拟电子技术[M].4 版.北京:高等教育出版社,2022.

[3] 刘红,赵敏玲.电工与电子技术实验[M].北京:机械工业出版社,2010.

[4] 马献果,刘红伟,张成怀.电路与电子技术基础[M].2 版.北京:中国电力出版社,2019.

[5] 邱关源,罗先觉.电路[M].6 版.北京:高等教育出版社,2022.

[6] 全国大学生电子设计竞赛[EB/OL].(2023-09-11)[2023-10-07]. https://www.nuedc-training.com.cn/.

[7] 任小霞,穆丽娟.电工电子技术实验指导[M].徐州:中国矿业大学出版社,2018.

[8] 是德科技.EDU33210 系列 SBE 波形/函数发生器[EB/OL].(2022-08-17)[2023-10-07]. https://www.keysight.com.cn/cn/zh/products/waveform-and-function-generators/smart-bench-essentials-waveform-function-generators.html.

[9] 是德科技.InfiniiVision 1000 X 系列示波器[EB/OL].(2019-02-22)[2023-10-07]. https://www.keysight.com.cn/cn/zh/assets/7018-06411/data-sheets/5992-3484.

[10] 宋军,吴海青.模拟与数字电子技术实验教程[M].南京:东南大学出版社,2018.

[11] 孙淑艳,柳赟.数字电子技术实验指导书[M].2 版.北京:中国电力出版社,2017.

[12] 孙梯全.电子技术基础虚拟实验指导书[M].南京:东南大学出版社,2018.

[13] 童诗白,华成英,叶朝辉.模拟电子技术基础[M].5 版.北京:高等教育出版社,2015.

[14] 王玫.电路原理[M].2 版.北京:中国电力出版社,2018.

[15] 阎石,王红.数字电子技术基础 [M]. 6 版.北京:高等教育出版社,2016.

[16] 杨风.大学基础电路实验[M].4 版.北京:电子工业出版社,2020.

[17] 余佩琼.电路实验与仿真[M].北京:电子工业出版社,2016.

[18] 张秀梅.电子技术基础实验与实践指导书[M].北京:电子工业出版社,2023.

[19] 章小宝,陈巍,万彬.电工电子技术实验教程[M].重庆:重庆大学出版社,2019.

[20] 郑宽磊.模拟电子技术实验与课程设计[M].北京:电子工业出版社,2020.

[21] 周兴,胥淮.模拟电子技术实验与实训[M].北京:电子工业出版社,2020.

[22] 邹建龙,高昕悦,王超.电路实验[M].北京:高等教育出版社,2022.